国家出版基金项目
NATIONAL PUBLICATION FOUNDATION

"十二五""十三五"国家重点图书出版规划项目

风力发电工程技术丛书

风电场
台风灾害防护

王海龙 编著

U0238620

中国水利水电出版社
www.waterpub.com.cn
·北京·

内 容 提 要

本书是《风力发电工程技术丛书》之一，分3个方面8章进行叙述：首先是基础知识的铺垫，主要包括我国华南沿海地区台风气候特征、台风动力要素以及风电机组等；然后是防台风的核心技术分析，主要包括风电机组抗台风设计、风电场台风灾害防护措施等；最后介绍风电场的运维防护和案例，主要包括风电场施工防台风策略、风电场防台风运维管理和日本宫古岛风电场"鸣蝉"台风灾害实例分析等。

本书涉及台风、风电机组和风电场等相关基础理论，也收集了部分风电场台风灾害的实例和图片，既可供从事风力发电技术领域科研、设计、施工及运行管理的工程技术人员阅读参考，也可作为高等院校相关专业师生的教学参考用书。

图书在版编目（ＣＩＰ）数据

风电场台风灾害防护 / 王海龙编著. -- 北京 ： 中国水利水电出版社，2017.3
　（风力发电工程技术丛书）
　ISBN 978-7-5170-5508-2

Ⅰ. ①风… Ⅱ. ①王… Ⅲ. ①风力发电－发电厂－台风灾害－灾害防治 Ⅳ. ①TM614

中国版本图书馆CIP数据核字(2017)第127905号

书　　名	风力发电工程技术丛书 **风电场台风灾害防护** FENGDIANCHANG TAIFENG ZAIHAI FANGHU
作　　者	王海龙　编著
出版发行	中国水利水电出版社 （北京市海淀区玉渊潭南路 1 号 D 座　100038） 网址：www.waterpub.com.cn E-mail：sales@waterpub.com.cn 电话：(010) 68367658（营销中心）
经　　售	北京科水图书销售中心（零售） 电话：(010) 88383994、63202643、68545874 全国各地新华书店和相关出版物销售网点
排　　版	北京万水电子信息有限公司
印　　刷	北京瑞斯通印务发展有限公司
规　　格	184mm×260mm　16 开本　16.5 印张　391 千字
版　　次	2017 年 3 月第 1 版　2017 年 3 月第 1 次印刷
定　　价	**98.00** 元

主要参编单位 （排名不分先后）

河海大学

中国长江三峡集团公司

中国水利水电出版社

水资源高效利用与工程安全国家工程研究中心

水电水利规划设计总院

水利部水利水电规划设计总院

中国能源建设集团有限公司

上海勘测设计研究院有限公司

中国电建集团华东勘测设计研究院有限公司

中国电建集团西北勘测设计研究院有限公司

中国电建集团中南勘测设计研究院有限公司

中国电建集团北京勘测设计研究院有限公司

中国电建集团昆明勘测设计研究院有限公司

中国电建集团成都勘测设计研究院有限公司

长江勘测规划设计研究院

中水珠江规划勘测设计有限公司

内蒙古电力勘测设计院

新疆金风科技股份有限公司

华锐风电科技股份有限公司

中国水利水电第七工程局有限公司

中国能源建设集团广东省电力设计研究院有限公司

中国能源建设集团安徽省电力设计院有限公司

华北电力大学

同济大学

华南理工大学

中国三峡新能源有限公司

华东海上风电省级高新技术企业研究开发中心

浙江运达风电股份有限公司

前　言

　　我国东南沿海靠近电力负荷中心，开发陆上风电和海上风电具有送出条件良好、消纳空间大的优势。风力发电带动沿海经济发展的同时，也时常饱受台风侵扰，安全生产受到影响。2003—2014年期间，东南沿海风电场几乎年年遭受台风侵袭，"杜鹃""桑美""天兔""威马逊"等强（超强）台风过境时更是对其影响范围内的风电场造成了严重破坏。东南沿海陆上风电和海上风电的开发必然面对台风的挑战。在工程开发建设时，应综合考虑安全性、经济性等因素。规范和标准的制定，在一定程度上反映了国家经济发展水平、科学技术发展现状和趋势，并能在一定时间范围内指导相关工程开发建设，充分体现了安全性和经济性的辩证统一。

　　为了简化风电机组技术规格并提高标准的可执行性，国内外在设计风电机组时，根据相关安全标准定义了一系列标准风况，并以此将风电机组分类。IEC系列标准的制定是以欧洲的气候环境特征为主要依据，其定义的外部环境和极端情况不适合台风影响下的风场。标准适用性问题、台风灾害等引发的风电场各种事故频现，并不能影响或者否定台风频发区域风电场的开发建设，而是更加促使从业人员在风电机组设备、风电场选址、施工、运维管理等方面进行相应的研究。极大风速、强风附加湍流和风向突变是造成风电机组破坏的三大主要自然因素。台风动力过程给风电机组带来的破坏包括叶片裂纹、撕裂和折断，变桨系统、偏航系统、机舱、塔架、基础及其他设备的破坏等。对此，气象科学家、风力发电机生产厂家、工程勘测设计单位、风电场投资商等都积极投入其中，开展了大量的调研、试验和计算，努力减少台风对风电场工程及设备产生的破坏。

　　风电机组或者风电场抗台风设计是指在充分认识台风以及台风对风电机组破坏原理的基础上，依据科学合理的总体设计思路，确保：当风电机组在遭遇台风的最大风速低于设计风速时，风电机组的主要结构和部件没有损坏；当遭遇的台风超出设计风速时，控制风电机组的破坏损失在最小范围，而不发生颠覆性的严重破坏，台风过后可以迅速修复投入运行。风电机组的抗台风设计绝不是"头痛医头、脚痛医脚"式地只加强风电机组个别部件的强度设计。盲目设计不但增加设备成本，还会增加风电工程的整体风险。

风电机组的抗台风设计是一项需要综合考虑风电机组承载能力，包括风电机组的运行方式、控制策略，以及电网连接等复杂的系统工程。风电机组的抗台风设计方案应在确保技术可行性的基础上，再考虑其经济性等因素来制定方案。风电机组抗台风主要侧重加强机械结构强度、提高桨叶柔性、保障台风期间控制系统有效性、其他附属设施的鲁棒性等，也包含了强制风电机组型式认证、台风型风电机组数值风洞试验中应用更多新技术等。风电场抗台风设计应突出全生命周期理念，围绕保障风电机组安全度台风这个核心问题，通过增强台风观测和认识、研究复杂地形情况下台风气流畸变，解决风电机组基础安全问题隐患、提高场用电的可靠性等。台风蕴含的能量异常巨大，因此风电机组抗台风和风电场抗台风设计工作不能仅以经济性为原则，而应该综合分析、决策，选择科学的"安全度台风"。

本书是《风力发电工程技术丛书》之一，在整理、归纳大量工作成果的基础上，试图将台风灾害、次生灾害以及风电机组、风电场，特别是其勘测设计、施工、运维管理等相关理论知识和实践经验前后串联，形成对东南沿海热带气旋影响频繁区域开发风电时必须具备的初步认识，既不能因为有台风灾害时就否定在东南沿海地区开发利用风能资源，更不能因为单纯强调风电的经济效益而在一定程度上牺牲安全性。

本书内容共分为8章，第1章介绍了我国华南沿海地区台风气候特征，主要介绍近60年来各区域台风路径、频率、强度等。第2章为台风动力要素，讨论近年来近岸或者离岸测风塔测到热带气旋的资料，分析有关极大风速、湍流强度、阵风系数、风向变化等成果。第3章为风电机组，并未涉及风电机组的所有知识，只侧重介绍其机械结构和控制系统：一方面要了解风电机组，另一方面这是分析台风对风电机组破坏机理的基础。前3章为基础知识介绍。第4章为风电机组抗台风设计，通过几个台风破坏风电场的典型案例，分析台风对基础、塔筒、叶片和变桨系统、控制系统等的破坏过程，讨论相应的防台风、抗台风优化设计方案。第5章为风电场台风灾害防护措施，将风电场送出部位至电网作为一个整体来论述这个体系内除风电机组之外其他元素在台风灾害发生时可能遇到的破坏及防护对策；此外介绍台风次生灾害与防护策略，介绍伴随台风而来的暴雨洪水、滑坡、泥石流、台风浪、风暴潮等对沿海风电场施工建设和运维带来的严重影响或破坏以及相应的防护措施。第6章为风电场施工防台风策略。第 7 章为风电场防台风运维管理，这两章分别讨论风电场施工期间防台风安全策略以及运维管理过程中的注意事项。第 8 章为日本宫古岛风电场"鸣蝉"台风灾害实例分析，该案例包括了详细的灾害统计、风速推算、破坏基础和塔筒等材料取样测试、风洞试验、有限元分析等综合研究内容，可以作为风电场台风灾害破坏机理分析的参考案例。

本书编著过程中获得了南方电网科学研究院主持的南方电网沿海地区风速分析项目的技术支持，得到了中国能源建设集团广东省电力设计研究院有限公司和广东科诺勘测工程有限公司相关专家及同事的大力支持和帮助。在此谨向各位的认真、严谨和热忱的帮助表示感谢，向本书援引的报告、论文、文章、书籍等的著者以示谢忱。

随着对台风观测和研究的逐步深入以及风力发电技术水平不断提升，书中提及的观点和方法也将不断地更新和改进，因此限于编著者水平和经验的局限而产生的错误和欠妥论述，敬请广大读者批评指正。

2017 年 1 月

本书引用的相关标准

序号	标准号	标准名称	发布年份	备注
1	IEC 61400—1	风力发电系统 第1部分：设计要求	2005	
2	IEC 61400—2	风力发电系统 第2部分：小型风轮机的安全要求	2006	
3	IEC 61400—3	风力发电系统 第3部分：近海风电机组的设计要求	2009	
4	IEC 61400—4	风力发电系统 第4部分：风轮机变速箱的设计要求	2012	
5	IEC 61400—5	风力发电系统 第5部分：风轮叶片标准	2010	
6	IEC 61400—11	风力发电系统 第11部分：噪声测量技术	2002	
7	IEC 61400—12	风力发电系统 第12部分：风轮机动力性能试验	2005	
8	IEC 61400—13	风力发电系统 第13部分：机械负载的测量	2001	
9	IEC 61400—14	风力发电系统 第14部分：声功率级和音质	2005	
10	IEC 61400—21	风力发电系统 第21部分：电能质量和评估方法	2001	
11	IEC 61400—22	风力发电机 第22部分：一致性测试和验证	2010	
12	IEC 61400—23	风力发电系统 第23部分：风轮叶片的全尺寸比例结构试验	2001	
13	IEC 60870 - 5—101	远动设备及系统传输规约 第5—101部分：基本远动任务配套标准	2003	

序号	标准号	标　准　名　称	发布年份	备注
14	IEC 60870 - 5—102	远动设备及系统传输规约　第 5—102 部分：电力系统电能累计量传输规约	1996	
15	IEC 60870 - 5—103	远动设备及系统传输规约　第 5—103 部分：继电保护设备信息接口配套标准	1997	
16	IEC 60870 - 5—104	远动设备及系统传输规约　第 5—104 部分：采用标准传输集的 IEC 60870 - 5—101 网络访问	2009	
17	IEC 61850	电力自动化通信网络和系统标准	2004	
18	IEC 61850—1	电力自动化通信网络和系统　第 1 部分：介绍和概述	2003	
19	IEC 61850—2	电力自动化通信网络和系统　第 2 部分：术语	2010	
20	IEC 61850—3	电力自动化通信网络和系统　第 3 部分：总体要求	2013	
21	IEC 61850—4	电力自动化通信网络和系统　第 4 部分：系统和工程管理	2011	
22	IEC 61850—5	电力自动化通信网络和系统　第 5 部分：功能和设备模型的通信要求	2013	
23	IEC 61850—6	电力自动化通信网络和系统　第 6 部分：与变电站有关的 IED 的通信配置描述语言	2012	
24	IEC 61850 - 7—1	电力自动化通信网络和系统　第 7—1 部分：变电站和馈线设备基本通信结构原理和模型	2011	
25	IEC 61850 - 7—2	电力自动化通信网络和系统　第 7—2 部分：变电站和馈线设备的基本通信结构抽象通信服务接口（ACSI）	2010	
26	IEC 61850 - 7—3	电力自动化通信网络和系统　第 7—3 部分：变电站和馈线设备基本通信结构公共数据类	2010	
27	IEC 61850 - 7—4	电力自动化通信网络和系统　第 7—4 部分：变电站和馈线设备的基本通信结构兼容的逻辑节点类和数据类	2010	

序号	标准号	标　准　名　称	发布年份	备注
28	IEC 61850－7—410	电力自动化通信网络和系统　第7—410部分：基本通信结构水力发电厂监视与控制用通信	2012	
29	IEC 61850－7—420	电力自动化通信网络和系统　第7—420部分：基本通信结构分布式能源逻辑节点	2012	
30	IEC 61850－8—1	电力自动化通信网络和系统　第8—1部分：特定通信服务映射到MMS（ISO/IEC 9506第2部分）和ISO/IEC 8802—3	2016	
31	IEC 61850－9—1	电力自动化通信网络和系统　第9—1部分：DL/T 860在变电站间通信中的应用	2010	
32	IEC 61850－9—2	电力自动化通信网络和系统　第9—2部分：特定通信服务映射（SCSM）通过ISO/IEC 8802.3传输采样测量值	2011	
33	IEC 61850—10	电力自动化通信网络和系统　第10部分：一致性测试	2005	
34	IEC 61400－25—1	风力发电场监控系统通信-原则与模式	2006	
35	IEC 61400－25—2	风力发电场监控系统通信-信息模型	2006	
36	IEC 61400－25—3	风力发电场监控系统通信-信息交换模型	2006	
37	IEC 61970—1	能量管理系统应用程序接口（EMS－API）　第1部分：导则和基本要求	2005	
38	IEC 61970—2	能量管理系统应用程序接口（EMS－API）　第2部分：术语	2004	
39	IEC 61970—301	能量管理系统应用程序接口（EMS－API）　第301部分：公共信息模型（CIM）基础	2013	
40	IEC 61970—302	能量管理系统应用程序接口（EMS－API）　第302部分：公共信息模型（CIM）财务、能量计划和预定	1999	
41	IEC 61970—303	能量管理系统应用程序接口（EMS－API）　第303部分：公共信息模型（CIM）SCADA	1999	

序号	标准号	标 准 名 称	发布年份	备注
42	IEC 61970—401	能量管理系统应用程序接口（EMS－API）第401部分：组件接口规范（CIS）框架	2005	
43	IEC 61970—402	能量管理系统应用程序接口（EMS－API）第402部分：公共服务	2008	
44	IEC 61970—403	能量管理系统应用程序接口（EMS－API）第403部分：通用数据访问（GDA）	2008	
45	IEC 61970—404	能量管理系统应用程序接口（EMS－API）第404部分：高速数据访问（HSDA）	2007	
46	IEC 61970—405	能量管理系统应用程序接口（EMS－API）第405部分：通用事件和订阅（GES）	2007	
47	IEC 61970—450	能量管理系统应用程序接口（EMS－API）第450部分：信息交换模型	2002	
48	IEC 61970—451	能量管理系统应用程序接口（EMS－API）第451部分：SCADA CIS	2002	
49	IEC 61970—452	能量管理系统应用程序接口（EMS－API）第452部分：CIM 模型交换服务	2013	
50	IEC 61970—501	能量管理系统应用程序接口（EMS－API）第501部分：CIM 资源描述框架（RDF）模式	2007	
51	IEC 61970—502	能量管理系统应用程序接口（EMS－API）第502部分：CDA CORBA 映射	2004	
52	IEC 61970—503	能量管理系统应用程序接口（EMS－API）第503部分：CIM XML 模型交换格式	2004	
53	DL/T 634.5101	远动设备及系统传输规约 第5－101部分：基本远动任务配套标准	2002	
54	DL/T 634.5104	远动设备及系统传输规约 第5－104部分：采用标准传输集的 IEC 60870－5—101 网络访问	2009	
55	DL/T 860	变电站通信网络和系统	2007	等同采用 IEC 61850 标准

序号	标准号	标 准 名 称	发布年份	备注
56	DL/T 890	能量管理系统应用程序接口系统	2008	等同采用 IEC 61970 标准
57	GB 50009	建筑结构荷载规范	2012	
58	GB/T 50196	风力发电场设计规范	2015	
59	GB 50061	66kV 及以下架空电力线路设计规范	2010	
60	GB 50545	110～750kV 架空输电线路设计规范	2010	
61	GB/Z 25458	风电机组合格认证规则及程序	2010	
62	GB/T 18451.1	风电机组安全要求	2012	
63	GB 50233	110～500kV 架空送电线路施工及验收规范	2005	
64	GB 5092	110～500kV 架空送电线路设计技术规范	1999	
65	GB/T 3608	高处作业分级	2008	
66	GL IV—Part 1	风电机组型式认证导则	2010	
67	GL IV—Part 2	海上风电机组型式认证导则	2005	
68	DNV‐OS—J101	海上风电机组结构设计	2014	
69	DNV‐OS—J101	Design of Offshore Wind Turbine Structures	2007	
70	DS 472	丹麦风电机组型号校准和认证技术标准	2007	
71	NVN 11400—0	荷兰型式认证技术标准	1995	
72	IEC WT01	风电机组符合性测试及认证	2001	
73	JTG/T D60—01	公路桥梁抗风设计规范	2004	
74	JTG 213	海港水文规范	1998	
75	FD 003	风电机组地基基础设计规范	2007	

目　录

第1章 我国华南沿海地区台风气候特征

台风（Typhoon）和飓风都是产生于热带洋面上的一种强烈的气旋，在北太平洋西部、国际日期变更线以西，包括南海范围内发生的强热带气旋（其中风速要超过32.6m/s）称为台风；而在大西洋或北太平洋东部的热带气旋则称飓风。台风经过时常伴随着大风和暴雨天气。由于台风是气旋的一种，其中心气压低，底层风会由四周吹向中心，在北半球风向呈逆时针方向旋转。

台风发生的规律及其特点主要有以下方面：

（1）季节性。台风（包括热带风暴）一般发生在夏秋之间，最早发生在5月初，最迟发生在11月。

（2）台风中心登陆地点难准确预报。台风的移动方向时有变化，常出人预料，台风中心登陆地点往往与预报之间存在偏差。

（3）台风具有旋转性。其登陆时的风向一般先北后南。

（4）损毁性严重。对不坚固的建筑物、架空的各种线路、树木、海上船只，海上养鱼网箱、海边农作物等破坏性很大。

（5）台风发生常伴有大暴雨、大海潮、大海浪。

（6）台风发生时，人力不可抗拒，易造成人员伤亡。

风电场台风灾害防护的基础是认识台风，了解台风的形成、结构、路径特征、强度、时空规律、登陆衰减规律等。虽然从地理上分析，台风似乎无迹可寻，但从大的天气系统来研究，不同时间段的台风可能相似，如0313号台风"杜鹃"和1319号超强台风"天兔"路径和时间基本一致，0814号强台风"黑格比"和1311号超强台风"尤特"路径和时间基本一致。诸多研究表明，台风的上述特性存在一定规律。

1.1 台风天气系统概述

1.1.1 形成

台风发生在南北纬5°～25°之间海水温度较高的洋面上。在热带海洋上，海面因受太阳直射而使海水温度升高，海水容易蒸发成水汽散布在空中，故热带海洋上的空气温度高、湿度大，这种空气因温度高而膨胀，致使密度减小，质量减轻，而赤道附近风力微弱，所以很容易上升，发生对流作用。同时，周围之较冷空气流入补充，然后再上升，如此循环不已，终必使整个气柱皆为温度较高、重量较轻、密度较小的空气，这就形成了所谓的"热带低压"。然而空气的流动是自高气压流向低气压，四周气压较高处的空气必向气压较低处流动，而形成"风"。在夏季，因为太阳直射区域由赤道向北移，致使南半球之东南信风越过赤道转向成西南季风侵入北半球，和原来北半球的东北信风相遇，更迫挤空气使之上升，增加对流作用，再因西南季风和东北信风方向不同，相遇时常造成波动和涡旋。这种西南季风和东北信风相遇所造成的辐合作用，和原来的对流作用持续不断，使已形成为低气压的涡旋继续加深，也就是使四周空气加快向涡旋中心流，流入越快时，其风速就越大；当近地面最大风速到达或超过 32.6m/s 时，就称为台风。

形成台风必须具备以下条件：

（1）广阔的高温、高湿的大气。热带洋面上的底层大气的温度和湿度主要决定于海面水温，台风只能形成于海温高于 26℃ 的暖洋面上，而且在 60m 深度内的海水水温都要高于 26℃。

（2）低层大气向中心辐合、高层向外扩散的初始扰动。同时，高层辐散必须超过低层辐合才能维持足够的上升气流，低层扰动才能不断加强。

（3）垂直方向风速不能相差太大，上下层空气相对运动很小，才能使初始扰动中水汽凝结所释放的潜热能集中保存在台风眼区的空气柱中，形成并加强台风暖中心结构。

（4）要有足够大的地转偏向力作用。地球自转作用有利于气旋性涡旋的生成。地转偏向力在赤道附近接近于零，向南北两极增大，台风发生在大约离赤道 5 个纬度以上的洋面上。

1.1.2　结构

台风的环流结构近似轴对称，外貌类似圆柱体，水平范围可达 1000km，但垂直厚度仅 15～20km（局限于对流层内）。理想台风其结构特征包括台风眼、眼墙（也称眼壁）及外围之螺旋状雨云带（图 1-1）。台风中心为低压区，其中心气压常在 980～950hPa，最低可达 870hPa。低层气流受气压梯度力影响向内辐合，又受科氏力作用作气旋式旋转，

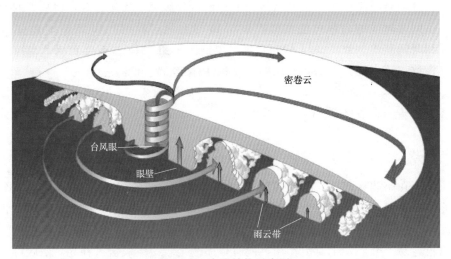

图 1-1　台风结构示意图

内流空气因惯性作用无法到达台风中心，于眼墙处急速上升，故眼墙为台风中上升运动、降水最强的地方。眼墙中气流上升至对流高层时，因受对流层顶限制，向外做反气旋式辐散（台风之高层为高压），小部分空气则向中心处辐合、下沉，形成台风眼。台风辐合处因下沉增温形成强烈暖心无云区，中心低层则为微弱的辐散气流，风速亦减弱。

发展成熟的台风，大多有明显的台风眼，眼墙强对流区是水平方向风速最大的地方，垂直方向风速最大的地方位于距地表约 50hPa 处，风速由最大处向上、向外递减。近地面强风区常覆盖相当大范围，7 级风圈半径常在 200～300km。台风眼墙外的螺旋状雨带，包含有深厚的积云对流降水区及较广的层状降水区。

在台风低层最大风速半径处的辐合最强，最大风速值半径的大小随高度变化很小，并位于眼壁之中。分析表明，无论台风内区和外区都有明显的不对称性，这种不对称性对于台风发展和动量及动能的输送等有重要的作用。中尺度的台风是大气中很强的动能源，因而从能量上分析，台风对大气环流的变化和维持应有重要的影响。这个问题已经引起了学术界的重视，有研究人员指出，角动量的水平涡旋输送在台风外区很重要，而在外区动量的产生和输送也很重要，它们在台风能量收支中不能被忽略。

1.1.3　分类定级

国家气象局规定从 1989 年 1 月 1 日起，我国正式使用国际热带气旋名称和等级标准，具体见附表 1。

1.2　沿海地区台风气候特征

1.2.1　源地和路径特征

1.2.1.1　源地

西北太平洋是台风最易生成的海区，全球台风有 1/3 左右发生在这个海区，强度也最大。在西北太平洋的沿岸国家中，我国是受台风袭击最多的国家之一。西太平洋热带气旋的源地及特点如下：

（1）菲律宾群岛以东和琉球群岛附近海面，是西北太平洋上台风发生最多的地区，全年几乎都会有台风发生。1—6 月主要发生在 15°N 以南的菲律宾萨马岛和棉兰老岛以东的附近海面，6 月以后向北伸展，7—8 月出现在菲律宾吕宋岛到琉球群岛附近海面，9 月又向南移到吕宋岛以东附近海面，10—12 月又移到菲律宾以东的 15°N 以南的海面上。

（2）关岛以东的马里亚纳群岛附近。7—10 月在群岛四周海面均有台风生成，5 月以前很少有台风，6 月和 11—12 月主要发生在群岛以南附近海面上。

（3）马绍尔群岛附近海面上（台风多集中在该群岛的西北部和北部）。这里以 10 月发生台风最为频繁，6 月很少有台风生成。

（4）我国南海的中北部海面。这里以 6—9 月发生台风的机会最多，1—4 月则很少发生，5 月逐渐增多，10—12 月又减少，但多发生在 15°N 以南的北部海面上。

1.2.1.2 路径

台风移动的方向和速度取决于作用于台风的动力。动力分内力和外力两种。内力是台风范围内因南北纬度差距所造成的地转偏向力差异引起的向北和向西的合力,台风范围越大,风速越强,内力越大。外力是台风外围环境流场对台风涡旋的作用力,即北半球副热带高压南侧基本气流东风带的引导力。内力主要在台风初生成时起作用,外力则是操纵台风移动的主导作用力,因而台风基本上自东向西移动。

由于副高压的形状、位置、强度变化以及其他因素的影响,致台风移动路径并非规律一致而变得多种多样。西北太平洋台风移动路径同样变化多端(图1-2),但内力和外力也存在一定规律,其移动路径(图1-3)有以下类型:

(1)西进型。台风自菲律宾以东一直向西移动,经过南海最后在中国海南岛或越南北部地区登陆,这种路径多发生在10—11月。

(2)登陆型。台风向西北方向移动,穿过台湾海峡,在我国广东、福建、浙江等地沿海登陆,并逐渐减弱为低气压。这类台风对我国的影响最大。9015号强台风"艾碧"和9711号台风"温妮"都属此类型,7—8月基本都是此类路径。

(3)抛物线型。台风先向西北方向移动,当接近我国东部沿海地区时,不登陆而转向东北,向日本附近转去,路径呈抛物线形状,这种路径多发生在5—6月和9—11月。

图1-2 1949—2014年西北太平洋生成热带气旋路径示意图

图1-3 影响我国热带气旋的主要路径示意图

根据出现时间统计西北太平洋台风移动路径有以下特征:

(1)1—4月,大部分台风路径以125°E以东的菲律宾洋面转向,少数进入我国南海。

(2)5月,大部分台风路径以123°E以东洋面转向,少数经菲律宾进入我国南海,后登陆粤东,极少数登陆海南。

(3)6月,大部分台风路径以121°E以东转向,经菲律宾进入我国南海登陆海南的概率比5月大,另一支北上登陆粤东。

(4)7月,台风登陆我国的概率大增,分4路:①西行,登陆我国粤东、海南等地以及越南;②西北行,登陆我国台湾、福建、浙江等地;③北上,登陆我国江苏、山东、辽宁等地;④转向东北。

(5)8月,台风登陆我国的概率较大,也分4路:①西北或西行,登陆我国粤东、海南等地以及越南;②西北转东北行,登陆日本或北上登陆朝鲜半岛;③西北行,登陆我国台湾、福建、浙江等地;④140°E以东转向。

（6）9月，台风登陆我国的概率仍较大，也分4路：①经巴士海峡进入我国南海后，登陆我国广东、海南等地以及越南的概率最高；②在我国台湾省东南海面右折向西北移动，可能登陆我国台湾、福建、浙江、上海等地；③在 20°N、126°E 附近转向东北；④在135°E 以东转向东北。

（7）10月，台风路径趋势为：①20°N 以南向西移动，经菲律宾进入我国南海，登陆海南等地以及越南，少数登陆粤西等地；②130°E 以东转向东北。

（8）11—12月，台风路径趋势为：①沿 15°N 以南西移，经菲律宾进入我国南海，有可能登陆越南或泰国，也有可能登陆我国粤西或海南；②在 13°N、130°E 以东转向东北。

登陆广东、广西、海南等地的台风路径存在季节变化，此变化与大气环流的季节性调整有关，特别是与太平洋副热带高压位置的季节性变化密切相关。

1.2.2　台风登陆频率

通过对 1949—2014 年登陆我国沿海地区的所有热带气旋（含热带低压）进行统计，登陆地基本以国家气象局的统计数据为准，但少数热带气旋的登陆地因年代久远或资料不全而不明确，则以联合台风警报中心（Joint Typhoon Warning Center，JTWC）最佳路径资料进行大致登陆区间判断，还有少数热带气旋的登陆地依据探讨台风登陆地修正的学术论文进行了修改。

我国沿海除海南岛、台湾岛、香港岛、舟山岛（普陀、定海）、崇明岛以外，其余岛屿均不作为登陆地处理。省（自治区、直辖市）的热带气旋登陆次数指的是热带气旋在本省（自治区、直辖市）陆地的登陆次数，若一个热带气旋登陆本省（自治区、直辖市）多个县市的，则该热带气旋在本省（自治区、直辖市）的登陆次数记为登陆的县市数。县市的热带气旋登陆次数指的是热带气旋在本县市陆地的登陆次数。若一个热带气旋登陆两个县市交界的或仅能判断登陆地大致在两个县市之间，两个县市的热带气旋登陆次数均记为一次。但一个热带气旋在一个县市登陆多次的，登陆次数仅记为一次。

1949 年至今，我国沿海的热带气旋登陆地点遍及广东、广西、海南、香港、澳门、台湾、福建、浙江、上海、江苏、山东、天津、辽宁等 13 个省（自治区、直辖市、特别行政区），具体各省（自治区、直辖市、特别行政区）的登陆频次见表 1-1。

表 1-1　1949—2014 年我国沿海省份热带气旋登陆频次统计

名次	省（自治区、直辖市、特别行政区）	登陆次数/次	年平均登陆频次/(次·年$^{-1}$)	名次	省（自治区、直辖市、特别行政区）	登陆次数/次	年平均登陆频次/(次·年$^{-1}$)
1	广东	247	3.74	8	香港	15	0.23
2	海南	158	2.39	9	辽宁	14	0.21
3	台湾	139	2.11	10	上海	10	0.15
4	福建	125	1.89	11	江苏	7	0.11
5	浙江	55	0.83	12	澳门	4	0.06
6	广西	37	0.56	13	天津	1	0.02
7	山东	19	0.29				

各省（自治区、直辖市、特别行政区）沿海县市的具体登陆频次（前 18 名）见表 1 - 2。排在热带气旋登陆频次前 18 位的县市主要分布在海南东部沿海、广东沿海、福建中北部沿海和台湾东部沿海，其中广东 9 个，海南 5 个，台湾 4 个，福建 3 个。

表 1 - 2　1949—2014 年我国沿海县市热带气旋登陆频次统计（前 18 名）

名次	位　置	登陆次数/次	年平均登陆频次/（次·年⁻¹）	名次	位　置	登陆次数/次	年平均登陆频次/（次·年⁻¹）
1	海南省文昌市	52	0.79	10	海南省三亚市	24	0.36
2	台湾省花莲县	48	0.73		广东省阳江市	24	0.36
3	海南省万宁市	39	0.59	12	广东省茂名市	23	0.35
4	台湾省台东县	37	0.56	13	海南省陵水县	21	0.32
5	台湾省宜兰县	32	0.48		广东省珠海市	21	0.32
6	广东省徐闻县	29	0.44	15	福建省连江县	17	0.26
7	广东省台山市	28	0.42		福建省晋江市	17	0.26
8	海南省琼海市	26	0.39	17	广东省惠来县	16	0.24
9	广东省湛江市	25	0.38		台湾省屏东县	16	0.24

1.2.3　登陆我国台风气候特征及规律

结合历史上台风的活动情况总体来看，台风在气候方面的特征有 8 个。

1. 2000—2009 年台风生成频数偏少

西北太平洋和南海海域每年台风的生成频数存在着非常明显的年际变化，多台风年和少台风年之间差别很大，1967 年生成的台风最多，有 40 个；1998 年最少，仅有 14 个。1949—2009 年 61 年间台风生成频数高于多年平均值（27.3 个）的年份有 27 个，低于多年平均值的年份有 34 个。20 世纪 60 年代台风生成频数偏多明显，而 20 世纪 50 年代、80 年代和 2000—2009 年偏少明显。

2. 台风生成期相对集中在 7—10 月

西北太平洋和南海各月均有台风生成，但台风生成期相对集中在夏秋之际，即 7—10 月，这一期间平均每年有近 19 个台风生成，约占生成总数的 70%。超强台风往往也在这一时段生成，尤其是进入秋季的 9—10 月。

3. 台风的生命周期一般为 5 天左右

台风从生成、发展、强盛到衰亡的生命周期通常为 5 天左右，但最短的台风不到 1 天，较长的可达 7～8 天，有的甚至超过 10 天。西北太平洋和南海生命史最长的台风当属 8616 号强台风"韦恩"，其整个生命周期超过 20 天（486h），并先后登陆我国台湾、海南和广东；另外，0917 号超强台风"芭玛"的生命周期也较长，超过 15 天（375h），达到一般台风生命周期的 3 倍。

4. 台风登陆我国的频数年际变化明显

台风登陆我国的频数存在着非常明显的年际变化，多台风年和少台风年之间差别很大，1971年登陆我国的台风最多，有12个，1950年和1951年最少，仅有3个。20世纪60年代和90年代偏多，而50年代和70年代偏少。

5. 每年约有7个台风在我国沿海登陆

根据多年（1949—2009年）的统计数据，西北太平洋和南海海域平均每年有27.3个台风生成，其中约有7个台风在我国沿海登陆，登陆数约占生成总数的26%。

6. 台风登陆我国的时间集中在7—9月

从台风登陆的月份看，除1—3月外，其余月份均有台风登陆我国，时间主要集中在盛夏初秋的7—9月，这一期间平均每年有5.4个台风登陆，约占台风登陆总数的79%。

7. 台风登陆我国频次最高的省份为广东省

除河北省以外，我国自南向北的沿海地区均有台风登陆，但登陆频次最高的省份为广东省，平均每年约有3次台风登陆；其他频次较高的省份依次是台湾、海南、福建和浙江等4省，每年台风在上述5省的登陆频次约占台风登陆总频次的90%。

8. 登陆我国的"台风之最"

（1）首次登陆台风。首次登陆台风即当年的第一个登陆台风。根据多年（1949—2009年）登陆台风的统计数据，常年台风首次登陆我国的时间一般在6月29日左右，但各年存在较大的差异。我国首次登陆时间最早的台风是2008年4月18日登陆海南文昌的0801号台风"浣熊"；最晚的是1997年8月2日登陆香港的9710号强热带风暴"维克多"和1979年8月2日登陆广东深圳的7908号超强台风"荷贝"。

（2）末次登陆台风。末次登陆台风即当年的最后一个登陆台风。根据多年（1949—2009年）登陆台风的统计数据，常年台风末次登陆我国的时间一般在10月7日左右，但各年也存在较大的差异。我国末次登陆时间最早的台风是2006年8月10日登陆浙江苍南的0608号超强台风"桑美"；最晚的是2004年12月4日登陆台湾屏东的0428号强台风"南玛都"。

（3）最强登陆台风。1949年以来，登陆我国的最强台风是1962年在台湾花莲到宜兰一带沿海登陆的6208号超强台风"奥蓓"，登陆时中心附近最大风力达17级以上（65m/s）、中心最低气压为920hPa；而登陆我国大陆地区最强的台风是2006年8月10日登陆浙江苍南的0608号超强台风"桑美"，登陆时中心附近最大风力达17级（60m/s）、中心最低气压为920hPa。

（4）最大降雨台风。1949年以来，造成24h降雨量最大的台风是1996年7月31日和8月1日分别登陆我国台湾基隆和福建福清的9608号超强台风"贺伯"，24h给台湾嘉义阿里山带来高达1748.5mm的降雨量，为我国日降雨量的最大值；造成24h降雨量较大的台风是1975年8月3日和4日分别登陆我国台湾花莲和福建晋江的7503号超强台风"妮娜"，河南驻马店林庄24h降雨量高达1060mm，为我国大陆地区24h降雨量的最大值。

（5）最大风速台风。1949年以来，平均风速最大的台风是1961年5月26日和27日分别登陆我国台湾台东—花莲和浙江乐清的6104号强台风"贝蒂"，台湾兰屿观测到的10min平均风速达74.7m/s。瞬时风速最大的台风是1984年7月3日登陆我国台湾新港的 8403 号台风"亚历克斯"，台湾兰屿观测到的瞬时极大风速达 89.8m/s。

在大陆地区，台风过程平均风速最大的台风是 1979 年 8 月 2 日登陆广东深圳的 7908 号超强台风"荷贝"，广东汕尾遮浪观测到的 10min 平均风速达 61m/s 以上；台风过程瞬时风速最大的台风是 2006 年 8 月 10 日登陆浙江苍南的 0608 号超强台风"桑美"，浙江苍南鹤顶山风电站和福建福鼎市合掌岩部队测站分别观测到 81.3m/s 和 75.8m/s 的瞬时极大风速。

1.2.4　全球变暖气候条件下台风变化趋势

政府间气候变化专门委员会（IPCC）第一工作组第四次评估报告指出，自 20 世纪 70 年代以来，全球呈现出热带气旋强度增大的趋势，这与观测到的热带海表面温度升高相一致。大量的气候模式模拟结果也表明，随着热带海表面温度的进一步升高，未来热带气旋（包括台风和飓风）可能会变得更强，即风速更大、降水更强。

西北太平洋的热带气旋（台风），特别是登陆我国台风的变化趋势如何，更为我国政府决策者、公众和科学界所关注。上海市气象局利用目前国际最新研究成果和 1949—2006 年的《台风年鉴》❶ 等权威资料数据，针对全球变暖背景下登陆我国的台风变化情况进行了深入研究。通过对 1949 年以来登陆我国台风的数量、时间、强度及登陆路径等的分析表明，在我国登陆的台风表现出以下主要特征：

（1）登陆台风数量没有明显的变化趋势。1949—2006 年期间，共有 522 个热带气旋登陆我国，年均 9 个，登陆频次略有减少趋势，但达到台风级别的并没有明显地增多或者减少。登陆我国的热带气旋和台风数量仅表现出明显的年际变化和年代际变化，可分成 3 个偏少阶段和 2 个偏多阶段。其中：偏少阶段分别是 1949—1955 年、1968—1983 年和 1995—2006 年；偏多阶段为 1958—1967 年和 1984—1995 年。

（2）台风登陆地点趋于集中。1949—1981 年，登陆和影响我国的热带气旋主要集中在华南沿海和海南；而 1982 年至今主要集中在华东沿海及台湾，在 37°N 以北和 20°N 以南均有减少趋势。总体来看，我国热带气旋的最北登陆位置呈现为较明显的逐年南落，并向 25°N 靠近；而最南登陆位置则与之相反，呈逐年北上且也向 25°N 靠近的趋势。台风登陆区域更为集中，25°N 附近的东南沿海成为台风登陆的主要区域。因此，这一区域遭受登陆台风袭击的危险明显增大。

（3）台风登陆时段趋于集中。我国热带气旋登陆季节的持续时间平均约 4 个月，最短不到 1 个月，最长可达半年。统计表明，60 多年来，我国热带气旋登陆季节的持续时间缩短了近 1 个月，台风的登陆时段趋于集中。

（4）登陆台风强度逐年增强。根据 1949 年以来的台风资料分析，以热带气旋的中心气压表示其强度，结果显示我国的热带气旋在登陆时的强度有逐年增加的趋势，并且在登陆台风中强度较强的热带气旋所占比重也呈逐年增加的趋势。

---

❶ 《台风年鉴》于 1989 年更名为《热带气旋年鉴》。

1.3 广东沿海台风特征

1.3.1 热带气旋路径

登陆广东沿海的热带气旋主要有西北偏西、北上和西北转东北等三条路径。

1. 西北偏西路径

这条路径的登陆热带气旋主要来自西北太平洋，热带气旋生成后向西北偏西移动，经巴士海峡、吕宋岛进入南海后西行，多在粤西沿海登陆，进入广西后减弱消失，包括西行型和少数西北行型热带气旋。

2. 北上路径

这条路径的登陆热带气旋主要来自南海中、北部海面，热带气旋生成后，受副高西缘偏北气流的引导向北移动，多登陆于粤西沿海。

3. 西北转东北路径

这条路径的登陆热带气旋主要来自西北太平洋，热带气旋生成后向西北偏西移动，经巴士海峡、吕宋岛进入南海后，由于副高位置东撤或冷空气及其他天气系统的影响，路径发生转向，呈抛物线转向东北移动，多在珠江三角洲或粤东沿海登陆，包括大部分西北行型和部分西行转向型热带气旋。

登陆广东的热带气旋路径有季节性变化。随着季节的推移，副高位置的南北移动，热带气旋路径也发生相应的变化。5月，热带气旋路径以北上为主，多在珠江口登陆，且源地多为南海；6月，仍以北上路径为主，其次是西行路径；7月，以西行路径为主，其次是西北转东北路径，北上路径热带气旋明显减少，其中西行路径位置在17°N～18°N；8月，以西行路径为主，由于副高进一步加强北抬，西行路径位置略有北移，约在19°N；9月，西行路径为主，其次是转折路径，由于受9月下旬开始活动的冷空气影响，西行路径位置略有南落，位于17°N～18°N；10月，以西行路径和西北转东北路径为主，北上路径明显减少，由于受冷空气影响，西行路径位置南落至15°N，其中来自南海的极少。

1.3.2 时间分布特征

1.3.2.1 年际变化特征

根据《热带气旋年鉴》资料统计可知，1949—2013年登陆广东的热带气旋共有237个，平均每年有3.65个，年内登陆次数最多的有7个（如1952年、1961年、1967年、1993年等），年内登陆次数最少的有1个（如1956年、1969年、1998年、2007年等）。如图1-4所示，从年际变化特征来看，登陆广东的热带气旋频数呈现出波动状态，振幅明显，但并没有显著的线性倾向。从年代际变化特征来看，20世纪50—90年代变化较平稳，进入21世纪后除2008年出现异常高值（一年内有6个）外，登陆热带气旋频数呈波动减少现象，年平均登陆热带气旋频数下降至2.71个。

1.3.2.2 月际分布特征

根据《热带气旋年鉴》资料统计，1949—2013年各月登陆广东的热带气旋频数及百

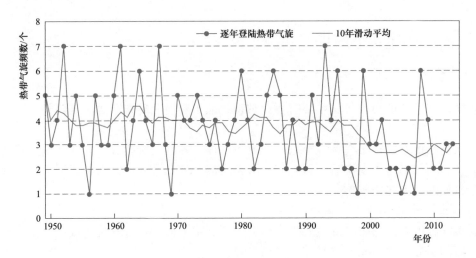

图 1-4　登陆广东沿海的热带气旋年际变化图

分比。登陆广东的热带气旋逐月分布呈单峰型，4 月开始出现，8 月达到峰值，10 月迅速下降，鼎盛期主要集中在 7—9 月，占影响总个数的 75.49%，其次分别为 6 月和 10 月，各占 12.24% 和 7.59%（表 1-3、图 1-5）。

表 1-3　各月登陆广东沿海的热带气旋频数及百分比

月　　份	4	5	6	7	8	9	10	11	12	合计
登陆数/个	1	6	29	60	61	58	18	3	1	237
累年平均频数/个	0.015	0.090	0.450	0.920	0.940	0.890	0.280	0.050	0.015	3.650
百分比/%	0.43	2.54	12.24	25.29	25.74	24.46	7.59	1.28	0.43	100.00

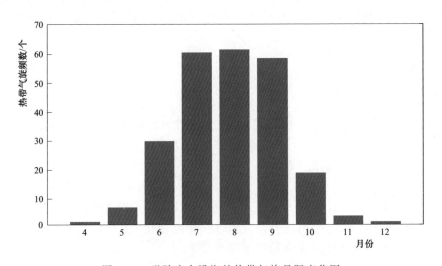

图 1-5　登陆广东沿海的热带气旋月际变化图

1949—2013 年间，最早的登陆热带气旋为 0801 号台风"浣熊"（2008 年 4 月 18 日，在阳东登陆，登陆时强度为热带低压），最晚的登陆热带气旋为 7427 号台风（1974 年 12 月 2 日，在台山登陆）。近 65 年来，12 月中旬至翌年 4 月中旬均未出现影响广东的热带气旋。8 月受热带气旋影响最多，平均 0.94 个，最多年是 4 个（出现在 1967 年）；其次是 7 月和 9 月，平均为 0.92 个和 0.89 个，7 月和 9 月最多年是 3 个（7 月分别出现在 1961 年和 1966 年；9 月分别出现在 1993 年和 1999 年）。

1.3.3　空间分布特征

根据《热带气旋年鉴》资料，将广东沿海地区自西向东分为 5 个区域：湛江—茂名段（Z1 区）、阳江—江门段（Z2 区）、珠海—深圳段（Z3 区）、惠州—汕尾段（Z4 区）以及揭阳—潮州段（Z5 区），统计得到上述 5 个区域出现登陆热带气旋的时段分别为 6—11 月、4—12 月、5—10 月、5—11 月和 5—10 月。

根据《热带气旋年鉴》资料，分别统计 Z1～Z5 这 5 个区域的热带气旋登陆频数，具体见表 1-4。其中，粤西沿海登陆的热带气旋最为频繁，并出现由西向东逐渐减少的空间分布如图 1-6 所示。这种空间分布形态与登陆广东的热带气旋路径有直接联系。

图 1-6　登陆广东沿海
不同区域的热带气旋
频数空间分布

表 1-4　登陆广东沿海不同区域的热带气旋统计特征

区　域	频数/个	百分比/%	区　域	频数/个	百分比/%
湛江—茂名段（Z1 区）	79	33.33	惠州—汕尾段（Z4 区）	35	14.77
阳江—江门段（Z2 区）	58	24.47	揭阳—潮州段（Z5 区）	31	13.08
珠海—深圳段（Z3 区）	34	14.35	合计	237	100.00

1.3.4　强度统计特征

1.3.4.1　广东全省

一般来说，登陆热带气旋强度越高，对广东造成的影响越大。根据《热带气旋等级》（GB/T 19201—2006），将 1949—2015 年登陆广东沿海的热带气旋按照强度进行分级（表 1-5、图 1-7）。登陆时为热带低压（TD）的最多，有 121 个，占总数的 51.06%；其次是热带风暴（TS），有 30 个，占总数的 12.66%；强热带风暴（STS）有 46 个，占总数的 19.41%；台风及台风以上（TY、STY 等）有 40 次，占总数的 16.87%。强热带风暴（STS）及以上占总量的近 40%。

表 1-5　登陆广东沿海的不同等级热带气旋频数及百分比

强　度	TD	TS	STS	TY	STY 及以上	合计
频数/个	121	30	46	33	7	237
百分比/%	51.06	12.66	19.41	13.92	2.95	100.00

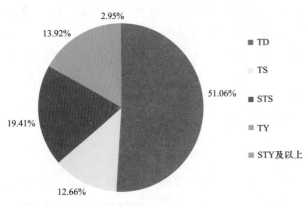

图 1-7　登陆广东沿海的热带气旋强度百分比

1.3.4.2　沿海各区域

就不同强度等级的热带气旋所占比例来看，与广东省不同等级登陆热带气旋占比情况一致，各个区域出现频率最多的仍是热带低压（TD），其中珠海—深圳段（Z3 区）比广东省平均水平高出 10.70％，阳江—江门段（Z2 区）与惠州—汕尾段（Z4 区）比广东省平均水平分别低 7.96％和 5.35％。

与之相反，上述两地的强热带风暴（STS）出现频率比全省平均水平分别高出 3.00％和 14.88％，而揭阳—潮州段（Z5 区）的强热带风暴（STS）仅为 9.68％，比全省平均水平低 9.73％。至于破坏强度更高的台风及强台风（TY、STY）在各个地区出现频率可达到 11.43％～19.35％，说明沿海各地区均需要防范台风及强台风登陆所可能带来的影响（表 1-6、图 1-8）。

表 1-6　广东沿海各地区不同强度热带气旋所占比例　　　　　　　　　　％

台风名称	强度	湛江—茂名段（Z1 区）	阳江—江门段（Z2 区）	珠海—深圳段（Z3 区）	惠州—汕尾段（Z4 区）	揭阳—潮州段（Z5 区）
强台风	STY 及以上	6.32	1.73	0.00	2.86	0.00
台风	TY	10.13	17.24	17.65	8.57	19.35
强热带风暴	STS	18.99	22.41	8.82	34.29	9.68
热带风暴	TS	10.13	15.52	11.77	8.57	19.36
热带低压	TD	54.43	43.10	61.76	45.71	51.61

强度在台风及强台风（TY、STY）以上的热带气旋同样呈现西多东少的空间形态，其中湛江—茂名段（Z1 区）在近 65 年中出现了 5 次强台风，为全省之最（图 1-9、图 1-10）。

近 65 年来，湛江—茂名段（Z1 区）的最强热带气旋为 9615 号强台风"莎莉"，登陆时的最低气压为 935hPa，根据灾情及周边气象站实测记录，估测湛江气象站台风最大风速约 57m/s；阳江—江门段（Z2 区）的最强热带气旋为 1311 号强台风"尤特"，登陆时的最低气压和 2min 平均最大风速分别为 955hPa 和 42m/s；珠海—深圳段（Z3 区）的最强热带气旋为 7908 号台风，登陆时的最低气压和 2min 平均最大风速分别为 958hPa 和 40m/s；惠州—汕尾段（Z4 区）的最强热带气旋为 1319 号强台风"天兔"，登陆时的最低气压和 2min 平均最大风速分别为 940hPa 和 45m/s；揭阳—潮州段（Z5 区）的最强热带气旋为 9107 号台风"艾美"，登陆时的最低气压和 2min 平均最大风速分别为 950hPa 和 40m/s。

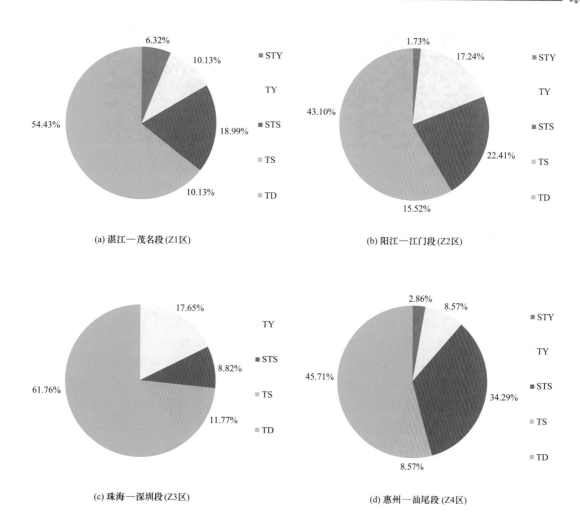

(a) 湛江—茂名段(Z1区)

(b) 阳江—江门段(Z2区)

(c) 珠海—深圳段(Z3区)

(d) 惠州—汕尾段 (Z4区)

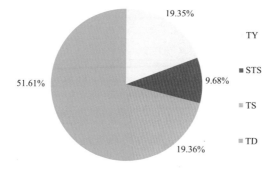

(e) 揭阳—潮州段(Z5区)

图 1-8　登陆广东沿海各地区不同强度热带气旋所占比例

图 1-9 登陆广东沿海不同区域的
台风频数空间分布

图 1-10 登陆广东沿海不同区域的
强台风频数空间分布

1.3.5 登陆后热带气旋的影响范围及风速衰减

1.3.5.1 影响范围

影响广东沿海地区的热带气旋在登陆前主要遵从西北偏西路径、西北转东北路径以及北上路径；登陆后继续向西或西北移动的热带气旋占据较高频率，见表 1-7。登陆后继续西向移动的热带气旋在粤西地区的出现频率高于珠三角地区和粤东地区，其中湛江—茂名段（Z1 区）和阳江—江门段（Z2 区）分别高达 54.43% 和 51.72%，珠海—深圳段（Z3 区）和惠州—汕尾段（Z4 区）分别为 44.12% 和 40.00%，而揭阳—潮州段（Z5 区）则为 35.48%。登陆后继续西北向移动的热带气旋同样较为常见，其中在珠三角地区的珠海—深圳段（Z3 区）频率高达 35.29%。登陆后北向移动的热带气旋集中在粤东地区，揭阳—潮州段（Z5 区）的出现频率高达 41.94%。上述现象与影响广东的三种热带气旋路径具有密切联系，同时也与广东沿海的海岸线走势有关。

表 1-7 广东沿海地区热带气旋登陆后的路径趋势频率分布

区 域	百分比/%				
	西向	西北向	北向	东北向	其他[①]
湛江—茂名段（Z1 区）	54.43	22.78	17.72	3.80	1.27
阳江—江门段（Z2 区）	51.72	20.69	18.97	3.45	5.17
珠海—深圳段（Z3 区）	44.12	35.29	14.71	0.00	5.88
惠州—汕尾段（Z4 区）	40.00	25.71	28.57	2.86	2.86
揭阳—潮州段（Z5 区）	35.48	19.35	41.94	0.00	3.23

① 个别台风登陆后路径变化比较复杂，出现西南向、东向等情况。

热带气旋登陆后的不同路径趋势将直接决定其影响范围的变化，如在粤东登陆的西行热带气旋将可能造成全省范围内的影响，而在粤西登陆的西行热带气旋则可能快速进入广西，影响范围将局限在雷州半岛。除此之外，热带气旋的影响也与其在登陆后的持续时间有关。

热带气旋的持续时间（即登陆伊始直至其暖心结构消失所经历的时长），与其登陆时的强度并不成单纯的线性关系。平均持续时间最长的为强热带风暴（STS），其次为台风（TY）和热带风暴（TS），持续时间最短的为热带低压（TD）。因此，在粤东登陆的西行强热带风暴（STS）将有可能给全省范围内带来长时间的影响，见表1-8。但需要说明的是，登陆热带气旋的影响范围不仅取决于其本身的强度和结构，也与外部环境因素如地形、环境场水汽供应、风的垂直切变、高空辐散气流等有关，在实际工作中需要具体问题具体分析。

表1-8　广东沿海地区热带气旋登陆时强度与登陆后维持时间

强　　度	平均维持时间/h	最长维持时间/h
TY	40	215（6001号台风"玛丽"，在香港登陆）
STS	42	293（7619号台风"艾瑞丝"，在湛江登陆）
TS	27	97（9323号台风"埃洛"，在阳江登陆）
TD	20	102（7312号台风，在电白登陆，未命名）

1.3.5.2　风速衰减

热带气旋登陆后，海洋热源被切断，水汽供应和辐合减少，垂直向上输送也随之减少，于是积雨云活动减弱，高层潜热释放减少，因而使暖心结构减弱和被破坏，结果斜压性渐弱，动能制造减少。同时在高层向外径向流出也减少，因而导致低层辐合大于高层辐散，这样整个热带气旋区有净的质量辐合，气压上升，热带气旋渐趋填塞。

根据上述物理机制的判断，热带气旋的旋转性风场将在登陆后失去其能量来源，同时，地表粗糙度由海面延伸至陆地发生重大转折，随着地面摩擦作用的增强，热带气旋风场动量持续耗散，因此风力将迅速衰减。

在广东沿海登陆的热带气旋存在较高的概率继续向西或西北方向移动，但途经粤东的莲花山、罗浮山和九连山，以及粤西的天露山、云雾山和云开大山等山脉集结成的山地时，由于山地地形起伏变化剧烈，加之植被茂密，地表粗糙度较大，风场范围及强度将受到极大削弱，即使进入广西东部地区还将受到由南到北的六万大山、云开大山、大容山、大桂山等山体阻挡，所以热带气旋大风出现长时间维持的可能性较低。

1.4　海南沿海台风特征

1.4.1　热带气旋路径

登陆海南的热带气旋基本路径如图1-11所示，具体分为以下路径：

（1）北路。在文昌的会文镇到景心角之间登陆，向西北方向移动，在文昌的铺前林场至澄迈出海。

（2）中路。在万宁的港北港到琼海的龙湾港之间登陆，向西北偏西方向移动，在昌江的昌化镇至儋州的峨蔓镇之间出海。

（3）南路。在陵水的水口港到三亚的景母角之间登陆，向西或西北偏西方向移动，在东方的感城镇以南出海。

上述热带气旋路径的成因与副热带高压脊线的季节变化和海

图1-11　登陆海南的
热带气旋路径示意图

南岛所处的纬度（18°N～20°N）密切相关。8 月，副热带高压脊线平均位置位于 28°N，副高的脊线可近似作为东西风带的分界线，海南岛位于东风带中，该月登陆海南的台风自生成到登陆都位于副高脊线的南侧，台风始终受副高南侧的偏东或东南气流引导，因此路径为西北偏西穿越海南岛。进入 11 月，副高脊线的平均位置位于 19°N，与海南岛所在纬度相当。海南岛受东西风带交替影响。11 月，登陆海南的台风生成于 15°N 以南的西太平洋海域。前期位于副高脊线以南，受东风带引导向西北偏西方向移动，后期移到副高脊线所在纬度后与西风带系统接触，随着副高的减弱东退受西风带系统引导折向北上，折向后到达海南岛所在纬度登陆或影响海南岛。

1.4.2　时间分布特征

1.4.2.1　年际变化特征

1949—2013 年，登陆海南的热带气旋共有 153 个，平均每年有 2.35 个，年内登陆次数最多时有 6 个（如 1956 年、1971 年），年内登陆次数最少时有 0 个（如 1982 年、1997 年、1999 年、2012 年）。其中：登陆热带气旋频数在 3 个及以上的年份有 31 次，占总年份的 47.69%；在 4 个及以上的年份有 10 次，占总年份的 15.38%。登陆海南的热带气旋年际变化图如图 1-12 所示。从年际变化特征来看，登陆海南的热带气旋频数呈现出振荡状态，振幅明显。从年代际变化特征来看，20 世纪 50—80 年代变化较平稳，90 年代呈波动减少现象，年平均登陆热带气旋频数下降至 1.7 个，进入 21 世纪后，年平均登陆热带气旋频数又稳步回升至 2 个。

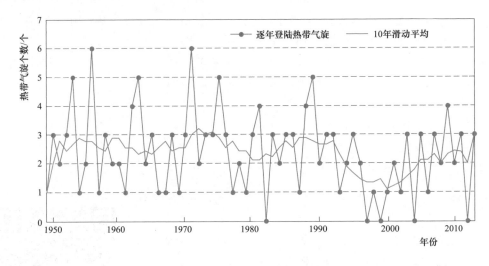

图 1-12　登陆海南的热带气旋年际变化图

1.4.2.2　月际分布特征

登陆海南的热带气旋频数逐月分布呈单峰型，4 月开始出现，8 月和 9 月达到峰值，10 月迅速下降，鼎盛期主要集中在 7—10 月，占影响总个数的 79.08%，其中，8—9 月的占 50.98%，具体见表 1-9 和图 1-13。

表 1-9 各月登陆海南的热带气旋频数及百分比

月 份	4	5	6	7	8	9	10	11	合计
登陆数/个	2	7	15	23	39	39	20	8	153
累年平均频数/个	0.03	0.11	0.23	0.35	0.60	0.60	0.31	0.12	2.35
百分比/%	1.31	4.58	9.80	15.03	25.49	25.49	13.07	5.23	100.00

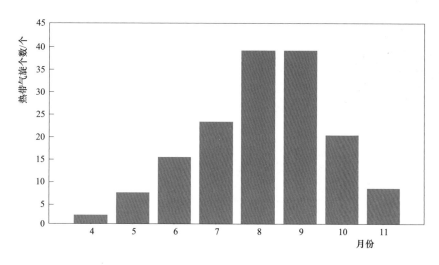

图 1-13 登陆海南的热带气旋月际变化图

1949—2013 年间，最早的登陆热带气旋为 0801 号台风"浣熊"（2008 年 4 月 18 日，在文昌登陆，登陆时强度为强热带风暴），最晚的登陆热带气旋为 5040 号强热带风暴（1950 年 11 月 23 日，在万宁登陆，登陆时强度为热带风暴）。近 65 年来，每年 12 月至翌年 4 月中旬均未出现影响海南本岛的热带气旋。一年当中，8 月和 9 月受热带气旋影响最多，平均 0.6 个，最多年是 3 个（出现在 1956 年 8 月、1963 年 8 月和 1975 年 8 月）；其次是 7 月和 10 月，平均为 0.35 个和 0.31 个，最多年已达 3 个（1988 年 10 月）。

根据 1949—2013 年《热带气旋年鉴》资料，将海南岛沿岸至北向南分为 5 个区域：临高—海口段（Z1 区）、文昌—琼海段（Z2 区）、万宁—陵水段（Z3 区）、三亚段（Z4 区）以及乐东—东方段（Z5 区），统计得到上述 5 个区域出现登陆热带气旋的时段分别为 8—9 月、4—11 月、4—11 月、5—11 月和 8—10 月。

1.4.3 空间分布特征

各地区热带气旋登陆频数的量级依次为：Z2 区＞Z3 区＞Z4 区≫Z1 区≈Z5 区。说明在文昌—琼海段沿海登陆的热带气旋最为频繁，并出现由东北向西南逐渐减少的空间分布形态。这种空间分布形态与登陆海南的热带气旋路径分布有直接联系。

表1-10 登陆海南不同区域的热带气旋统计特征

区 域	频数/个	百分比/%	区 域	频数/个	百分比/%
临高—海口段（Z1区）	3	1.96	三亚段（Z4区）	24	15.69
文昌—琼海段（Z2区）	70	45.75	乐东—东方段（Z5区）	3	1.96
万宁—陵水段（Z3区）	53	34.64	合计	153	100.00

图1-14 登陆海南不同区域的
热带气旋频数空间分布

1.4.4 强度统计特征

1.4.4.1 海南岛

一般来说，登陆热带气旋强度越高，对海南岛造成的影响越大。将1949—2015年登陆海南岛的热带气旋按照强度进行分级，具体见表1-11和图1-15。其中60次热带低压（TD），占总数的39.22%；其次33次台风（TY），占总数的21.57%；再次31次强热带风暴（STS），占总数的20.26%；台风及台风以上（TY、STY等）有39次，占总数的25.49%，与强热带风暴（STS）总计约占50%。

表1-11 登陆海南的不同等级热带气旋频数及百分比

强度	TD	TS	STS	TY	STY及以上	合计
频数/个	60	23	31	33	6	153
百分比/%	39.22	15.03	20.26	21.57	3.92	100.00

1.4.4.2 沿海各区域

就不同强度等级的热带气旋所占比例来看，与全省不同等级登陆热带气旋占比情况一致，各个区域出现频率最多的仍是热带低压（TD）。其中：临高—海口段（Z1区）和乐东—东方段（Z5区）均仅有2次热带低压（TD）和1次台风（TY）登陆，因此热带低压（TD）占66.67%；而文昌—琼海段（Z2区）与三亚段（Z4区）比全岛平均水平分别低2.08%和10.05%；万宁—陵水段（Z3区）比全岛平均水平高4.18%。

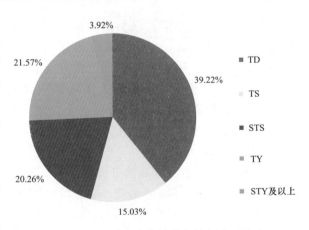

图1-15 登陆海南的热带气旋频度百分比

除万宁—陵水段（Z3区）之外，其余区域的台风（TY）出现频率均仅次于热带低压（TD）。其中：临高—海口段（Z1区）和乐东—东方段（Z5区）均有1次台风（TY）登陆，但上述区域的登陆热带气旋频数极少，因此占比高达33.33%；而文昌—琼海段（Z2区）与三亚段（Z4区）比全岛平均水平分别高1.29%和3.43%；万宁—陵水段（Z3区）比全岛平均水平低4.59%，具体见表1-12和图1-16。

表 1－12　海南各地区不同强度热带气旋所占比例 %

强度	TD	TS	STS	TY	STY 及以上
临高—海口段（Z1 区）	66.67	0.00	0.00	33.33	0.00
文昌—琼海段（Z2 区）	37.14	14.29	20.00	22.86	5.71
万宁—陵水段（Z3 区）	43.40	15.09	22.64	16.98	1.89
三亚段（Z4 区）	29.17	20.83	20.83	25.00	4.17
乐东—东方段（Z5 区）	66.67	0.00	0.00	33.33	0.00

　　台风及强台风（TY、STY）以上的热带气旋同样呈现东北多西南少的空间形态，其中文昌—琼海段（Z2 区）在近 65 年的资料中出现了 4 次强台风，为海南岛之最，具体如图 1－17 和图 1－18 所示。其中，登陆临高的唯一一次台风是 9111 号台风"弗雷德"。这次台风的路径比较特殊，1991 年 8 月 11 日在菲律宾以东洋面生成，13 日西行进入南海；之后迅速发展成热带风暴（TS）；15 日加强为台风（TY）；16 日凌晨 3：00，移至海南岛东北部海面，8：00 在广东徐闻南部沿海登陆，而后折向西南移动，从文昌、海口北部沿海擦过，12：00 再次在临高登陆，登陆时中心附近最大风力 12 级，穿过儋州、昌江，从东方进入北部湾海面。

　　近 65 年来，文昌—琼海段（Z2 区）的最强热带气旋为 7314 号强台风，进入 21 世纪以来，登陆该区域强度最强的热带气旋为 1409 号超强台风"威马逊"，登陆时中心风力 17 级（60m/s），中心最低气压 935hPa；万宁—陵水段（Z3 区）的最强热带气旋为 0518 号强台风"达维"，登陆时中心附近最大风力 14 级（45m/s），中心最低气压 950hPa；三亚段（Z4 区）的最强热带气旋为 8105 号强台风"凯丽"。

1.4.5　登陆后热带气旋的衰减初探

　　选取 2011—2013 年间登陆海南岛的主要热带气旋进行分析，利用海南岛 18 个县市的长期气象站与自动站实测 10min 平均风速资料，结合热带气旋移动路径，初步分析热带气旋登陆前后风速的变化情况。

1.4.5.1　1108 号强热带风暴"洛坦"

　　强热带风暴"洛坦"于 2011 年 7 月 29 日 17：40 登陆海南文昌市龙楼镇，登陆时中心最大风力 10 级（28m/s），之后分别经过海口、澄迈、临高、儋州、昌江等市县。受其影响，本岛沿海陆地出现 8 级以上大风；最大阵风出现在儋州洋浦原油码头，为32.8m/s。

　　热带气旋登陆后 6h 内海南 18 个县市长期气象站的逐时风速记录见表 1－13。文昌、澄迈以及东方、乐东沿海地区自动站出现 8 级以上大风，这与热带气旋登陆后的移动路径直接相关。海南岛中部山区的风速呈现出局地性的复杂空间分布形态，一些地区由于地形阻塞效应而出现风速低值，另一些地区则由于地形加速效应而出现较大风速。

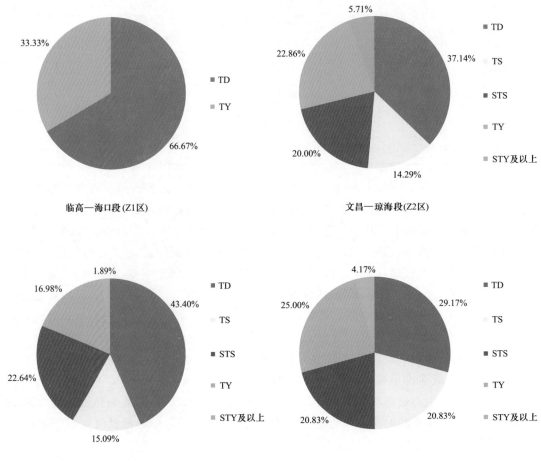

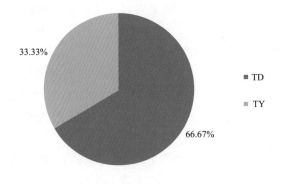

图 1-16　登陆海南各地区不同强度热带气旋所占比例

图 1-17 登陆海南不同区域的
台风频数空间分布

图 1-18 登陆海南不同区域的
强台风频数空间分布

表 1-13 1108 号强热带风暴"洛坦"登陆后各站风速记录表 单位：m/s

序号	站名	18：01—19：00	19：01—20：00	20：01—21：00	21：01—22：00	22：01—23：00
1	海口	10.6	11.4	13.8	12.8	13.3
2	定安	4.1	5.5	3.5	3.8	3.0
3	澄迈	4.8	4.7	6.0	5.3	6.3
4	临高	4.1	5.5	6.8	6.3	7.5
5	儋州	3.1	2.8	4.1	6.3	5.0
6	琼海	4.4	5.1	4.0	3.0	3.2
7	文昌	4.3	2.8	3.4	2.6	3.6
8	万宁	5.4	6.5	6.7	6.2	5.4
9	屯昌	4.3	4.1	5.0	3.4	3.2
10	白沙	5.3	4.2	4.1	5.5	4.1
11	琼中	6.1	4.6	5.6	5.1	4.2
12	昌江	3.3	2.3	3.8	4.2	3.2
13	东方	9.8	9.8	13.1	11.8	14.2
14	乐东	0.1	0.5	2.9	2.4	3.3
15	五指山	5.2	3.9	3.8	3.3	2.4
16	保亭	1.1	1.9	0.9	1.5	0.8
17	陵水	4.4	5.1	4.6	4.4	5.7
18	三亚	16.4	14.6	14.1	14.0	14.6

由于各地区风速值存在差异，为了对各地风速变化情况进行对比，计算这段时间内逐时风速距平，风速距平由正转负说明风速正在衰减，反之加强。文昌、琼海、定安等站点在热带气旋登陆后 2h 内 1～2m/s 的正风速距平迅速减弱为零，显示出登陆热带气旋风力衰减的过程；而随着热带气旋向西移动，海口、临高、儋州等地在热带气旋登陆后 3～4h 陆续出现 2m/s 左右的风速正距平，乐东、东方等地由于处在热带气旋中心西南侧的大风区内，则在登陆后 5h 开始出现风速正距平，说明气旋式环流将海上的西北大风输送至上述地区，如图 1-19 所示。

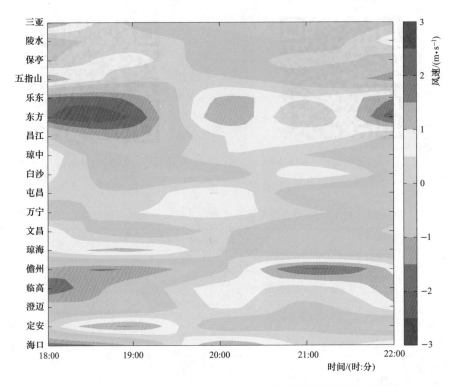

图 1-19　1108 号强热带风暴"洛坦"登陆后的各地逐时风速距平

1.4.5.2　1117 号强台风"纳沙"

1117 号强台风"纳沙"29 日早晨 7：00 加强成为强台风，于 29 日下午 14：30 在海南文昌市翁田镇沿海地区登陆，登陆时中心风力 14 级（42m/s），中心最低气压 960hPa。之后，分别经过海口、澄迈等地区。受强台风"纳沙"影响，28 日 20：00—30 日 8：00，海南岛出现强风雨天气过程，本岛陆地的风力普遍达到 8 级以上，其中：有 144 个测站的达到10 级以上；10 个测站的超过 12 级；文昌七洲列岛测站的极大风达 15 级，46.8m/s。

热带气旋登陆后 6h 内海南 18 个市（县）长期气象站的逐时风速记录见表 1-14。文昌、海口、定安、澄迈等地部分区域以及琼海、儋州、昌江等地的个别自动站出现 8 级以上大风，澄迈和琼海甚至有站点出现 10 级以上大风。由于热带气旋登陆后的移动路径由偏西转向西北，因此大风区集中在本岛东北部，但因为热带气旋登陆时仍然维持较高强度，在其影响下中部山区的部分地区也出现 8 级左右的风速。

文昌站在热带气旋登陆后 1h 内 2～3m/s 的正风速距平即迅速减弱为零，显示出登陆热带气旋风力衰减的过程；而随着热带气旋向西移动，定安、海口等地的风速距平在热带气旋登陆后 2～3h 陆续由正转负，之后热带气旋在澄迈附近的东水港沿西北偏西方向移出海南岛，澄迈在登陆后 5h 出现风速正距平。除此之外，由于"纳沙"登陆时强度较强，因此也使得位于本岛中部的琼中、五指山、白沙、保亭等地也在登陆后 2～3h 内出现短暂的风速正距平；昌江、东方等地位于热带气旋中心西南侧的大风区内，气旋式环流将海上的西北大风输送至上述地区，因此与"洛坦"的情形类似，在登陆后 5h 开始出现风速正距平，如图 1-20 所示。

表 1-14 1117号强台风"纳沙"登陆后各站风速记录表 单位：m/s

序号	站名	15:01—16:00	16:01—17:00	17:01—18:00	18:01—19:00	19:01—20:00
1	海口	14.0	16.0	16.2	12.0	13.5
2	定安	12.3	12.7	7.7	9.6	9.3
3	澄迈	11.1	14.6	13.9	11.9	13.5
4	临高	8.2	10.9	10.9	11.4	11.9
5	儋州	6.8	7.8	7.0	8.1	7.8
6	琼海	9.7	9.6	9.3	9.3	9.2
7	文昌	8.3	5.5	4.2	1.6	5.2
8	万宁	7.8	7.8	7.3	11.9	9.6
9	屯昌	9.7	8.6	8.0	6.5	7.4
10	白沙	5.7	6.1	9.3	6.9	8.4
11	琼中	9.7	9.1	8.3	9.7	8.9
12	昌江	4.3	4.6	6.8	6.9	6.9
13	东方	8.8	9.4	10.0	12.3	14.7
14	乐东	7.4	8.1	10.5	4.5	7.9
15	五指山	4.8	5.1	4.8	4.8	5.0
16	保亭	4.8	1.2	2.8	4.5	0.4
17	陵水	3.5	4.2	5.3	5.7	7.7
18	三亚	19.3	17.5	15.9	16.1	15.3

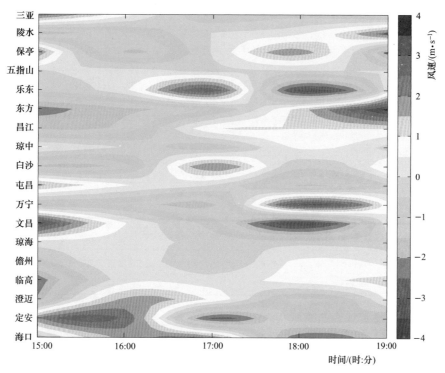

图 1-20 1117号强台风"纳沙"登陆后的各地逐时风速距平

1.4.5.3 1119号强热带风暴"尼格"

1119号强热带风暴"尼格"于2011年10月4日12:30登陆海南万宁东澳镇,登陆时中心附近最大风力有10级(25m/s),中心最低气压为990hPa。海南文昌的七洲列岛阵风达13级(33.8m/s)。4日14:00在海南琼中县境内减弱为热带风暴,4日23:00在海南乐东黎族自治县西部沿海减弱为热带低压,随后很快进入北部湾东部海面。

热带气旋登陆后6h内海南18个市(县)长期气象站的台风风速和逐时风速距平见表1-15和图1-21。此次热带气旋强度较弱,且登陆后受到本岛中南部山区地形的限制,风力快速衰减,因此海南岛的自动测站几乎没有出现8级以上的大风。万宁站的风速正距平仅为1m/s,且在登陆后1h内即迅速减弱为零;而随着热带气旋向西移动,由于海口、定安、澄迈等地位于热带气旋中心东北侧的大风区内,气旋式环流将海上的东南大风输送至上述地区,在登陆后3h开始出现风速正距平。

表1-15 1119号强热带风暴"尼格"登陆后各站风速记录表 单位:m/s

序号	站名	13:01—14:00	14:01—15:00	15:01—16:00	16:01—17:00	17:01—18:00
1	海口	12.5	15.0	13.4	13.3	5.7
2	定安	5.2	1.0	2.4	6.1	4.7
3	澄迈	6.0	6.5	9.4	9.0	6.4
4	临高	8.7	9.1	7.6	10.0	6.9
5	儋州	3.2	3.3	3.9	4.8	4.2
6	琼海	3.6	5.9	7.1	7.3	6.1
7	文昌	5.5	4.2	3.5	4.2	3.4
8	万宁	8.1	7.9	7.8	4.9	6.3
9	屯昌	4.3	4.0	4.8	4.4	5.3
10	白沙	1.6	2.0	2.3	2.7	2.0
11	琼中	3.1	4.0	3.5	4.0	3.4
12	昌江	3.8	3.4	1.8	3.0	4.1
13	东方	8.9	9.1	9.2	8.2	8.4
14	乐东	7.0	5.9	5.7	4.6	3.5
15	五指山	2.3	3.0	2.8	3.1	2.8
16	保亭	4.9	4.6	4.1	4.6	4.1
17	陵水	6.1	6.6	8.1	8.0	2.5
18	三亚	10.7	10.1	9.9	10.3	7.4

1.4.5.4 登陆后热带气旋的衰减特点

热带气旋登陆后,由于海洋热源被切断,地面摩擦不断耗能,其风力迅速衰减。但与广东沿海和广西沿海所不同的是,海南岛具有中央高四周低的特殊环形层状地形,当热带气旋登陆海南岛的路径为南路时,气旋中心将进入本岛中部山区,风速以很快的比率衰减;而当路径为北路或中路时,由于本岛东北部的阶地及平原地势较低,地形阻塞效应小

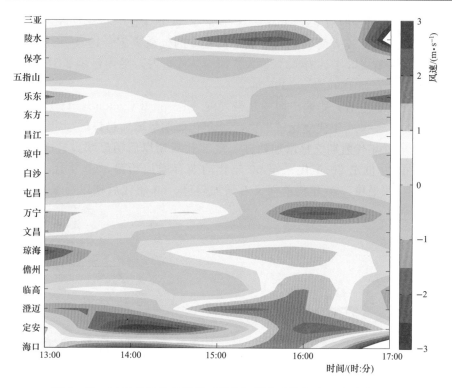

图 1-21　1119 号强热带风暴"尼格"登陆后的各地逐时风速距平

于中部山区，如果热带气旋强度较强，则风力仍有可能维持较高水平（如 1117 号强台风"纳沙"）。

此外，值得注意的是，因为海南岛四面环海且陆地面积较小，全岛通常均被热带气旋影响，因此随着热带气旋中心的移动，沿海一些地区进入热带气旋外围环流的海上大风通道，从而重新出现大风。

1.5　广西沿海台风规律

1.5.1　热带气旋路径

影响广西沿海的热带气旋基本路径如图 1-22 所示，具体有以下基本路径：

（1）Ⅰ类路径。西路型，在湛江市以西（或以南）沿海登陆。

（2）Ⅱ类路径。中路型，在湛江市到珠江口以西之间沿海登陆。

（3）Ⅲ类路径。东路型，在珠江口以东至福州之间沿海登陆。

1.5.2　时间变化特征

1.5.2.1　年际变化特征

1951—2012 年间影响广西的热带气旋共有 313 个，平均每年有 5.05 个，年内登陆次数最多时有 9 个（如 1952 年、1974

图 1-22　影响广西沿海的
热带气旋基本路径

年)，年内登陆次数最少时有 0 个 (如 2004 年等)。热带气旋中心一旦进入广西内陆或近海，就会对广西产生比较大的影响，造成不同程度的气象灾害。1951—2012 年进入广西或近海的热带气旋有 135 个，有 43％进入广西内陆或近海，平均每年 2.18 个，年内进入次数最多时有 6 个，如 1994 年、1995 年。

从年际变化特征上看，影响广西的热带气旋 (Tropical Cyclone，TC) 频数呈波动式下降，在 20 世纪 50—60 年代变化较平稳，70 年代前期呈增加趋势，70 年代后期至 80 年代呈减少趋势，90 年代前期又呈增加趋势，90 年代后期以后明显减少。进入广西内陆的热带气旋频数在 20 世纪 50 年代末至 60 年代前期有增加趋势，60 年代后期略有减少，70—80 年代变化较平稳，90 年代前期又有增加趋势，90 年代后期以后呈波动减少趋势，如图 1-23 所示。

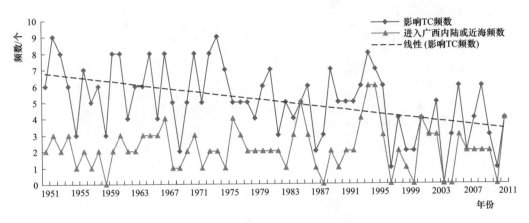

图 1-23　1951—2012 年影响及进入广西内陆或近海的
热带气旋 (TC) 频数年际变化

1.5.2.2　月际分布特征

影响广西最早的热带气旋是 9103 号强热带风暴，在 1991 年 4 月 28 日夜间经海南岛进入北部湾；影响广西最晚的热带气旋是 7427 号台风，于 1974 年 12 月 1 日经海南岛东侧北上影响广西。1951—2012 年间影响广西的热带气旋逐月分布呈单峰型，4 月开始出现，8 月达到峰值，9—11 月逐渐下降，鼎盛期主要集中在 7—9 月，占影响总个数的 73.16％，其次分别为 6 月和 10 月，各占 11.50％和 8.63％，具体见表 1-16。

表 1-16　1951—2012 年各月影响广西的热带气旋频数及百分比

月　　份	4	5	6	7	8	9	10	11	12	合计
影响数/个	2	9	36	72	86	71	27	9	1	313
累年平均频数/个	0.03	0.15	0.58	1.16	1.39	1.15	0.44	0.15	0.02	5.05
百分比/%	0.64	2.88	11.50	23.00	27.48	22.68	8.63	2.87	0.32	100.00

近 62 年来，每年 12 月中旬至翌年 4 月中旬均未出现影响广西的热带气旋。在广西，每年 8 月受热带气旋影响最多，平均 1.39 个，最多时是 4 个 (分别出现在 1956 年、1967 年、1973 年)；其次是 7 月和 9 月 (相差不大)，平均分别为 1.16 个和 1.15 个，7 月和 9

月最多时都是 3 个（7 月的分别出现在 1966 年、1971 年、1981 年、1989 年、1991 年、1994 年；9 月的分别出现在 1952 年、1953 年、1958 年、1961 年、1965 年）。台风中心进入广西内陆或近海的热带气旋在 5—11 月均有发生，全盛期集中在 7—9 月，这 3 个月台风中心进入广西内陆或近海的热带气旋数占进入内陆总数的 81.48%，见表 1-17。

表 1-17 1951—2012 年各月台风中心进入广西内陆或近海的热带气旋个数及百分比

月 份	5	6	7	8	9	10	11	合计
进入内陆或近海数/个	3	15	42	41	27	5	2	135
百分比/%	2.22	11.11	31.11	30.37	20.00	3.71	1.48	100.00

1.5.3 空间分布特征

通过对 1951—2012 年间影响广西热带气旋进行分析可知：① I 类路径的热带气旋频数最多，有 158 个，占影响广西台风（总计 313 个）总频数的 50.48%；② II 类路径的有 84 个，占 26.84%；③ III 类路径的有 38 个，仅占 12.14%；④另有 33 个影响广西的热带气旋在 19°N 以南登陆，占总频数的 10.54%；⑤ I 类和 II 类路径的出现在 8 月最多，而 III 类路径的出现在 7 月最多。

I 类和 II 类路径的热带气旋在 4 月就开始出现，4—11 月均有出现，而 III 类路径的出现在 6 月以后，仅出现在 6—9 月，见表 1-18。前汛期的 4—6 月和冬季的 10 月、11 月影响广西的热带气旋中，多半是属于 I 类路径的（占 66.93%），其次是 II 类路径的（占 30.44%），即热带气旋以偏西路径为主；在热带气旋活跃期 7—9 月，I 类路径的最多（占 53.30%），其次是 II 类路径的（占 29.72%），III 类路径的最少（占 16.98%）；但 III 类路径的热带气旋几乎全都出现在 7—9 月。影响广西的热带气旋主要来自西路和中路，从东路登陆的热带气旋到达广西影响区时一般已经减弱，停止编号。

图 1-24 直接登陆广西沿海不同区域的热带气旋空间分布

由于广西海岸线较短以及有广东雷州半岛和海南岛的遮挡，登陆广西的台风绝大多数为二次登陆，直接登陆的仅有 3 次，如图 1-24 所示。

表 1-18 1951—2012 年影响广西的热带气旋路径频数及占总数的百分比

月份	I 类路径/个	II 类路径/个	III 类路径/个	其他路径/个	路径合计/个	累年平均/个
4	1	1	0	0	2	0.03
5	6	2	0	4	12	0.19
6	16	10	2	6	34	0.55
7	28	21	15	4	68	1.10
8	46	23	10	8	87	1.40
9	39	19	11	3	72	1.16

续表

月份	Ⅰ类路径/个	Ⅱ类路径/个	Ⅲ类路径/个	其他路径/个	路径合计/个	累年平均/个
10	16	5	0	6	27	0.44
11	6	3	0	2	11	0.18
年合计	158	84	38	33	313	5.05
百分比/%	50.48	26.84	12.14	10.54	100.00	

1.5.4　强度变化特征

一般来说，热带气旋强度越高，对广西的影响越大，具体见表 1-19。从Ⅰ类路径登陆的热带气旋，在进入广西影响区时，强度一般较强，有 42.41% 的热带气旋保持强热带风暴（STS）或台风（TY）的强度，即热带气旋中心最大平均风速在 24.5～41.4m/s，还有 6.33% 的热带气旋保持强台风（STY）或超强台风（Super TY）的强度，中心最大平均风速在 41.5m/s 以上；从Ⅱ类路径登陆的热带气旋，在进入广西影响区时，保持强热带风暴（STS）及以上强度的热带气旋有 51.19%，和Ⅰ类路径相差不大；而从Ⅲ类路径登陆的热带气旋，在进入广西影响区时，强度很弱，几乎不能再保持强热带风暴（STS）以上强度，有 57.89% 的热带气旋中心最大平均风速在 10.8m/s 以下，达不到热带低压（TD）的强度，这是因为此类热带气旋登陆后，一般从陆地进入广西影响区，地面的摩擦作用使其迅速减弱。另有 33 个不在Ⅰ类、Ⅱ类和Ⅲ类路径登陆，而是以西行为主。在三类路径中，影响广西最多的热带气旋强度是热带低压（TD）及强热带风暴（STS），分别占比 23.57% 和 21.43%，其次是台风强度（TY），如图 1-25 所示。

表 1-19　1951—2012 年各路径影响广西的热带气旋进入影响区时强度统计

路　径	<TD/个	TD/个	TS/个	STS/个	TY/个	STY/个	Super TY/个	合计/个
Ⅰ类	22	40	19	39	28	8	2	158
Ⅱ类	7	16	18	20	20	3	0	84
Ⅲ类	22	10	3	1	2	0	0	38
其他	9	4	5	6	8	1	0	33
小计	60	70	45	66	58	12	2	313
百分比/%	19.17	22.36	14.38	21.09	18.53	3.83	0.64	100.00

1.5.4.1　西太平洋生成热带气旋路径与强度

1951—2012 年间影响广西的热带气旋中有 178 个源自西太平洋，占总频数的 56.87%。统计影响广西的西太平洋热带气旋可见：从Ⅰ类路径进入广西影响区的热带气旋有 81 个，占 45.51%；从Ⅱ类路径进入的有 48 个，占 26.97%；从Ⅲ类路径进入的有 36 个，占 20.22%，具体见表 1-20。另有 13 个不在Ⅰ类、Ⅱ类和Ⅲ类路径登陆，而是以西行为主，在 19°N 以南登陆的影响热带气旋，占 7.30%。

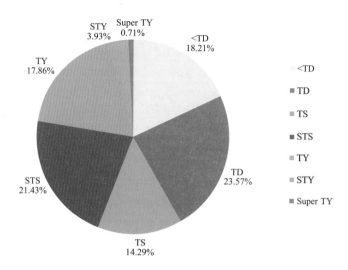

图 1-25 影响广西的热带气旋强度百分比

表 1-20 1951—2012 年影响广西的西太平洋热带气旋进入影响区时强度统计

路径	<TD /个	TD /个	TS /个	STS /个	TY /个	STY /个	Super TY /个	合计 /个	百分比 /%
Ⅰ类	2	11	6	27	25	8	2	81	45.51
Ⅱ类	2	9	10	11	13	3	0	48	26.97
Ⅲ类	22	9	3	1	1	0	0	36	20.22
其他	0	0	3	4	5	1	0	13	7.30
小计	26	29	22	43	44	12	2	178	100.00

从Ⅰ类路径登陆的西太平洋热带气旋,在进入广西影响区时强度一般较强,有 64.20% 的保持强热带风暴(STS)或台风(TD)的强度,还有 12.35% 的保持强台风 (STY)或超强台风(Super TY)的强度;从Ⅱ类路径登陆的西太平洋热带气旋,在进入广西影响区时,强度比Ⅰ类路径的弱,保持强热带风暴(STS)以上强度的热带气旋只有 56.25%,比Ⅰ类路径减少 20.29%;而从Ⅲ类路径登陆的西太平洋热带气旋,在进入广西影响区时,强度更弱,几乎不能再保持强热带风暴(STS)以上强度,有 61.11% 的热带气旋中心最大平均风速在 10.7m/s 以下,达不到热带低压(TD)的强度,这是因为此类热带气旋登陆后,一般从陆地进入广西影响区,地面的摩擦作用使其迅速减弱。

1.5.4.2 南海生成热带气旋路径与强度

1951—2012 年影响广西的热带气旋中有 135 个在南海生成,占总频数的 43.13%。统计影响广西的南海热带气旋可见:从Ⅰ类路径进入广西影响区的有 77 个,占总频数的 57.04%;从Ⅱ类路径进入的有 36 个,占 26.67%;从Ⅲ类路径进入的只有 2 个,占 1.48%,具体见表 1-21。另有不从Ⅰ类、Ⅱ类和Ⅲ类路径登陆,而是以西行为主,在 19°N 以南登陆的共 20 个,占 14.81%。

表1-21 1951—2012年影响广西的南海热带气旋进入影响区时强度统计

路径	<TD /个	TD /个	TS /个	STS /个	TY /个	STY /个	Super TY /个	合计 /个	百分比 /%
Ⅰ类	20	29	13	12	3	0	0	77	57.04
Ⅱ类	5	7	8	9	7	0	0	36	26.67
Ⅲ类	0	1	0	0	1	0	0	2	1.48
其他	9	4	2	2	3	0	0	20	14.81
小计	34	41	23	23	14	0	0	135	100.00

从Ⅰ类路径登陆的南海热带气旋，在进入广西影响区时强度比西太平洋影响热带气旋弱得多，强度为热带低压（TD）及以下的频数占 63.64%，影响时达到强热带风暴（STS）及以上强度的有 19.48%，比Ⅰ类路径登陆的西太平洋热带气旋减少 57.06%；从Ⅱ类路径登陆的南海热带气旋，在进入广西影响区时强度比Ⅰ类路径的强，达到强热带风暴（STS）及以上强度的有 44.44%，比Ⅰ类路径增加 24.96%。

1.5.5 引起广西大风的成因分析

1.5.5.1 引起大风的热带气旋概况及特征

1960—2012年影响广西的热带气旋共 260 个，其中造成广西大风天气的热带气旋共有 233 个（平均每年 4.4 个），在我国沿海登陆的热带气旋有 207 个，有 26 个未在范围登陆；达到台风（TY）及以上强度的有 115 个，占 49.36%；强热带风暴（STS）和热带风暴（TS）共 82 个，占 35.19%；热带低压（TD）36 个，占了 15.45%。在 233 个热带气旋中，造成日大风总站数 20 站以上的全区性大风 45 例，占了 19.31%；10~19 站的区域性大风有 50 例，占 21.46%；局地性大风（日大风总站数小于 10 站）最多，有 138例，占 59.23%，见表1-22。

表1-22 1960—2012年造成广西不同程度大风的热带气旋强度特征

大风类型	TD /个	TS /个	STS /个	TY /个	STY /个	Super TY /个	合计 /个	百分比 /%
全区性大风	2	3	6	18	9	9	45	19.31
区域性大风	3	4	13	18	6	6	50	21.46
局地性大风	31	20	36	31	9	11	138	59.23
合计	36	27	55	65	24	26	233	100.00
百分比/%	15.45	11.59	23.60	27.89	10.30	11.16	100.00	

1.5.5.2 热带气旋大风的时间分布特征

1. 年际分布特征

1960—2012年间影响广西及出现大风的热带气旋个数存在显著的年代际差异，如图1-26所示。其中，20 世纪 60 年代、70 年代偏多（共占 49.79%），80 年末、90 年代、2000 年至今偏少，线性趋势线也显示了广西出现大风的热带气旋个数逐渐减少。影响广西热带气旋最多的年份是 1974 年，共有 9 个；出现大风最多的年份是 1960 年、1961 年、1965 年、1971 年、1973 年、1974 年、1994 年，共有 8 个；最少的年份出现在 1999 年、2004 年，没有对广西造成大风影响。1960—1965 年、1971—1976 年、1994—1996 年为热带气旋大风高值年份；1987—1990 年、1997—2000 年、2004—2012 年间除了 1989 年、2009 年外，均为低值年份，周期变化约为 4～6 年。

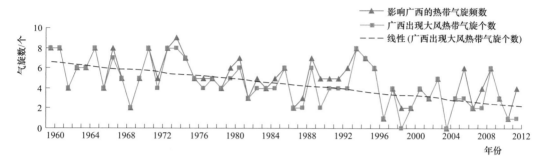

图 1-26　1960—2012 年影响广西及造成大风的热带气旋频数年际变化

重点分析对广西造成较大灾害影响的全区性大风和区域性大风（日大风影响总站数大于 10 站）的热带气旋的年际变化时，发现造成广西全区性和区域性大风的热带气旋个数已逐年减少，特别是 20 世纪 80 年代以后大风对广西的影响有所减少。其中，出现全区性大风最多的年份是 1963 年和 1978 年（共有 3 个），出现区域性大风最多的年份是 1967 年和 1968 年（共有 4 个）；1987—1988 年、1997—2000 年、2004—2007 年、2009—2012 年等均没有出现全区性大风，20 世纪 80 年代至 90 年代末及 2003—2010 年基本没有出现区域性大风，如图 1-27 所示。

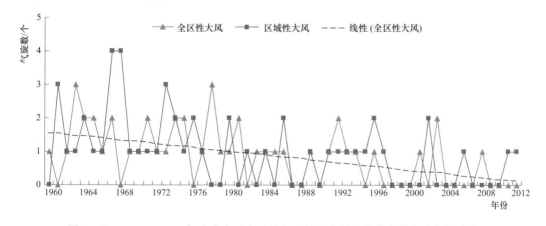

图 1-27　1960—2012 年造成广西全区性和区域性大风的热带气旋频数年际变化

2. 月际分布特征

引起广西大风（全区性大风、区域性大风、局地性大风）的热带气旋出现的月份及气旋数，如图 1-28 所示。热带气旋大风的月际变化与影响广西的热带气旋月际变化趋势类似，其中 7 月、8 月出现峰值，但出现大风的月份比影响月份少了 2 个月（除了局地性大风有 1 个出现在 4 月），一年中热带气旋大风影响最早的基本在 5 月，最晚在 11 月。结果还表明：全区性大风出现在 6—9 月，7 月最多（占 46.67％），8 月次之（占 31.11％）；区域性大风出现在 5—11 月，8 月最多（占 40.00％），9 月次之（24.00％）；局地性大风出现在 4—11 月，最多是 7 月（25.36％），其次是 8 月。

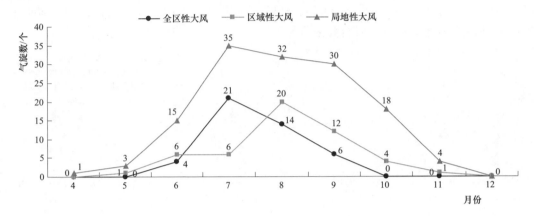

图 1-28　热带气旋引起广西不同大风灾害程度的月际变化特征

1.5.5.3　热带气旋大风的空间分布特征

周惠文等人对 1960—1999 年广西热带气旋造成大风的区域统计及分析表明，1960—1999 年对广西造成灾害性大风的台风共有 148 个（平均每年 3.7 个），造成 15 站以上大范围风灾的有 16 例，占 10.8％；中等范围风灾（6～14 站影响）的有 29 例，占 19.6％，小范围风灾（5 站以下影响）有 103 例，占 69.6％。台风灾害性大风发生区域主要发生在 23.5°N 以南的桂南地区，桂南多、西北少，等频线几乎与海岸线平行。在 23.5°N 以北，西部影响极少，东部如梧州会有少量的影响。这 40 年中大风出现次数最多的站是涠洲岛站（128 次），平均每年 3.2 次，其次为北海站（88 次），平均每年 2.2 次。河池、百色两站是大风出现次数最少的。这 40 年中大风总站次数为 704 次，其中 6～7 级大风占 56.5％（398 次），8～9 级大风占 35.9％（253 次），10～11 级大风占 6.1％（43 次），12～13 级大风占 1.4％（10 次）。极大风速大于 40m/s 的有 15 次，其中受 8410 号（1984 年 9 月 6 日）台风影响，涠洲岛和钦州极大风速达 41m/s。

图 1-29　2000—2012 年热带气旋造成广西大风的频数和极大风速值分布图

利用《中国地面气候资料日值数据集》中的平均风速和极大风速数据，以广西 14 个地级市的基本或基准地面气象观测站及自动站为代表，分析 2000—2012 年间广西热带气旋大风的影响站点分布，如图 1-29 所示。2000—2012 年影响广西的热带气旋共有 42 个，其中对广西造成大风影响的热带气旋为 35 个。热带气旋大风的分布特征与周惠文的研究结果一致，即主要分布在广西的南部沿海地区，桂西和桂东北受影响较少。13 年中大风出现次数最多的站也是涠洲岛站（35 次），平均每年 2.7 次，与前 40 年相比次数有所减少。这 13 年中极大风速大于 30m/s 的只有 6 次，其中受 0312 号台风"科罗旺"影响（登陆时中心气压为 965hPa），涠洲岛极大风速达到 56.1m/s，北海也达到

36m/s；极大风速大于20m/s的站点除了北海、涠洲岛外，还有防城港、钦州、玉林等地。热带气旋引起的极大风速与大风频数有类似的分布，均呈现出沿海大、内陆小的特征。桂北、桂西和桂西南地区只能达到6级左右的风速。

1.5.5.4 热带气旋造成广西大风分布差异的成因分析

1. 热带气旋本身强度

热带气旋是一个中尺度的气旋性涡旋，中心气压越低，近中心风力越大，因此热带气旋本身的强度是决定热带气旋所形成大风的基础因子，是造成大风的直接因素。热带气旋登陆时越强，引起的大风天气范围越广，风速越大。对热带气旋进入影响区时的中心强度与所造成的大风范围的统计表明：当热带气旋中心气压不大于990hPa时，一般会出现全区性大风；中心气压不大于1000hPa时，会出现区域性或局地性大风。67%的全区性大风出现在热带气旋中心气压不大于980hPa时，而89%的无大风出现在980hPa以上。可见，热带气旋中心越强，越有利于大风的产生。

分析热带气旋中心附近的风力及影响过程与广西大风的站数也有关系。据统计发现，大风影响站数达到20站以上的热带气旋，其登陆时中心风力达到10级以上（STS）的有32个，占71%，其中：12～13级（TY）的个数最多，有21个，占46.67%；大风影响站数在10～20站之间的热带气旋，其登陆时大于10级以上的占多数，占54%；10～11级（STS）的个数最多。登陆时中心附近风力不大于9级的热带气旋一般只造成局地性大风或无大风，见表1-23。

表1-23 1960—2012年中心进入广西时造成不同程度大风的热带气旋强度特征

强度符号	全区性大风		区域性大风		局地性大风		无大风	
	个数	百分比/%	个数	百分比/%	个数	百分比/%	个数	百分比/%
<TD	4	8.89	9	18.00	33	23.91	7	25.93
TD	5	11.11	9	18.00	37	26.81	9	33.33
TS	4	8.89	5	10.00	25	18.12	4	14.81
STS	6	13.33	16	32.00	29	21.01	5	18.52
TY	21	46.67	9	18.00	12	8.70	2	7.41
STY	5	11.11	2	4.00	0	0.00	0	0.00
Super TY	0.00	0.00	0	0.00	2	1.45	0	0.00
合计	45	100.00	50	100.00	138	100.00	27	100.00

热带气旋登陆时中心风力与全区性大风影响的站数的关系，在不同路径的热带气旋中有较大差异，I类路径热带气旋登陆时的中心风速大小与影响站数多少相关性较好，如图1-30所示；II类和III类路径的相关性较差，如图1-31所示。导致这种相关性差异的可能原因是：台风中心从第II、III类路径登陆进入广西，基本上需经过粤西大部山区，地形的摩擦作用会使台风中心在抵达广西之前强度迅速减弱；而台风中心从第I类路径登陆的热带气旋，基本上是沿着西南部海岸线的近海区域进入广西的，台风强度易于维持甚至加强。

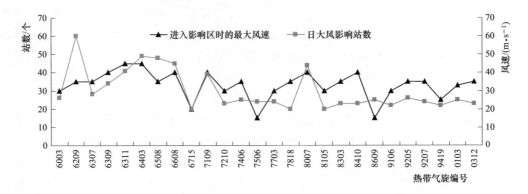

图1-30　Ⅰ类路径的热带气旋登陆中心与影响站数相关曲线图

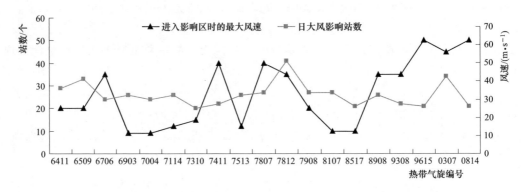

图1-31　Ⅱ、Ⅲ类路径的热带气旋登陆中心与影响站数相关曲线图

2. 热带气旋移动路径

由热风气旋的结构可知，热带气旋的路径是决定其大风区地理分布的重要因子。对1960—2012年影响广西的233个热带气旋路径进行分类统计的结果如下：

（1）从Ⅰ类路径进入影响区的热带气旋最多，有118个，占50.64%。该类热带气旋进入南海后，多数在海南岛南部偏西行，进入北部湾南部海面，在越南中南部沿海登陆，热带气旋中心距广西沿海较远，不易出现大风。只有在强热带风暴影响下，钦州沿海一带才会出现大风，但范围小，持续时间短，风力多为6～7级。但在秋季，若有冷空气南下入侵北部湾和热带气旋相遇，热带气旋北侧边缘气压梯度增大，钦州沿海一带及北部湾海面的风速可明显加大，涠洲岛站的最大风速可达20m/s，极大风速达34m/s。

（2）从Ⅱ类路径进入的热带气旋有62个，占26.61%。该类热带气旋进入南海后，多数热带气旋中心进入广西内陆，直接影响广西。即使中心不进入广西内陆，也进入北部湾北部海面，中心离广西内陆较近，而受外围环流影响明显，产生强大风或大风天气。统计显示：该类路径热带气旋产生的大风主要出现在广西南部和北部湾沿海地区的钦州、玉林、梧州南部和南宁西南部。最大风速不小于20m/s出现在钦州沿海一带及北部湾海面（涠洲岛出现最大风速不小于32m/s的热带气旋大风达8次之多，有的台风过程最大风速达40m/s）。分析表明极大风速与最大风速的分布基本一致，但台风过程的极大风速出现的站数一般都比最大风速多，范围广，有的过程甚至在桂林、融安一带都会出现17m/s

的极大风速。

（3）从Ⅲ类路径进入的有 27 个，占 11.59％。还有 11.16％的热带气旋未在Ⅰ～Ⅲ类路径范围内登陆。从Ⅲ类路径进入影响区的热带气旋，多是造成局地性大风。该类热带气旋产生的大风的概率不大，多数热带气旋在登陆后西移的过程中受到复杂地形的摩擦作用，能量消耗很快，有时与北方南下的较强冷空气相遇，使热带气旋减弱变成低压。因此，该类热带气旋中心虽能进入广西，但强度减弱，大风多在内陆（局部）分散出现，且范围小，持续时间短。只有强热带风暴（STS）或台风（TY）在珠江口沿海一带登陆西行，进入广西东南部，才会出现较大范围的大风，具体见表 1-24。

表 1-24　1960—2012 年不同路径下的热带气旋造成广西大风的特征

项目		Ⅰ类路径	Ⅱ类路径	Ⅲ类路径	非Ⅰ～Ⅲ类路径范围登陆	总频数
全区性大风	个数	26	13	6	0	45
	频率/％	22.03	20.97	22.22	0.00	19.31
区域性大风	个数	23	14	9	4	50
	频率/％	19.49	22.58	33.00	15.38	21.46
局地性大风	个数	69	35	12	22	138
	频率/％	58.47	56.45	44.00	84.62	59.23
合计	个数	118	62	27	26	233
	频率/％	50.64	26.61	11.59	11.16	100.00

据统计，大风影响站数达 25 站以上的热带气旋有 22 个，其中从Ⅰ类路径进入的最多，占 60％。这些从Ⅰ类路径进入的热带气旋有明显的共同特征：热带气旋生成地基本在菲律宾以东洋面，较稳定地向西北或偏西方向移动；热带气旋中心进入 19.5°N 以北，21.5°N 以南的北部湾北部海面；大多从琼州海峡地区（即广东吴川到海南东部）西行进入北部湾北部海面；登陆时大部分中心强度在 980hPa 以下，中心风力在 11 级以上。该类热带气旋进入南海后，中心大多不进入广西内陆，但也进入了北部湾北部海面，中心离广西内陆较近，受外围环流影响明显，对广西南部沿海地区，如北海、防城港产生强大风天气；部分热带气旋中心进入广西内陆的，除影响桂南沿海地区外，还直接影响南宁、桂西南的崇左等地区。通常从Ⅱ类、Ⅲ类路径进入的热带气旋登陆中心距广西较远，且会在西移的过程中受到复杂地形的摩擦作用，能量消耗较快，在广西产生大范围大风的概率较小。而个例从Ⅱ类、Ⅲ类路径进入的热带气旋却对广西产生了全区性大风影响，很可能是这些热带气旋本身强度较强；或是从珠江口沿海一带登陆广东后，西行进入广西东南部或东部，穿越广西大部最后进入云南、贵州，热带气旋在广西生命史长，引导气流强，移速快，路径稳定，范围广，易对桂东南、桂东和桂中大部地区造成大风灾害。

3. 地理位置和地形地貌

热带气旋对广西造成区域性以上大风的影响区域主要集中在 23.5°N 以南的桂南地区，东南多，西北少。从地理位置看，主要是由于广西陆地南邻北部湾，北靠南岭山脉，因热带气旋生成和维持的能量是从热带洋面获得的，并随着空气的变暖和升高，形成中心和外围强大的气压梯度，同时，热带气旋影响广西南部和东南部时离海洋较近，强度仍较强，破坏力大，所以桂南、桂东南地区容易造成大风。而广西的西北部地区离海洋相对较远且山多，陆上空气相对比较干燥，水汽和能量供给少，热带气旋影响这一地区时，强度会迅速减弱，风力受地形摩擦影响也迅速降低，不易造成大风灾害。

北部湾北部的海陆交汇地区是大风频数最大值所在，特别是南部沿海地区（北海、钦州、防城港）和北部湾海面（涠洲岛），频数梯度密集区与六万大山、十万大山、大容山山脉走向重叠；大风发生的范围基本以西江河谷（浔江、郁江和桂江一带）和右江河谷地区为界，与河谷走向大体平行。

全区性大风的发生，基本上都由经海南岛至雷州半岛一带进入北部湾的台风及以上强度的热带气旋造成。分析典型个例后发现，在Ⅰ类路径下，热带气旋结构流场与广西地形条件的相互作用，最易造成大风灾害。当热带气旋从海南岛至雷州半岛一带进入北部湾时，热带气旋前进方向右侧的低空急流（最大风轴线）与海岸线和六万大山、十万大山山脉正面相交，急流轴下的大风破坏力得到加强，是最大风频中心发生于这一地区的主要原因。此时热带气旋大风区外缘的风向，与西江河谷和右江河谷地走向大体平行，也有利于在河谷地区（如南宁、玉林）造成大风。此外，热带气旋中心进入北部湾北部海面时，北部湾的环状地形，容易产生盆地效应，使热带气旋的强度短暂加强或维持，有利于全区性大风的发生，周惠文、陈润珍等人的研究也指出了这种加强机制的存在。

1.5.5.5　热带气旋造成广西大风加强及减弱的成因分析

广西地形复杂，有海岸、陆地及其山脉，有海岛、半岛、海湾和海域。在这复杂的地形影响下，热带气旋进入该区域后强度会发生比较复杂的变化，进而大风强度也会发生变化，热带气旋强度突然减弱的地域主要集中在登陆和登陆后的陆地区域。当热带气旋进入这个区域时，在海岸、陆地和山脉等复杂地形影响下，常因摩擦作用加大，能量损耗加大，热带气旋环流受阻而使热带气旋强度突然减弱。另一方面热带气旋下垫面的改变，切断了海气热量交换通道，破坏了热带气旋海气交换途径，造成热带气旋强度突然减弱。在这271次强度突然减弱的过程中，在登陆和登陆后的陆地及海南岛、雷州半岛减弱的有248次，占强度突然减弱总数的92％；在海上减弱的仅占8％。

在统计的热带气旋强度突然加强的15个台风个例中，除7513号台风"杜里斯"和8702号台风"露丝"在粤西近岸即将登陆时强度突然加强外，其余全部集中在海上。在海南岛东北部近海至粤西近海海域热带气旋强度突然加强的频数最大，约占强度突然加强总数的73％。分析其原因，该海域北侧为粤西沿海陆地，有云开大山和六万大山，西部是雷州半岛和海南岛及五指山，使该海域形成海湾状地形，且海区较宽广，热带气旋进入该海域后，在适宜的天气系统配置下，气旋性环流加强，海气能量交换较充足，其强度容易突然加强。北部湾海域范围虽然较小，海气能量交换受到限制，但仍有4次热带气旋强度突然加强的过程，这是由于北部湾西部为中南半岛，有西北—东南走向的拾宋早再山山脉和南北走向的长山山脉，其北部为广西沿海陆地，有十万大山和六万大山，东部为雷州半岛和海南岛及其五指山，使北部湾形成盆地状，容易产生盆地效应。分析中发现，当范围较大、强度较强的热带气旋进入北部湾后，其强度往往容易突然减弱，而当强度较弱、范围较小的热带气旋进入北部湾后，在盆地效应和适宜的天气系统配置下，气旋性环流加强，其强度会突然加强。经分析，在北部湾海域热带气旋强度突然加强的 4 次过程，全部都由热带低压强度突然加强而发展成强热带风暴，未出现过加强发展成台风的个例。

1.5.6 登陆后热带气旋的衰减初探

1.5.6.1 分析方法

根据台风登陆点和途经地点的不同，将登陆广西的热带气旋路径细分为以下类型：

(1) Aa 型：北部湾—西型。

(2) Ab 型：北部湾—西北型。

(3) Ac 型：北部湾—东北型。

(4) Ba 型：广东—西型。

(5) Bb 型：广东—西北型。

(6) Bc 型：广东—东北型。

由台风年鉴提供的每 6h 一次的资料（每天 4 个时刻，分别为 2：00、8：00、14：00、20：00）整理出各个台风的登陆经纬度和每 6h 一次的台风中心经纬度、中心气压、最大风速等资料。

假设地球是一个标准球体，半径为 R，并且假设东经为正，西经为负，北纬为正，南纬为负，地球上 A、B 两点的经纬度分别为：A 点为 $(x，y)$，B 点为 $(a，b)$，则 A、B 的坐标可表示为

A 点：$(R\cos y\cos x，R\cos y\sin x，R\sin y)$

B 点：$(R\cos b\cos a，R\cos b\sin a，R\sin b)$

那么 AB 对于球心所张的角的余弦大小为 $\cos b\cos y(\cos a\cos x+\sin a\sin x)+\sin b\sin y=\cos b\cos y\cos(a-x)+\sin b\sin y$，因此 AB 两点的球面距离为

$$L_{ab}=R\{\arccos[\cos b\cos y\cos(a-x)+\sin b\sin y]\}$$

已知两点的经纬度，可根据上式推算出台风中心距离登陆点的距离。

根据台风登陆后的路径，查找每 6h 台风中心位置附近相应气象台站的实时风速资料，即可反映由于台风过境对当地风速的影响。由于测风仪安装高度不一致，因而需要统一将测站风速按指数廓线规律订正到 10m 高度，风廓线指数统一取 0.15。

1.5.6.2 台风引起的大风随地形衰减的探讨

根据上述方法得到台风距登陆点的距离和台风中心附近气象台站的风速，即可对台风引起的大风随地形衰减进行研究和探讨。

根据不同的类型台风距登陆点的距离和测站风速分别进行统计，求出各台风类型距离与风速的关系有 6 个方面。

1. Aa 型（北部湾—西型）

将 6214 号、7610 号、7818 号、8209 号、8402 号、8611 号、8917 号、0103 号等 8 个台风个例用于建立模型，得到 Aa 型（北部湾—西型）风速随距离变化曲线图，如图 1-32所示。其拟合方程为

$$y=459.68x^{-1.0338}$$

式中 x——台风中心登陆后走过的距离，km；

  y——测站风速，m/s。

结果显示，Aa 型的风速随距离增大而减小，基本呈指数型曲线衰减规律。为了对该拟合方程进行验证，将 9208 号、9617 号 2 次台风个例作为检验样本。从图 1-32 中可以看出，检验样本基本落在拟合曲线附近。

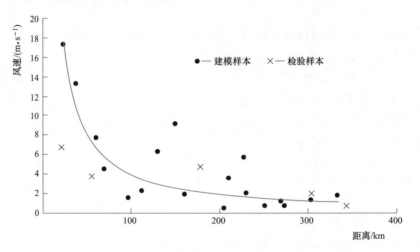

图 1-32 Aa 型（北部湾—西型）风速随距离变化曲线

2. Ab 型（北部湾—西北型）

将 6611 号、7110 号、7114 号、8415 号等 4 个台风个例用于建立模型，得到 Ab 型（北部湾—西北型）风速随距离变化曲线图，如图 1-33 所示。其拟合方程为

$$y = 649.07x^{-0.9255}$$

结果显示，Ab 型的风速随距离增大而减小，基本呈指数型曲线衰减规律。为了对该拟合方程进行验证，将 9511 号台风个例作为检验样本。从图 1-33 中可以看出，检验样本基本落在拟合曲线附近。

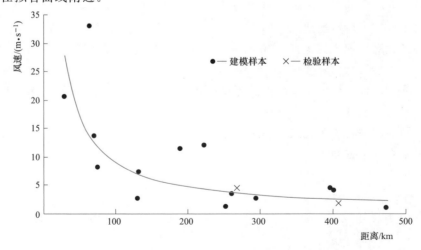

图 1-33 Ab 型（北部湾—西北型）风速随距离变化曲线

3. Ac 型（北部湾—东北型）

将 9411 号、9516 号 2 个台风个例用于建立模型，得到 Ac 型（北部湾—东北型）风速随距离变化曲线图，如图 1-34 所示。其拟合方程为

$$y = 108.41x^{-0.7144}$$

结果显示，Ac 型的风速随距离增大而减小，基本呈指数型曲线衰减规律。由于该路径类型的台风个例较少，没有选取到相似的检验样本，其结果有待于进一步验证。

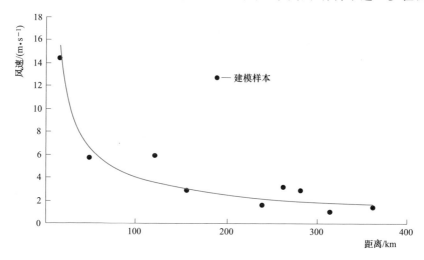

图 1-34 Ac 型（北部湾—东北型）风速随距离变化曲线

4. Ba 型（广东—西型）

将 6519 号、6530 号、6724 号、7119 号、7208 号、7427 号、7525 号、7618 号、7911 号、8010 号、8513 号、8904 号、9006 号、9319 号、0107 号等 15 个台风个例用于建立模型，得到 Ba 型（广东—西型）风速随距离变化曲线图，如图 1-35 所示。其拟合方程为

$$y = 209.92x^{-0.736}$$

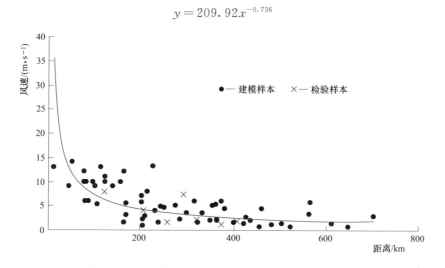

图 1-35 Ba 型（广东—西型）风速随距离变化曲线

结果显示，Ba 型的风速随距离增大而减小，基本呈指数型曲线衰减规律。为了对该拟合方程进行验证，将 0221 号、0804 号 2 个台风个例作为检验样本。从图 1-35 中可以看出，检验样本基本落在拟合曲线附近。

5. Bb 型（广东—西北型）

将 6412 号、6907 号、7014 号、7017 号、7413 号、7614 号、7719 号、7912 号、8107 号、8522 号、8609 号、8703 号、8910 号、9109 号、9303 号、9312 号、9405 号、9804 号、0104 号、0217 号等 20 个台风个例用于建立模型，得到 Bb 型（广东—西北型）风速随距离变化曲线图，如图 1-36 所示。其拟合方程为

$$y = 986.42 x^{-1.0635}$$

结果显示，Bb 型的风速随距离增大而减小，基本呈指数型曲线衰减规律。为了对该拟合方程进行验证，将 0309 号、0608 号 2 个台风个例作为检验样本。从图 1-36 中可以看出，检验样本基本落在拟合曲线附近。

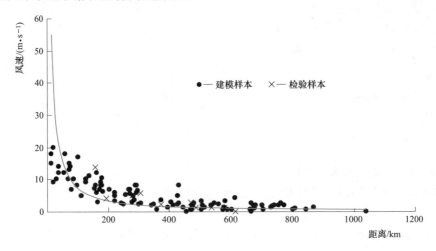

图 1-36 Bb 型（广东—西北型）风速随距离变化曲线

6. Bc 型（广东—东北型）

将 6115 号、6128 号、6419 号、6420 号、6606 号、6607 号、7308 号、7620 号、8525 号、9403 号、9509 号等 11 个台风个例用于建立模型，得到 Bc 型（广东—东北型）风速随距离变化曲线图，如图 1-37 所示。其拟合方程为

$$y = 503.83 x^{-0.9343}$$

结果显示，Bc 型的风速随距离增大的减小，基本呈指数型曲线衰减规律。为了对该拟合方程进行验证，将 9515 号、9904 号 2 个台风个例作为检验样本。从图 1-37 中可以看出，检验样本基本落在拟合曲线附近。

一般而言，对于地形平坦的沿海地区，在距海较近的范围内，从海岸到内陆，风速以很快的比率衰减，风速与距离呈线性关系；随着距海岸距离增大，风速衰减趋于缓慢，风速随距离指数衰减。综上所述，各型台风附近台站的风速呈由沿海向内陆逐渐衰减的趋势，风速随距离的变化均为指数型曲线衰减，经过检验样本的验证，证明了拟合曲线基本能反映各型台风衰减的变化规律。

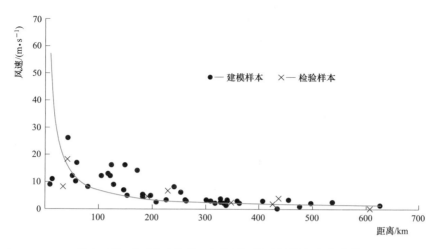

图 1-37 Bc 型（广东—东北型）风速随距离变化曲线

1.5.6.3 广西地形地貌对台风衰减的影响

广西为一个周高中低的盆地地形，其四周多为海拔 1000.00m 以上的山地，中部地势较低，多为海拔 200.00m 以下；南临北部湾，有着广阔的海域。

进入广西境内的台风主要有两条路径：A 型从北部湾沿海登陆进入广西，B 型从广东省沿海登陆向西发展进入广西。沿海地区海拔较低，地势平坦，此处基本没有低山丘陵等地形对台风的阻挡作用。其中，B 型台风在广东省沿海登陆，穿越广东省才进入广西境内，首先受到了广东地形的影响。广东省北依南岭，南临南海，全境地势北高南低，从粤北山地逐渐向南部沿海递降，形成北部山地、中部丘陵、南部以平原台地为主的地貌格局。台风自东向西穿过广东省后，由桂东进入广西境内，其强度以及对其中心附近测站风速的影响已经受到一定程度的削减。广西东部地区由南到北有六万大山、云开大山、大容山、大桂山，山体较低，平均海拔 1000.00m 以下，山体较为平缓，谷底开阔。当台风从海面上登陆到陆地时，受到丘陵低山阻挡，风速有所减弱。

（1）对于 Aa 型（北部湾—西型）和 Ba 型（广东—西型），其路径主要经过桂南，最终到达桂西南。广西南部主要为毗邻北部湾的沿海地区；东南部主要为平原，地势开阔平坦；西南部有十万大山、四方岭、大青山等山体，大多数台风在此处消失或衰减为热带低压。

（2）对于 Ab 型（北部湾—西北型）和 Bb 型（广东—西北型），其路径主要经过桂中，最终到达桂西北。广西中部的驾桥岭、大瑶山、莲花山、镇龙山、白花山、大明山和都阳山构成著名的弧形山脉，弧形山脉内缘，是以柳州为中心的桂中盆地，弧形山脉外缘，沿着右江、郁江和浔江分布着右江盆地、南宁盆地、郁江平原和浔江平原。广西西北部属云贵高原边缘，地势高峻，盘踞着金钟山、岑王老山、青龙山、凤凰山、青莲山等山脉，山体呈西北—东南走向，海拔 1000.00～1500.00m。受到下垫面的摩擦作用，台风途经桂中地区已经减弱到一定程度，绝大部分台风发展到桂西北地区消失。

（3）对于 Ac 型（北部湾—东北型）和 Bc 型（广东—东北型），其路径主要沿着桂东地区向桂北发展。广西东北部属南岭山地西段，猫儿山、越城岭、海洋山、都庞岭、萌渚岭分布其间，海拔 1500.00～2000.00m，山岭连绵，山体大都呈东北—西南走向，沟谷相间，平行排列，中间形成东北至西南向的通道。大多数台风发展到桂东北地区时强度减小或消失。

　　综上所述，广西山岭连绵，山区面积大，且山地、丘陵构成了广西地势的主体。经研究表明，在距海较近的范围内，从海岸到内陆，风速以很快的比率衰减；随着距海岸距离增大，风速衰减趋于缓慢。从 6 种台风类型的风速随距离变化曲线来看，在距登陆点100km 的距离以内曲线斜率较大，随着距离的增大而减小，且变化速率很快；而大于100km 的距离对应的风速值均较小，且风速变化趋于平缓，这是由于当台风从海面上登陆时，受到丘陵低山阻挡，风速有所减弱，较高的山脉对台风有一定的阻碍作用，因此当台风到达桂西北、桂北等地势较高的地区时，往往在此处消失。

第2章 台风动力要素

风流体运动由两部分组成：第一部分是长周期部分，其周期大小一般在10min以上；第二部分是短周期部分，是在长周期基础上的波动（或称脉动），其周期只有几秒到几十秒。由实测可知，第一部分远离一般结构物的自振周期，其作用属于静力性质；第二部分则与结构物的自振周期接近，因而其作用属于变化随机的动力性质。

兆瓦级风电塔架高度一般都在60m以上，作为一种高耸结构，一般风荷载在结构设计中起控制作用。风电塔顶部装有质量较大的风机和轮毂叶片，塔架不仅承受风轮旋转所产生的周期性激励，还受到随机风荷载的作用。由于风的能量集中在低频区，风电塔架随着高度增加，结构变柔，振动频率将不断降低，对风荷载也越敏感，易发生振动疲劳损伤和极端条件的倒塌破坏。

台风作为一种风流体形式，在风电机组结构设计时其静荷载往往以50年一遇10min平均风速来衡量，其动荷载以附加风振系数等方法来处理。而大量台风观测资料显示，台风过程中除带来极大风速之外，其湍流尤其是附加地形效应的湍流以及短时间内风向由东北转向西南的特征，对风电机组影响尤为严重。因此掌握台风登陆前后最大风速（极大风速）、湍流强度和风向变化过程等，对风电机组和风电场防台抗台具有重要参考价值。

2.1 极端风速

为保证风电机组的安全性和长期稳定可靠运行，风电机组的设计需要考虑运行环境条件的影响，主要体现在荷载、使用寿命和正常工作等几个方面。各类环境条件分为正常外部条件和极端外部条件，正常外部条件涉及的是长期疲劳荷载和运行状态，极端外部条件是潜在的临界外部设计条件。台风及以上级别热带气旋是风电机组设计和风电场设备选型必须考虑的极端外部条件之一，了解每个工程项目所在区域的设计风速是保障安全度过台风而不发生屈服性破坏的基础。

电力工程在分析设计风速时：①选择代表气象站，然后进行站址环境变迁调查、资料三性分析，计算设计风速；②根据GB 50009—2012的风压来反推算设计风速；③根据工程所在环境条件，综合分析两种方法成果合理性，选择其中之一作为设计风速推荐取值。由基本风压计算离地面10m高度处风速，最基本的方法要经过两次换算：首先，由规范基本风压及其风剖面换算至大气边界层梯度高度处风速，再由该风速按工程场地处风剖面换算得出离地10m高度处风速。风电场一般建设有测风塔，而且至少有完整一年数据，因此在分析轮毂高度设计风速时与一般电力工程稍有区别。本节主要介绍风电场各机位轮毂高度重现期计算过程。

2.1.1　气象站设计风速分析

2.1.1.1　站点筛选

作为重现期设计风速计算的参证站，至少满足下列要求：①拥有 30 年以上测风资料；②站点周围地形平整度较好；③四周较开阔空旷，周围无高大植被阻挡，附近障碍物对测风的最大遮挡角不大于 5°；或者测风点与障碍物距离至少大于 10 倍的障碍物高度；④通过"三性（代表性、一致性、可靠性）"审查。沿海气象站周边环境对比如图 2-1 所示，其中某些站周边环境已经发生了巨大改变，该站不适宜作为区域代表站，如图 2-1（c）所示的气象站受到严重的城市化影响，图 2-1（d）所示的气象站与障碍物距离相对较近。

(a) 较好代表站1

(b) 较好代表站2

(c) 不适宜的气象站1

(d) 不适宜的气象站2

图 2-1　沿海气象站周边环境对比示意图

2.1.1.2　资料审核即"三性"审查

选择的气象站点要求具有代表性、一致性和可靠性。

1. 代表性

要求选取位于同一气候区，即气候平均状况相似，受城市化发展影响较小的气象站点。

2. 一致性

数据的一致性主要是考察气象数据历史序列是否连续、一致。一致性检验的具体方法如下：

根据测站周围环境变化、迁站和更换仪器等情况审查原始序列曲线，若出现明显不连续的年份，称该年为间断年，将该年之前（不包括该年）的风速序列称为子序列 1，其后的序列称为子序列 2。设子序列 1 为 x_1，x_2，$\cdots$，x_{n_1}，子序列 2 为 y_1，y_2，$\cdots$，y_{n_2}，全部数据的平均记为 $\overline{Gx}$，n_1 个数据和 n_2 个数据的平均值分别为 $\overline{x}$ 和 $\overline{y}$，于是

$$\overline{Gx} = \frac{1}{n_1 + n_2} \left(\sum_{i=1}^{n_1} x_i + \sum_{i=1}^{n_2} y_i \right) = \frac{n_1 \overline{x} + n_2 \overline{y}}{n_1 + n_2} \tag{2-1}$$

全部数据对 $\overline{Gx}$ 的偏差平方和为

$$S_{\text{总}}^2 = \sum_{i=1}^{n_1} (x_i - \overline{Gx})^2 + \sum_{j=1}^{n_2} (y_j - \overline{Gx})^2 = \left[\sum_{i=1}^{n_1} (x_i - \overline{x})^2 + \sum_{j=1}^{n_2} (y_j - \overline{y})^2 \right] + \frac{n_1 n_2}{n_1 + n_2} (\overline{x} - \overline{y})^2 \tag{2-2}$$

式（2-2）中右端括号内两个平方和反映了各组数据内部本身的差异程度，称之为组内偏差平方和，右端第二项则反映了两组数据之间的差异程度，称之为组间偏差平方和，要判断组间差异是否显著，就要考虑这两项的比值，需用 F 检验方法来进行显著性检验，即

$$F = \frac{\dfrac{n_1 n_2}{n_1 + n_2} (\overline{x} - \overline{y})^2}{\displaystyle\sum_{i=1}^{n_1} (x_i - \overline{x})^2 + \sum_{j=1}^{n_2} (y_j - \overline{y})^2} (n_1 + n_2 - 2) \tag{2-3}$$

取显著性水平 0.05，F 值的检验标准为：当 $n(n = n_1 + n_2) \geq 50$ 时，$F > 4$；$10 \leq n < 50$ 时，$F > 5$，可以认为有显著差异。

订正的序列还必须进行订正适当性检验，对于比值订正法，其订正的标准为

$$R_{xy} > \frac{1}{2} - \frac{1}{2n} \tag{2-4}$$

例如，对 1961—2013 年的资料进行均一性检验订正，由于 $n = 53$，故只要订正前后序列的相关系数大于 0.491，即认为订正是适当的。

3. 可靠性

了解气象站使用风速仪器的沿革（仪器型号、安装高度、使用情况、仪器记录风速风向的精度及故障情况），通过地区比较、天气系统过程分析、要素相关分析或专门大风调查，对显著偏大或偏小的风速资料进行分析处理。

2.1.1.3 资料标准化处理

1. 高度订正

近地层风速的垂直分布主要取决于地表粗糙度和低层大气的层结状态。在中性大气层结下，对数和幂指数方程都可以较好地描述风速的垂直廓线，实测数据检验结果表明，在华南地区幂指数公式比对数公式能更精确地拟合风速的垂直廓线，GB 50009—2012 也要求用幂指数律风速廓线公式把不同高度的风速换算高标准高度风速，其表达式为

$$v = v_z \left(\frac{z}{10} \right)^{\alpha} \qquad (2-5)$$

式中　v——标准高度风速，m/s；

　　　z——风速仪实际高度，m；

　　　v_z——风速仪观测风速，m/s；

　　　α——空旷平坦地区地面粗糙度系数，取 $\alpha = 0.15$。

采用式（2-5），将区域参证气象站历年最大风速订正到标准高度 10m 处数值。

2. 时次和时距转换

对于区域参证气象站以往非自记的定时观测资料，均应通过适当修正后加以采用，气象站风速资料为定时观测 2min 平均或瞬时极大值时，应进行观测次数和风速时距的换算，统一订正至 GB 50009—2012 所要求的自记 10min 平均风速。

（1）计算方法。设 v 是某气象站某年自记 10min 平均最大风速，v_2 是该站同一年的 4 次或 3 次定时 2min 平均最大风速，假定自记 10min 平均最大风速与定时 2min 平均最大风速之间的关系为

$$v_{10\mathrm{min}} = a v_{2\mathrm{min}} + b + e$$

式中　a、b——待定的常数；

　　　e——随机误差项。

通常，可不考虑随机误差项，即

$$v_{10\mathrm{min}} = a v_{2\mathrm{min}} + b$$

确定 a、b 常数的方法如下：

1）从有风速自记记录的台站中，分别挑取年自记 10min 平均最大风速值，并将其换算到标准高度，得到序列 y_1，y_2，$\cdots$，y_n；

2）从相应的台站及相同年份中对应于 $y_i (i = 1, 2, \cdots, n)$ 挑出 4 次或 3 次定时 2min 平均最大风速值，并换算到标准高度值，得到与 $y_1, y_2, y_3, \cdots, y_n$ 对应的序列 $x_1, x_2, \cdots, x_n$；

3）根据最小二乘法求常数 a、b，即

$$\left. \begin{array}{l} a = \dfrac{\sum\limits_{i=1}^{n} x_i y_i - \dfrac{1}{n} \left(\sum\limits_{i=1}^{n} x_i \right) \left(\sum\limits_{i=1}^{n} y_i \right)}{\sum\limits_{i=1}^{n} x_i^2 - \dfrac{1}{n} \left(\sum\limits_{i=1}^{n} x_i \right)^2} \\ b = \bar{y} - a \bar{x} \end{array} \right\} \qquad (2-6)$$

4）求相关系数 R，即

$$R = \frac{\sum\limits_{i=1}^{n} (x_i - \bar{x})(y_i - \bar{y})}{\sqrt{\sum\limits_{i=1}^{n} (x_i - \bar{x} x)^2} \sqrt{\sum\limits_{i=1}^{n} (y_i - \bar{y})^2}} \qquad (2-7)$$

（2）回归效果统计检验。建立了 4 次和 3 次定时 2min 平均最大风速与自记 10min 平均最大风速相关方程式（亦称回归方程式），其是否真实地反映了变量之间的客观联系、可靠性如何，可以用数理统计中的 F 检验方法（与站点资料一致性审查中的 F 检验方法类似），进行回归效果检验。

2.1.1.4 气象站 50 年一遇最大风速计算方法

目前，国内外公认的不同重现期下最大风速极值计算方法，按样本序列的不同分为长年代序列极值计算、短期序列极值计算和超短序列极值计算等 3 种模型。对不同时长的样本序列使用的计算方法也不同。所谓长年代序列指每年挑一个极端值组成的样本序列，世界气象组织（WMO）规定，序列年限不少于 30 年，常用的有 Weibull 分布、Fisher - Tippett（极值Ⅰ型或龚贝尔）分布、P-Ⅲ型分布。

当工程点及邻近海域可利用的资料不足 20 年时，不适合使用上述 3 种概率分布模型，推荐使用 Poisson - Gumbel 联合分布模型。

如果观测资料年代较短，用统计方法推断出的风速代表性差。因此，应用 Monte - Carlo 方法模拟台风，建立台风年最大风速概率分布，推断各重现期风速，以弥补这些地区存在的风速资料问题是一种非常有效的途径。

1. 极值Ⅰ型概率分布

极值Ⅰ型（亦称 Gumbel 分布）的分布函数为

$$F(x) = \exp\{-\exp[-a(x-u)]\} \quad (a > 0, \ -\infty < u < \infty)$$

式中　a——分布的尺度参数；

　　　u——分布的位置参数。

重现期为 R（概率为 $1/R$）时，有

$$X_R = u - \frac{1}{a}\left[\ln\left(\frac{R}{R-1}\right)\right] \tag{2-8}$$

其参数估计有三种方法，具体如下：

（1）矩法。

一阶矩（数学期望）

$$E(x) = \frac{y}{a} + u \tag{2-9}$$

$$y \approx 0.57222$$

二阶矩（方差）

$$\sigma^2 = \frac{\pi^2}{6a^2}$$

由此得到

$$a = \frac{1.28255}{\sigma}$$

$$u = E(x) - \frac{0.57722}{a}$$

（2）Gumbel 法。Gumbel 法是一种直接与经验概率相结合的参数估计方法。假定数据有序序列：$x_1 \leqslant x_2 \leqslant \cdots \leqslant x_n$，则经验分布函数为

$$F^*(x_i) = \frac{i}{n+1} \quad (i = 1, 2, \cdots, n) \tag{2-10}$$

取序列 $y_i = -\ln\{-\ln[F^*(x_i)]\}(i=1,2,\cdots,n)$，可得

$$a = \frac{\sigma(y)}{\sigma(x)}$$

$$u = E(x) - \frac{E(y)}{a}$$

（3）极大似然法。在统计学理论上，极大似然法是一种较优的参数估计方法。极值 Ⅰ
型分布函数的概率密度函数为

$$f(x) = F'(x) = a\exp\{-a(x-u) - \exp[-a(x-u)]\} \qquad (2-11)$$

当观测资料 x_1，x_2，…，x_n 给定时，作极大似然函数并取对数，得

$$\ln l = n\ln a - \sum_{i=1}^{n} a(x_i - u) - \sum_{i=1}^{n} \exp[-a(x_i - u)] \qquad (2-12)$$

将 a、u 看作变量，将式（2-12），再分别对 a、u 求导并令其为零，得

$$n\exp(-au) = \sum_{i=1}^{n} \exp(-ax_i) \qquad (2-13)$$

参数 a、u 可用迭代法求解，即

$$n\left(\bar{x} - \frac{1}{a}\right)\exp(-au) = \sum_{i=1}^{1} x_i \exp(-ax_i) \qquad (2-14)$$

2. P-Ⅲ型概率分布

Pearson-Ⅲ分布（以下简称 P-Ⅲ分布）具有广泛的概括和模拟能力，在气象上常用来
拟合年、月的最大风速和最大日降水量等极值分布。它的概率密度函数和保证率分布函数为

$$f(x) = \frac{\beta^\alpha}{\Gamma(\alpha)}(x-x_0)^{\alpha-1}e^{-\beta(x-x_0)} \qquad (\alpha > 0,\ x \geqslant x_0) \qquad (2-15)$$

$$p(x \geqslant x_p) = \frac{\beta^\alpha}{\Gamma(\alpha)}\int_{x_p}^{\infty}(x-x_0)^{\alpha-1}e^{-\beta(x-x_0)}\,\mathrm{d}x \qquad (2-16)$$

式中　　$f(x)$——概率密度函数；

　　　　$p(x)$——保证率分布函数；

　　　　α——形状参数；

　　　　β——尺度参数；

　　　　$\Gamma(\alpha)$——α 的伽玛函数；

　　　　x——随机变量；

　　　　x_0——随机变量 x 所能取的最小值。

由矩法原理，参数 α、β 和 x_0 的计算公式为

$$\alpha = \frac{4}{c_s^2}$$

$$\beta = \frac{2}{\sigma c_s}$$

$$x_0 = m\left(1 - \frac{2c_v}{c_s}\right)$$

式中　　m——数学期望；

　　　　σ——均方差；

　　　　c_s——偏态系数；

　　　　c_v——变差系数。

这些数字特征的估计量分别为

$$\hat{m} = \bar{x} = \frac{1}{n}\sum_{i=1}^{n} x_i \qquad (2-17)$$

$$\hat{\sigma} = s = \sqrt{\frac{1}{n} \sum_{i=1}^{n} (x_i - \overline{x})^2} \tag{2-18}$$

$$\hat{c}_v = \frac{\sigma}{m} = \frac{s}{\overline{x}} \tag{2-19}$$

$$\hat{c}_s = \frac{1}{n} \sum (x_i - \overline{x})^3 / \left[\frac{1}{n} \sum_{i=1}^{n} (x_i - \overline{x})^2\right]^{3/2} \tag{2-20}$$

式（2-17）～式（2-20）各统计量中，偏态系数 $\hat{c}_s$ 含有三阶样本矩，故抽样误差较大，样本实测值 $\hat{c}_s$ 与真值 c_s 之间可能会有较大差异，常需要对拟合的线型进行验证及对估计参数 $\hat{c}_v$、$\hat{c}_s$ 进行适当调整，以获得理想的分布曲线。

计算中，一般需要求出指定概率 p 所对应的随机变量取值 x_p，也就是通过对密度曲线进行积分，即

$$p(x \geqslant x_p) = \frac{\beta^a}{\Gamma(a)} \int_{x_p}^{\infty} (x - a_0)^{a-1} e^{-\beta(x-a_0)} dx \tag{2-21}$$

求出等于及大于 x_p 的累积概率 p 值。直接由式（2-21）计算 p 值非常麻烦，实际做法是通过变量转换，变换的积分形式为

$$p(\Phi \geqslant \Phi_p) = \int_{\Phi_p}^{\infty} f(\Phi \cdot C_s) d\Phi \tag{2-22}$$

$$\Phi = \frac{x - \overline{x}}{x C_v}$$

式（2-22）中被积函数只含有一个待定参数 C_s，其他两个参数 $\overline{x}$、C_v 都包含在 Φ 中。Φ 是标准化变量，称为离均系数。因此，只需要假定一个 C_s 值，便可从式（2-22）通过积分求出 p 与 Φ 之间的关系。对于若干给定的 C_s 值，美国福斯特和苏联雷布京制作了一定概率 β 对应的 Pearson-Ⅲ 型概率曲线的离均系数 Φ_p 值表，由 Φ 就可以求出相应概率 p 的 x 值，即

$$x = \overline{x}(1 + C_v \Phi) \tag{2-23}$$

3. Weibull 型概率分布

概率密度函数

$$f(x) = \frac{\alpha}{\beta} (x - a_0)^{\alpha-1} \left[-\left(\frac{x - a_0}{\beta}\right)^\alpha\right] \quad (x \geqslant a_0) \tag{2-24}$$

分布函数

$$F(x) = 1 - \exp\left[-\left(\frac{x - a_0}{\beta}\right)^\alpha\right] \tag{2-25}$$

概率为 p 的气候极值，即

$$V_p = \exp\left\{\ln\left[-\ln\left(\frac{1}{T}\right)\right]/\alpha + \ln\beta\right\} + a_0 \tag{2-26}$$

各参数为

$$a_0 = \frac{4(M_{1,0,3} M_{1,0,0} - M_{1,0,1})}{4 M_{1,0,3} + M_{1,0,0} - 4 M_{1,0,1}}$$

$$\beta' = \frac{M_{1,0,3} - a_0}{\Gamma\left[\left(\ln\dfrac{M_{1,0,0} - 2M_{1,0,1}}{M_{1,0,1} - 2M_{1,0,3}}\right)/\ln2\right]}$$

$$\alpha = \frac{\ln2}{\ln\dfrac{M_{1,0,0} - 2M_{1,0,1}}{2(M_{1,0,1} - 2M_{1,0,3})}}$$

4. Poisson - Gumbel 型概率分布

由于热带气旋出现的随机性很大，对于某一地点而言，多的年份可以出现几个，少的年份一个都没有，因此常规的重现期极值概率模型如极值 Ⅰ 型分布、Weibull 分布、P - Ⅲ 型分布等无法使用。则需要一种既可表达物理现象的随机性又能表达所关注要素确定性的联合分布来拟合，有研究表明 Poisson - Gumbel 联合分布模型则适合于这种风速序列。

每年热带气旋的强度、移动路径及发生次数是随机的，某海域所受热带气旋影响的次数也是随机的，从而构成某种离散型分布，而热带气旋影响下的最大风速可构成某种连续型分布。假定热带气旋影响的频次 n 符合 Poisson 分布，即

$$p_k = e^{-\lambda}\frac{\lambda^k}{K!} \tag{2-27}$$

$$\lambda = \frac{N}{n}$$

式中　　N——热带气旋影响总次数；

$\qquad K$——气旋发生次数；

$\qquad n$——总年数。

假设热带气旋影响下风速服从 Gumbel 分布，即

$$G(x) = \exp\{-\exp[-\alpha(x-\delta)]\} \tag{2-28}$$

根据复合极值理论，一个离散型分布和一个连续型分布可构成复合极值分布，即 Poisson - Gumbel 复合极值分布。其分布函数为

$$F(x) = \sum_0^k p_k[G(x)]^k = \exp\{-\lambda[1-G(x)]\} = P \tag{2-29}$$

对式（2-29）进行整理得到概率为 P 的大风极值为

$$V_p = \delta + \frac{-\ln\left[-\ln\left(1+\dfrac{1}{\lambda}\ln P\right)\right]}{\alpha} = \delta + \frac{-\ln\left\{-\ln\left[1+\dfrac{1}{\lambda}\ln\left(1-\dfrac{1}{T}\right)\right]\right\}}{\alpha} \tag{2-30}$$

$$\alpha = 1.28255/\sigma$$

$$\delta = \bar{x} - 0.57722/\alpha$$

式中　　$\bar{x}$——样本序列的平均值；

$\qquad \sigma$——样本序列的标准差。

Poisson - Gumbel 联合极值分布的计算步骤如下：

（1）挑取历史上每个影响该区域的热带气旋过程中的最大风速，以保证大风速序列中样本间的相互独立性。为了使样本序列符合 Poisson 分布，需确定一个风速阈值，大于该阈值则入选热带气旋最大风速序列，根据经验，该阈值大小可以使个别年份没有热带气旋影响，但没有热带气旋影响的年份不能超过总年数的 1/10。建立影响该区域的热带气旋

最大风速序列。

（2）检验热带气旋出现频数是否符合 Poisson 分布。首先，对每年热带气旋出现频数进行分组统计，其中设 f_i 为各组实际出现的次数，n 为实际总年数，P_i 为各组理论分布频数，k 为分组数；然后根据 $\chi^2 = \sum_{i=0}^{k} \frac{(f_i - nP_i)^2}{nP_i}$ （$i = 0, 1, 2, \cdots, 9$）计算并检验热带气旋出现频数是否符合 Poisson 分布。检验的条件是用计算出的在 $k-3$ 自由度情况下的 χ^2 与 $\chi^2_{0.05}$ 进行比较（$\chi^2_{0.05}$ 为置信度为 0.05 的检验阈值）。如果 $\chi^2 < \chi^2_{0.05}$，则表示所选格点的热带气旋频数符合 Poisson 分布。如果 $\chi^2 \geqslant \chi^2_{0.05}$，说明热带气旋出现频数不能通过检验，可提高风速阈值以减少样本量，再进行计算，直至通过检验。

2.1.2 风电场设计风速分析

风电场开发建设设计风速取值，依赖于前述代表气象站选择、资料三性订正、标准化处理和不同概率分布函数拟合计算的基础上，推算至风电场每个风电机组点位。风电场开发建设一般与所选取代表气象站之间存在一定距离，而且存在地形和地貌的差别，如山地风电场和近海风电场。因此气象站计算的设计风速很少能直接用于风电场，而需要分析两者之间地形、地貌的差别，进行修正。

风电场开发在场址范围内建设有测风塔，在可行性研究阶段一般至少要收集到整年以上的观测资料，然后将现场测风塔资料和同步代表气象站的资料用相关分析的方法推算至风电场测风塔，再利用小尺度风流体模型推算至每个风电机组的机位。风电场设计风速计算分析过程为：先选择测风塔与气象站相关分析的样本；然后推算测风塔处不同高度设计风速；最后计算每个风电机组机位的设计风速。

2.1.2.1 分析样本的选取

分析设计风速的目的是保障极端风况下风电机组设备及附属构建筑物的安全，因此在评估计算风电场设计风速过程中也需选台风影响期间的样本。风电机组设备主要参考强风和强湍流共同作用下的平均风和脉动风特性，而这些特性只有在靠近台风中心的眼壁强风区才能够客观、清晰地体现出来。而在实际工程项目开发建设过程中，有些测风年并没有台风影响，或者仅仅有台风外围掠过，因此选择相关分析的样本不一定能够代表强风。

风速观测数据代表性的主要影响因素包括观测位置的区域（或下垫面）代表性以及因天气系统结构的不同而导致的测风数据的代表性问题。如：季风和锋面天气系统的风场大体呈"带状"分布，而台风、龙卷等涡旋型天气系统的风场呈不规则的"环状"分布，两种不同环流结构天气系统的测风数据所能够代表的空间范围以及对平均风况和脉动风况的代表性等均差异很大。对台风而言，其中心、眼壁强风区和外围大风区等不同位置上，近地层风场的三维结构和湍流特性显著不同：水平和垂向风速、风向、湍流等。

气象学家认为，台风观测数据代表性判别，一方面表征所选取用于研究分析的数据是否可以代表台风眼、眼壁区、外围风特征，另一方面表征分析的成果与工程区域的关系，即是否可以用所选取的台风观测数据作为工程区域的代表。阵风系数随平均风速的增加有减小趋势，当平均风速增大到某一阈值后，阵风系数的趋势变化消失并只在一定的变幅内波动；风速继续增大至某一阈值后阵风系数就会基本保持不变。对多个台风观测个例研究发现，下垫面粗糙度和台风强度等因素影响风速阈值的大小，同时强风数据样本选取的风速阈值至少能满足平均风速大到足以使阵风系数的趋势变化消失的条件。

2.1.2.2　推算至场内测风塔

风电场内测风塔一般只有整年资料，能够捕捉到台风的概率较小，因此能够获取台风正面登陆时台风中心及眼壁附近的风速资料概率更低。所以实际计算测风塔处设计风速过程中，需要人为设定测风塔数据样本选择的阈值。从分析设计风速角度出发，阈值应取风速较大值，但又需同时考虑挑选出的样本量能够满足相关分析的要求。具体的推算步骤如下：

（1）根据现场测风塔实测资料挑选超过阈值的 10min 平均风速样本系列；分析样本期间风速风向、参证站与测风塔的相对位置和距离关系，收集参证站对应的 10min 平均风速系列。两者之间可能存在延时效应，并非逐时刻对应，尤其是对分析 10min 平均风速样本而言。

（2）将参证气象站和测风塔数据绘制成曲线图，判断两者之间测到同一质点拉格朗日气流速度的时间差，然后绘制两者之间散点图，进一步判断其相关性。

（3）计算相关系数，并进行显著性检验。

（4）如果上述选择的样本分析计算结果显示两者之间相关性较差，则需调整阈值大小，然后重新进行上述分析。

（5）如果参证气象站与风电场测风塔之间地形地貌差异巨大，或者气象站本身环境受周边城市化影响严重，通过上述过程仍难找到适宜的相关关系。则需采用逐时风速作为分析对象，或者选择超过一定阈值的日最大风速（10min 平均风速，1h 平均风速）作为分析样本。

2.1.2.3　推算至风电场内每个风电机组点位

因各风电机组点位与测风塔地势地貌类型、相对位置等差别，不宜将测风塔处 50 年一遇最大风速（或极大风速）直接作为各机位的设计风速，对平坦地形风电场（包括海上风电场）不能直接移用，对复杂地形条件的工程愈加不能直接使用，需要参考以下分析方法：

（1）参考《电力工程水文气象计算手册》8.2.5 条给出的地形修正系数方法。

（2）利用简单的微尺度线性风场诊断模型（地转风模型），推算测风塔与各机位的风速关系，适用于简单地形情况下分析计算。

（3）通过 RANS（Reynolds Average Navier - Stokes）方法简化湍流动能模型，通过 Boussinesq 涡黏性假设的方法封闭模式来求解，获取测风塔与各机位的风速关系。该方法考虑了不同位置地形（高程）和地貌（粗糙度）的差别，适用于复杂地形的山地风电场。

随着计算能力不再是解决问题的桎梏，通过求解最接近实际自然流体状态的方程是越来越通常采用的方法。风电场一般采用第三种方法来计算每个机位的设计风速。目前行业内流行软件在计算中一般分 16 个方向来分析测风塔与机位之间的地形加速效应的相关关系，然后选择保守方式取值原则由测风塔处推算至各机位。

2.1.3 构造台风风场法

通过建立参证气象站、测风塔、机位之间的相关关系推算各机位设计风速的方法严重依赖于参证气象站的资料质量，且受制于所有分析对象之间的地形和地貌的相似度大小，但此为目前阶段解决该问题的基本方法。

上述方法基于点观测数据推算至整个工程所在位置的空间分布。随着气象研究的发展，人们对台风结构和天气动力过程认识的逐步深化，利用台风理论（对称和非对称）模型和数值模拟的方法来重构台风过程逐步成熟。在重构台风结构的基础上，可以获取台风过程中整个风电场范围内各点的最大风速值，进而建立各点年最大风速的历史系列，最后利用频率适线法来推算各点设计风速。

理论上该方法对海上风电场有更好的适用性，一方面滨海城市的气象站受城市化影响较为严重，另一方面海上风电场下垫面与气象站差别更为显著，再者在台风登陆前模型刻画的台风风场比较接近实际情况，因此越远离海岸线该方法适用性越强。该方法强烈依赖于所选择的台风风场模型，且数据主要依据最佳路径数据集资料，因此目前尚未应用于实际工程。

2.1.3.1 Monte-Carlo 方法

Monte-Carlo 方法模拟台风取决于两个方面：①台风是随机现象，其结构非常相似，其风场可以由几个关键的特征参数来确定，如中心气压差、最大风速半径、移动速度等；②历年台风的特征参数均有记录，或者可间接推断得到。

Monte-Carlo 方法也称随机模拟方法，用其估计台风年最大风速概率分布步骤如下：①应用台风各特征参数的历史记录，形成各特征参数的概率分布；②基于各特征参数的概率分布随机抽样产生台风特征参数值，每一组参数组成一个新的模拟台风；③根据台风风场模式，计算每个台风在研究点各时次的风速，取风速中最大值作为此台风在研究点的最大风速，模拟计算足够多的台风后，产生一系列最大风速，它将作为估计台风年最大风速概率分布的基本资料序列；④以模拟计算得到的台风最大风速系列，通过长序列概率计算方法估计台风年最大风速概率分布。Monte-Carlo 模拟方法流程如图 2-2 所示。

2.1.3.2 理论模型构造台风风场

国内外已有不少关于台风海面气压模型的研究，归纳起来主要有三大类：一是理论气压模型，以圆对称气压模型为主；二是经验模型；三是半理论半经验模型。台风风场模型研究主要有两个方面：一是动力理论（梯度风原理）；二是经验风场模型（统计模型）。

关于圆对称台风风场的计算有两种方法：第一种方法是先利用圆对称气压模型计算台风气压分布，然后通过梯度风或地转风方程来计算台风风场；第二种方法是通过假定台风剖面风速按照一定规律分布来得到一个气压分布函数表达式。常见的圆对称气压模型主要有藤田、Myers、Jelesnianski 和 Holland 等模型。这些气压模型都是理想条件下的气压模型，是以台风中心为起点的任意剖面的气压分布函数表达式，通过这个表达式来计算整个海面台风气压场。以上这些模型比较简单且能够来对海洋上发展比较成熟的台风进行较好的模拟。

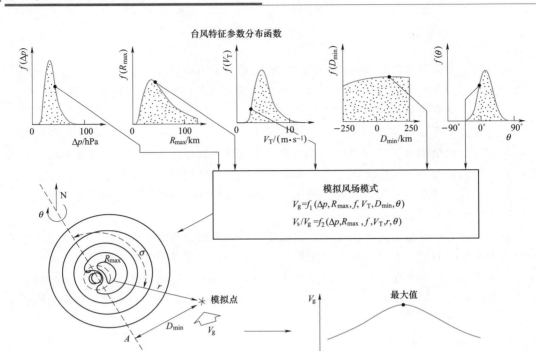

图 2 - 2　Monte - Carlo 模拟方法流程

　　台风风场模型是一个可以表示台风剖面风速分布的函数表达式，常见的有 Rankine 涡、Jelesnianski、Miller 等风场模型。Rankine 涡风场模型是一个理论模型，把台风看作是一个旋转的刚体，只能反映出台风风场的基本特征，已有研究指出，Rankine 涡风场模型计算得到的风场外围衰减比较快，使得外围风速偏小。Jelesnianski 针对 Rankine 涡风场模型的衰减指数进行了一些调整，并提出了一个修正模型。Miller 风场模型也是 Rankine 涡风场模型的一个修正模型，主要是在计算最大风速半径以外风场时改用变化的衰减指数，而在最大风速半径以内继续采用 Rankine 涡风场模型公式。

　　实际上，随着热带气旋逼近陆地，热带气旋风场由原来的轴对称变为非对称分布，大风半径也由原来的圆对称变为非对称。大洋上圆对称和靠近陆地非对称台风卫星云图，如图 2 - 3 所示。国内学者开展了大量的研究工作，并提出了改进模型。1994 年，陈孔沫通过改进 Rankine 涡风场分布模式和 Jelesnianski 台风风场分布模式的联系，提出了一种风速分布廓线优于 Rankine 和 Jelesnianski 两个风场模式的风场分布廓线的新模型，并且一定程度上改进了宫崎正卫和 Jelesnianski 两种移动台风风场计算方法；1993 年，盛立芳等基于 Myers 气压分布式和修正的梯度风方程，引入一条特征等压线拟合方程来改进 Myers 气压分布公式，提出了一个台风风场合成模式；2002 年，朱首贤等从藤田气压模型和宫崎正卫风场模型出发建立了基于特征等压线的不对称气压场和风场模型；2003 年，李岩等使用改进后的不对称的藤田气压模型和 Myers 气压模型，对 9615 号台风"莎莉"的气压场和风场进行了数值模拟计算，计算结果较未改进的模型更接近真实情况，并且离台站较近时改进的藤田模型对单站风速模拟结果比较好；

(a) 圆对称

(b) 非对称

图 2-3 大洋上圆对称和靠近陆地非对称台风卫星云图

2004 年，黄小刚等引入非对称分布的台风最大风速、最大风速半径等因子，基于七级风圈和十级风圈半径，利用最佳权系数方案得到控制台风外围风速分布的因子，在 Chan 和 Williams 提出的切向风廓线模型的基础上得到了一种计算台风海面非对称风场的表达式；2005 年，杨支中等基于台风外围闭合特征等压线对圆对称的藤田气压模型进行了改进，得出了非对称台风气压模型以及考虑径向梯度风的风场模型，并且模拟了若干台风过程的风压场，结果比较理想。

2004 年，胡邦辉等将藤田气压模型引入到包含摩擦项的平面极坐标水平运动方程组中，在热带气旋最大风速已知的条件下，提出了计算稳态移动非对称热带气旋最大风速半径的方法，得到了从内到外计算热带气旋各个方向最大风速、最大风速半径、风向内偏角、环境气压和风速的方法。该模型仅需要最大风速、中心气压结合给出的计算公式即可计算台风风场，比较适用于计算比较多的台风风场。

2.1.3.3 数值模拟方法

第五代 PSU/NCAR 中尺度模式（The Fifth-Generation NCAR Pennsylvania State Mesoscale Model，MM5）已经成为目前应用最广泛的中尺度数值模式，广泛应用于暴雨、台风等短期天气研究领域。

在 MM5 模式之后，美国多家研究部门及大学的科学家共同参与开发研究的新一代中尺度预报模式和资料同化系统 WRF（Weather Research Forecast）模式系统。1997 年美国国家气象研究中心（NCAR）中小尺度气象处、美国国家环境预报中心（NCEP）的环境模拟中心、FSL 的预报研究处和奥克拉荷马大学的风暴分析预报中心四部门联合发起并建立了 WRF 模式系统的开发计划，该计划得到了美国国家自然科学基金（NSF）和国家海洋大气局（NOAA）的共同支持，随后，又得到了美国宇航局（NASA）、美国空军和海军、环保局、多家大学以及其他研究部门的响应，并共同参与开发研究工作。2000 年 10 月 wrf-version1.0 发布以来，又多次发布了 WRF 改进版本，最新版本是 2013 年 9 月发布的 V3.5.1。目前 WRF 模式系统已经发展成为集中尺度数值天气预报、三维与四维资料同化、陆面模式和大气化学模式等多种用途和功能的且性能稳定的预报和研究工具，在日常业务工作中发挥着重要作用。

WRF 模式是一个完全可压非静力模式，控制方程组都写为通量形式。垂直坐标采用地形跟随静力气压垂直坐标，网格形式采用 Arakawa-C 格点，有利于在高分辨率模拟中提高准确性。时间积分采用时间分裂显式方案来解动力方程组，即模式中垂直高频波的求解采用隐式方案，其他的波动则采用显式方案。显式时间积分方案提供了 2 阶和 3 阶 Runge-Kutta 时间积分。

与上一代中尺度模式相比，WRF 模式集成了多年来在中小尺度天气动力学方面的研究成果。WRF 模式采用的 Arakawa-C 网格、三阶 Runge-Kutta 时间积分、高阶平流方案、标量守恒差分方案等技术，可以使得模式模式耗散项更小，精度更高，从而使模式的最佳水平分辨率可以达到 1~10km。针对中小尺度天气特点，WRF 模式对辐射过程、边界层参数化过程、对流参数化过程、次网格湍流扩散过程以及微物理过程等进行了改进和优化处理，发展出了丰富而成套的物理过程选项，模式应用技术人员可根据当地的地形、气候特点加以选择，从而取得较好的数值预报和模拟效果。

在软件设计方面，WRF 模式应用了继承式软件设计、多级并行分解算法、选择式软件管理工具、中间软件包（连接信息交换、输入/输出以及其他服务程序的外部软件包）结构，具有单重和多重以及移动嵌套网格功能，特别适合于为用户提供高精度和高分辨率数值模拟结果。

2.2　湍流

风脉动可以引起结构物的顺风向振动，这种形式的振动在一般工程结构中都要考虑。结构物背后的涡旋引起结构物的横风向的振动，对风电机组塔筒等一些自立式细长柱结构物，特别是圆形截面结构物，都不可忽视这种形式的振动。风电场中还特别附加了叶轮转动尾流引起的振动以及由空气负阻尼引起的横向失稳式振动。风荷载使得结构物或结构构件受到过大的风力致不稳定；使结构物或结构构件产生过大的挠度或变形；反复风振动作用引起结构或结构构件的疲劳损坏；气动弹性的不稳定，致使结构物在风运动中产生加剧的气动力。

台风强湍流常常是风电机组振动失效的主要原因。湍流强度（Turbulence Intensity，TI）是指 10min 内风速随机变化幅度大小，是 10min 平均风速的标准偏差与同期平均风速的比率，是风电机组运行中承受的正常疲劳荷载，是 IEC 61400—1 中风电机组安全等级分级的重要参数之一。从 IEC 61400—1 的第二版和第三版都可以看出，湍流强度指标都是决定风电机组安全等级或者设计标准的重要参数之一，也是风场风资源评估的重要内容，其评估结果直接影响到风电机组的选型。湍流对风电机组性能的不利影响主要是减少功率输出，增加风电机组的疲劳荷载，最终削弱和破坏风电机组。

湍流产生的主要原因有两个：一个是当气流流动时，气流会受到地面粗糙度的摩擦或者阻滞作用；另一个是由于空气密度差异和大气温度差异引起的气流垂直运动。通常情况下，上述两个原因同时导致湍流的发生。在中性大气中，空气会随着自身的上升而发生绝热冷却，并与周围环境温度达到热平衡，因此在中性大气中，湍流强度大小完全取决于地表粗糙度情况。

2.2.1 湍流强度

（1）特征湍流强度。计算某段时间范围内风速的湍流强度时，该段风速区间内每10min 平均风速的标准偏差值是一个随机变量，其一般服从正态分布规律。每 10min 湍流强度的算术平均仅为 50％分位数湍流强度结果，不能表征该时段内风速湍流强度特征。IEC 61400—1 的第二版规定在平均风速式标准偏差值基础上再加上一个平均风速标准偏差的标准偏差，相当于 84％分位数结果表征系列湍流强度。

（2）代表湍流强度。IEC 61400—1 的第三版规定在平均风速式标准偏差值基础上再加上 1.28 个平均风速标准偏差的标准偏差，相当于 90％分位数结果表征系列湍流强度。

（3）环境湍流强度和有效湍流强度。其中：①环境湍流强度是指风电场中单独一台风电机组承受的正常湍流强度，该湍流强度没有受其他风电机组或者障碍物的尾流影响；②风电场中机组承受的有效湍流强度由环境湍流强度和因机组彼此之间尾流产生的湍流强度两部分组成。确定风电机组湍流强度等级不仅取决于环境湍流强度，更应考虑因为风电机组尾流产出的湍流强度。风电机组微观位置确定后通过计算风电机组之间尾流产生的湍流强度，并与环境湍流强度叠加得出每台机位的有效湍流强度。根据 IEC 61400—1 的要求，每一个风速区间下风电机组承受的有效湍流强度均不能超过设计湍流强度。有效湍流强度过大，可降低风电机组的出力水平，使风电机组承受更多的疲劳荷载，还可能引起极端荷载，降低风电机组的使用寿命。有效湍流强度不仅与风场当地地形、地貌、障碍物有关，还与每台风电机组的具体位置、风场主导风向以及机组轮毂高度有关。

不同设计湍流强度等级对等效疲劳荷载的影响相对来说要大很多，基本上降一个湍流强度等级，等效疲劳荷载就会相应地降低 10％。湍流强度对等效疲劳荷载的影响非常大。另外，风轮直径越大，降低湍流强度等级对降低等效疲劳荷载的作用越明显。因此叶轮直径和机组的设计湍流强度等级对机组交变荷载的承受能力影响很大。

2.2.2 台风影响情况下的湍流强度

台风经过时，台风湍流强度明显高于正常风的湍流强度。如福建省气候中心对 1013 号超强台风"鲇鱼"的风速计算报告显示湍流强度达 0.3，但也有非常多的台风的湍流强度低于正常风湍流强度。2009 年，日本的 Kogaki 等详细分析了日本复杂地形和台风影响下的风况与 IEC 标准的差异，指出多数情况下湍流强度分布与标准湍流模型（NTM）相似，但有 60％的湍流强度超过了 IEC 最强湍流强度级别。

台风湍流强度 U、V、W 三个方向的大小之比也与正常风湍流强度不同。IEC 标准中定义正常风湍流强度在 U、V、W 三个方向的比为 1∶0.8∶0.5，而台风湍流强度并不遵循这样的规律，其 V 方向的湍流强度往往要比正常风的要大。如在 2010 年，宋丽莉在澳门友谊大桥上测得的 0812 号台风"鹦鹉"的 V 方向的湍流强度就达到 U 方向的 0.96 倍，W 方向的湍流强度也有增大。2009 年，Cao 等对 0314 号超强台风"鸣蝉"的观测数据进行了详细的分析，得出了相同的结论并给出了台风湍流三个方向的分量 $\sigma_u/\sigma_v/\sigma_w=1.8/1.5/1.0$ 的比值关系。2015 年，张秀芝等通过对国内近海大量台风观测数据进行分析，得出结论：当风速不断增大时，在台风中心及附近的纵向湍流强度逐步降低趋于稳定，台风

的三维湍流大于 IEC 61400—1 标准的规定；台风湍流三个方向（纵向、横向、垂向）的
比例关系为 1/0.86/0.51。

跟湍流强度大小一样，也有非常多的台风 3 个方向的湍流强度之比小于正常风湍流强
度之比。究其原因，可能是由台风经过地方的下垫面、本身的结构、成熟度、强度以及测
风设备距离台风中心远近等因素的综合作用才导致湍流强度变化差异较大。

2.2.2.1　沿海测风塔统计湍流强度

统计分析台风影响下沿海风电场湍流强度特征，分析 2003 年以来我国东南沿海测风
塔测得的台风过程，挑选数据的标准：①挑取风速大于 15m/s 且风向前后变化 120°以上
的时段；②挑取测风塔距台风中心不大于 100km 作为 TC 中心附近的样本。依据此标准，
共挑选出 73 个研究个例。

分析某些台风发生时 70m 高度的湍流强度分布时，所有选取的台风个例湍流强度
散点与 IEC 61400—1 标准 A 类湍流强度等级曲线对比如图 2-4 所示，图中红色曲线为
IEC 标准湍流强度曲线。台风侵袭前后或者台风外围风速小于切出风速时（小于 25m/
s），湍流强度绝大部分小于 IEC 标准曲线界定值，但也有部分观测资料超过标准值，即
风电机组在停机之前实际承受的湍流强度和振动荷载超过标准，带来一定的疲劳荷载
超过标准的安全隐患。风速介于 25～32.6m/s 之间时，呈现同样的规律。风速超过
32.6m/s 台风强度之后，湍流强度基本上低于 IEC 标准曲线，仅有极少数部分风速湍
流强度超标准值。

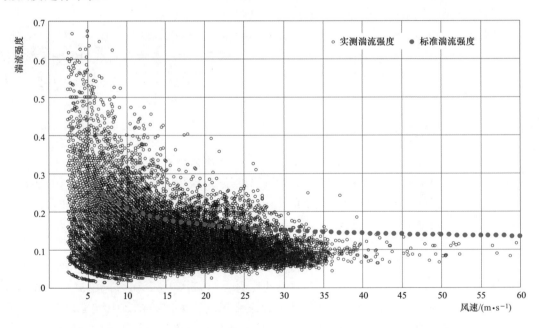

图 2-4　某些台风发生时湍流强度分布及曲线对比示意图

进一步计算这些台风案例 90％、95％和 98％分位数湍流强度及其拟合曲线，从图
2-5 中可以看到，10m/s 以上湍流强度曲线随风速的增大不像标准线那样均匀减小，而是
在 13～23m/s 区间，各分位数湍流强度曲线呈缓慢上升状态，湍流强度介于 0.16～0.22

之间，之后开始缓慢下降，30m/s 之后降至 IEC 标准 A 类标准线之下。90％分位数曲线及其拟合曲线均低于 IEC 标准 A 类界定标准值，接近 IEC 标准 B 类。95％与 98％分位数曲线在 15～30m/s 区间，湍流强度介于 0.16～0.22 之间。

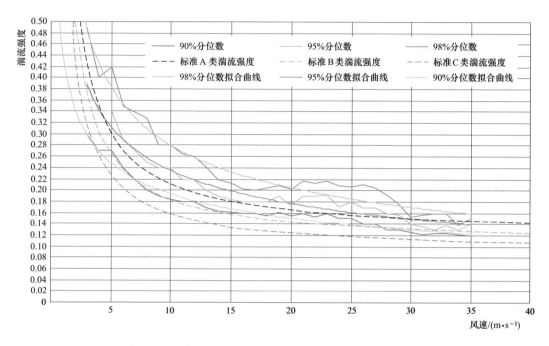

图 2-5 热带气旋中心附近和热带气旋外围湍流强度分布图

2.2.2.2 海上测风塔统计湍流强度

目前台风多发海域海上测风塔数量较少，获取台风过境的风速资料更少。部分测风塔建设在小型岛礁上，其周边环境为海洋，受大陆影响可以忽略不计，其观测结果基本可以代表海上风的状况。因此暂以海上测风塔和海岛测风塔实测资料作为分析近海环境条件下的湍流强度特性的数据源。图 2-6 为近海环境观测到的台风发生时湍流强度散点及与 IEC 61400—1 标准 A 类湍流强度等级曲线对比，可以看到与陆上不同的是，当风速大于 15m/s 以上成上翘趋势，这是由于风速越大海面粗糙度越大，湍流强度越强。

（1）通过对登陆台风的实测数据计算分析发现，在登陆台风中心附近近地层的湍流强度可异常增大达 0.6～0.9，且湍强最大的层次不一定出现在底层。此外，台风中心靠近时底层和高层的湍强变化并不同步，而是存在十几到几十分钟的时间差。

（2）所有观测资料统计显示，95％分位数曲线在切出风速之前对应的湍流强度超过 IEC 标准 A 类界定值，切出风速之后与 A 类基本吻合。

（3）海上湍流强度与陆上不同的是，当风速大于 15m/s 以上成上翘趋势，这是由于风速越大海面粗糙度越大，湍流强度越强。

虽然统计发现风速超过切出风速后，湍流强度基本上低于 IEC 标准值，然而在这种强风作用情况下，在风速极限荷载与湍流振动荷载联合作用下，随着风速的增加，加载在风电机组上的力矩与荷载变化需要进一步加强研究。

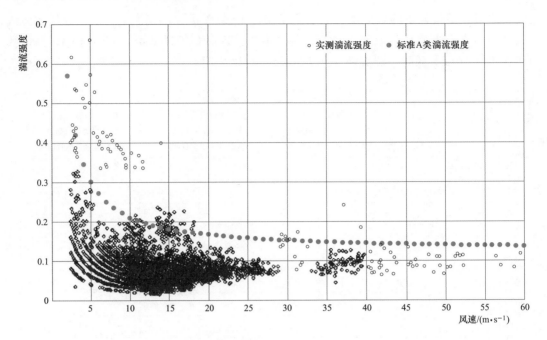

图 2-6　台风影响期间海上湍流强度分布及曲线对比示意图

此外，台风中心近地层特有的湍流特征，对风电机组的抗风设计提出了挑战：风的湍流扰动对风电机组这样的柔性结构系统会产生一种随机的强迫振动，对于线性结构系统，湍流脉动引起的结构振动响应均方根与湍流强度取值成正比，这意味着如果湍流强度增大了 2~3 倍，则结构动态响应或脉动风荷载的计算值也会成倍增加。而目前，典型的风电机组抗湍强设计参数一般不超过 0.2，对于受台风影响地区的风电场，风电机组的抗风设计还需要进一步研究、实验，以适应这种特殊的抗风减灾需要。

2.3　阵风特性

气象上一般用阵风因子（阵风系数）来描述阵风特性。阵风因子一般定义为阵风持续周期（一般 3s）内的平均风速最大值与 10min 时距的水平平均风速之比，而 IEC 标准中定义的阵风周期是 10.5s（1 年一遇）和 14s（50 年一遇）。一般湍流强度越大，阵风系数也越大；阵风持续时间越长，阵风系数越小。

根据一些台风资料数据的统计，其阵风因子甚至有达到 2.0 或更大的，如 1322 号台风"圣帕"的平均阵风因子就达 2.01，但根据 IEC 标准中极大运行阵风计算公式计算得到的阵风因子一般在 1.8 以下。

2.3.1　下垫面对阵风系数的影响

现行的 GB 50009—2012 给出了 4 类粗糙度条件下离地面 5~300m 各高度的阵风系数。但近几年对登陆热带气旋实测资料的研究显示，现行规范推荐的关于表征阵风特性的参数并不能完全适用于热带气旋影响的情况，这主要由于热带气旋特有的涡旋结构导致它的湍流运动比常态风况更强,当叠加了不同的下垫面效应之后,其风场特别是湍流运动会产生显著改变。

国内外学者从多个热带气旋个例的实际观测研究中发现,其阵风特性随下垫面粗糙长度的变化而显著改变,甚至台风中心经过前和经过后不同方向来风的阵风系数会因为其经过的下垫面的不同而明显不同。Powell等人在较全面的热带气旋影响下的海洋边界层风廓线测量基础上,建立了美国受热带气旋影响的气象站各方位粗糙度、零平面位移和实况照片等特征资料库,为热带气旋风况的准确判别提供了详细依据;鉴于热带气旋特有的近地层涡旋型风场特点,WMO(国际气象组织)组织专家根据各国获取的热带气旋实测个例(但其中没有涉及中国的观测个例),研究制定热带气旋影响的不同下垫面条件下各种时距风速的转换,该技术文件主要推荐了海上、陆地、离岸和离海等4种下垫面条件下各时距风速之间的转换系数,并特别声明该技术文件还需在取得更多实测数据基础上予以修订和完善。

2011年,宋丽莉和陈雯超等利用强台风"黑格比"过境时3个观测塔实测数据以及1个年度的梯度风实测资料,在分类计算观测塔不同方位的下垫面粗糙长度参数基础上,研究热带气旋强风在不同下垫面的阵风系数变化特征。研究有以下方面发现:

(1)离岸风的阵风系数变动幅度均大于离海风况,并且低层的变幅明显大于高层;强风阵风系数不会随风速大小产生明显的趋势变化,但仍会在某一幅度内波动,下垫面越粗糙,阵风系数波动幅度越大;台风强风在粗糙下垫面产生的阵风系数的较大变幅,显示了粗糙下垫面对台风这种涡旋式气流的动力作用被显著放大,工程设计选取阵风系数时,不宜只对实际观测的强风阵风系数进行简单的数学平均,而应根据工程结构的特点和需要进行更细致的评估和参数选择。

(2)越远离海岸线,离岸与离海两种情况下阵风系数差异越小。即使同一个塔,由于其各方位下垫面的差异将导致其阵风系数产生显著变化,因此对工程应用来说,观测评估出工程所在地最危险的强风方位上的阵风系数是十分必要的,并且下垫面越粗糙,其阵风系数的高度变化也越大。

(3)来自粗糙下垫面的离岸风阵风系数比国际气象组织(World Meteorological Organization,WMO)推荐值大,而来自光滑下垫面的离海风阵风系数则小于WMO的推荐值。

(4)幂指数律方法对光滑下垫面阵风系数廓线拟合效果很好。

阵风系数随平均风速的增加有减小趋势,当平均风速增大到某一阈值后,阵风系数的趋势变化消失并只在一定的变幅内波动;风速继续增大至某一阈值后阵风系数就会基本保持不变。多个台风观测个例研究发现,下垫面粗糙度和台风强度等因素影响这一阈值的大小。以2011年的某台风为例,如图2-7所示,其中,海岛测风塔80m高阵风系数介于1.069~1.335之间,均值为1.161,中数为1.156,累积频率95%值为1.243,累积频率90%值为1.219。10min平均最大风速31.8m/s对应的阵风系数为1.138;最大阵风系数1.335对应的10min平均最大风速为18.8m/s。10min平均风速超过30m/s时,阵风系数介于1.15~1.2之间;10min平均风速超过20m/s时,阵风系数介于1.10~1.30之间;整个系列的标准偏差为0.044。

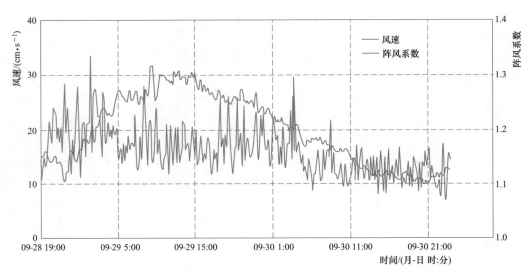

图 2-7　2011 年的某台风期间风速与阵风系数随时间变化示意图

　　由于台风本身的复杂性和下垫面的多样性，上述结论是依据少量台风实测数据进行的分析计算，得出的观测事实和变化规律虽具有一定的代表性，但仍需要更多的有效实测个例进行检验和完善，以更清楚地分析并总结不同强度级别台风、台风结构中不同位置、不同粗糙度长度环境等条件下的阵风特性，以期获取具有统计意义的规律和参数。图 2-8 所示为 2012 年 1211 号强台风"海葵"登陆浙江，正面登陆点测得的风速和阵风系数变化过程，登陆前阵风系数高达 2.2，而登陆后 10min 平均风速最大，与一般规律相悖，需收集测风站位置、登陆路径、风速系列等更为详细数据进行分析。

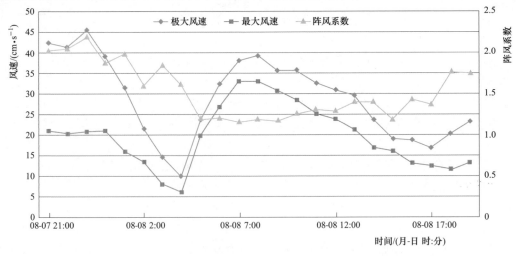

图 2-8　台风中心经过前后某站风速和阵风系数变化过程

2.3.2　阵风系数随高度变化

　　GB 50009—2012 中给出了围护结构风荷载计算时，不同下垫面情况下阵风系数随高度的变化情况。A 类和 B 类下垫面情况下 60～100m 高阵风系数介于 1.46～1.54 之间。

随高度增加，风速受下垫面影响趋小，风速趋于稳定，阵风系数随高度增加而减小。台风天气条件下，海岸和近海环境阵风系数随高度变化规律如下：

收集台风影响期间海上、海岛测风塔大风个例，取大于15m/s风速作为分析样本，合并后绘制阵风系数随高度变化图，如图2-9所示。30m及以下阵风系数1.3～1.43，40～100m阵风系数在1.18～1.28之间。

收集台风影响期间陆上测风塔大风个例，取大于15m/s风速作为分析样本，合并后绘制阵风系数随高度变化图，如图2-10所示。10m处阵风系数为1.45，30～40m阵风系数在1.35，50～100m阵风系数在1.21～1.28之间，与海上存在较大的差别。

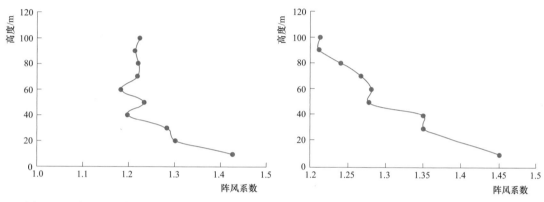

图2-9 台风影响期间海上测风塔阵风系数　　图2-10 台风影响期间陆上测风塔阵风系数

需要注意的是，该结果受样本数量和对台风强风区代表性所限，尚不具备台风强风区阵风系数统计意义。

2.3.3 阵风系数讨论

IEC 61400—1极端风速模型中阵风系数取值为1.4，因气象站一般不具备满足重现期频率计算要求的极大风速历史系列，因此一般应用此系数和气象站50年一遇10min平均最大风速推算50年一遇3s阵风极大风速。GB 50009—2012中给出阵风系数在轮毂高度附近一般取值1.46～1.54。两者之间存在一定差别，因此简单探讨台风情况下阵风系数取值问题。此处借用香港横澜岛1973—2009年年最大风速和年极大风速数据。

香港横澜岛测风站位于横澜岛，面积0.1km²，测风站地理位置为22°11′N，114°18′E，最高点海拔58.00m，测风点地面海拔55.8m。该测站建于1975年，观测环境良好，建站至今基本没有变化，风速资料的连续性、一致性较好。香港横澜岛采用R. W. Munro Mk 4型磁感风杯风速表测风，记录方式为逐时（20世纪50年代以前有间断），逐时风速为每小时平均风速，其最大风速由逐时平均风速中挑选出最大值。

香港横澜岛测风站1993年以前的逐时风速值为60min平均风速，需要对其进行归一化处理。根据横澜岛历史台风大风资料，建立不同时距风速回归方程，结果表明彼此之间具有良好的线性关系，相关系数为0.93～0.98，10min和60min最大风速比值平均为1.06，据此可将60min风速订正为10min风速。

自1946年以来影响珠江口海域的台风当中，只有6103号台风"爱丽斯"及6809号台风"雪丽"的风眼正面吹袭；9910 号强热带风暴"约克"风力超过 32.7m/s 的持续时间长达 11h；6216 号台风"温黛"风眼经过香港时，中心气压只有 953.2hPa（1962 年 9 月 1 日），维多利亚港记录的 60min 平均风速达 36.9m/s，3s 阵风最高风速为 71.9m/s，而大老山的阵风更高达 79.2m/s，成为有记录以来影响珠江口海域最强的台风；并且导致吐露港潮水高度竟达海图基准面以上 5.4m，风暴潮增水达 3.2m。1949 年之后横澜岛测得强热带风暴以上级别热带气旋统计表见表 2-1。

表 2-1　1949 年之后横澜岛测得的强热带风暴以上级别热带气旋统计表

年份	台风命名	1h 平均值		3s 阵风值		中心气压 /hPa
		风　向	风　速 /(m·s⁻¹)	风　向	风　速 /(m·s⁻¹)	
1957	姬罗莉亚	E	31.39	ENE	51.39	986.2
1960	玛丽	SSW	31.11	SSW	53.89	974.3
1962	温黛	NW	41.11	NWN	60.00	955.1
1964	露比	ENE	41.11	E	63.89	971
1964	黛蒂	N	32.50	N	51.11	978.9
1968	雪丽	NNE	34.44	NE	58.06	968.7
1971	露丝	ESE	38.89	ESE	52.50	984.5
1975	爱茜	NNW	32.78	ENE	48.89	996.4
1979	荷贝	SW	40.00	SW	55.00	961.8
1983	爱伦	ESE	46.94	E	63.06	983.9
1999	约克	NNE	42.50	NNE	65.00	976.8

注：1999 年之后横澜岛未观测到台风及以上级别的热带气旋。

横澜岛气象站测得的 1973—2009 年期间所有影响该海域的台风的 10min 最大风速和 3s 阵风极大风速，如图 2-11 所示。统计分析横澜岛阵风系数多年平均（1973—2009 年）

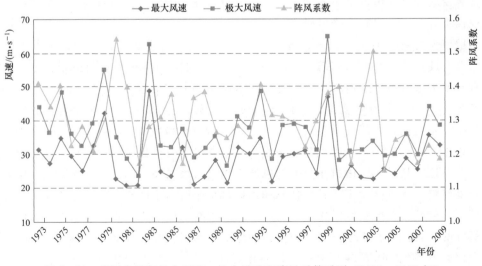

图 2-11　横澜岛逐年最大风速、极大风速和阵风系数系列（1973—2009 年）

为 1.30，最大值为 1.55，最小值为 1.15，众数为 1.174，中数为 1.296，累积频率 90%
的值为 1.39，累积频率 95% 的值为 1.49。历史上测得的 10min 平均最大风速为 48.87m/
s，对应 3s 极大风速为 62.76m/s，阵风系数为 1.284；测得 3s 极大风速为 65m/s，对应
10min 平均最大风速为 46.94m/s，对应阵风系数为 1.385。

对比年最大风速和极大风速系列发现，历史系列中阵风系数大于 1.5 的两个台风最大
风速均小于 25m/s；最大风速大于 35m/s 的 4 个台风中，阵风系数最大为 1.385，最小为
1.227；最大风速介于 30～35m/s 之间的 9 个台风中，阵风系数最大为 1.410，最小
为 1.174。

由横澜岛气象站阵风系数统计可见，热带气旋的阵风系数变化情况非常复杂。综合比
较强台风对应阵风系数、不同阵风系数出现频数、不同等级最大风速对应阵风系数，以及
综合考虑工程安全性和经济性因素，以横澜岛为代表的珠江口附近海域选用累积频率
90% 的阵风系数值为 1.4 应该是适宜的。阵风系数也是一随机变量，多年系列一般也服从
正态分布规律，参考 IEC 61400—1 第三版湍流强度为 90% 分位数对应取值，历史系列阵
风系数取 90% 分位数对应结果。香港横澜岛气象站 90% 分位数阵风系数对应值为 1.39，
与 IEC 中极端风速模型给出值 1.4 基本一致。值得说明的是，不同区域该数值应该进行
更多样本分析。

2.4 突变风向

风电机组中偏航系统也称对风装置（系统），当风矢量发生变化时，能够快速平稳地
对准风向，一方面保障获取最大的风能，另一方面在强风情况下尽可能降低作用在风电机
组上的强风荷载。其中测风装置、偏航驱动、偏航制动、解缆装置是偏航系统关键功能模
块，在正常运行风况条件下保障平稳运行。

台风是一包括台风眼、眼壁强风区、外围大风区结构的气旋结构，是一种环状风场，
不同于季候风带状结构。台风在背景气压环流场的作用诱导下，以一定的速度西行、西北
行或西北转东北行等，移动速度约 20～30km/h，台风强度、半径大小、成熟度等均不一
致。台风过境风电场时风向短时间内快速变化的特征，对风电机组偏航系统是否能够及时
偏航以减轻整体荷载，乃至风电机组能否实现台风安全过渡是一种严峻的考验，因此有必
要了解台风不同方位区间内风向快速变化规律。

2.4.1 台风路径右侧风向变化

风电场位于台风中心移动路径的右侧，风电场先后遭遇台风前部的最大风速区、台风
眼、台风后部的最大风速区，测站风速呈双峰型、风向呈顺时针变化，即 N→NE→E→
SE→S→SW。如 1999 年 9 月 16 日的 9910 号强热带风暴"约克"过境时的情况，如图 2-
12 所示；再如 2014 年的 1409 号超强台风"威马逊"测得的台风过境最大风速、极大风
速和风向变化特征，如图 2-13 所示。

风电场位于台风路径的右侧情况下，台风经过风电场时，风向发生快速连续变化，该
风电场台风转向历时统计情况，见表 2-2。极大风速和强湍流特征，对风电机组能否相

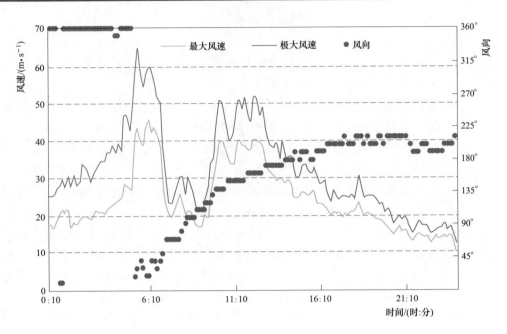

图 2-12　风电场位于台风中心移动路径的右侧风向风速变化

（9910 号强热带风暴"约克"）

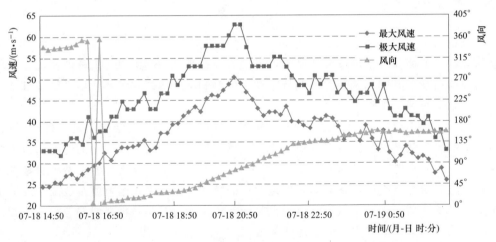

图 2-13　风电场位于台风中心移动路径的右侧风向风速变化

（1409 号超强台风"威马逊"）

应偏航以降低机组的荷载提出了巨大挑战。

2.4.2　台风路径左侧风向变化

　　风电场位于台风中心移动路径的左侧，风电场先后遭遇台风前部的最大风速区、台风眼、台风后部的最大风速区，测站的风速呈双峰型、风向呈逆时针变化，即 NE→N→NW→W→WSW。2008 年 8 月 22 日 0812 号台风"鹦鹉"时在 8 月 22 日的风向变化，如图2-14 所示。

表 2-2 台风转向历时统计表　　　　　　　　　　　单位：h

风　向	N→NE	NE→E	E→SE
1409 号超强台风"威马逊"	3	1.5[①]	1.5
9910 号强热带风暴"约克"	2[①]	1	3

① 最大风速对应时段。

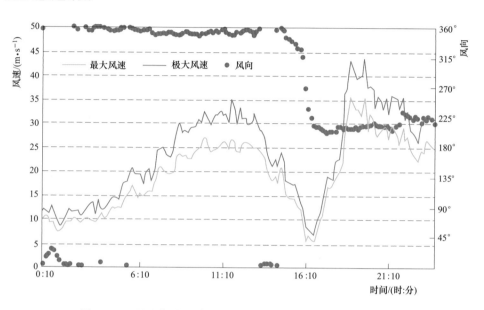

图 2-14　风电场位于台风中心移动路径的左侧风向风速变化

2.5　台风风廓线

正常风况下，风切变指数对确定风电机组轮毂高度具有重要参考意义。而如果强风且风切变系数过大，那么在叶片的整个扫风面上的风力荷载就非常不均衡，这将影响到叶片和机舱的安全。近地层水平风速的垂直分布切变指数大小主要取决于地表粗糙度和低层大气的层结状态。在中性大气层结下，对数和幂指数方程都可以较好地描述风速的垂直廓线，实测数据检验结果表明，在多数地区幂指数公式比对数公式能更精确地拟合风速的垂直廓线，新修订的《建筑结构设计规范》（GB 50009—2012）也推荐使用幂指数公式，《风电场风能资源评估办法》（GB/T 18710—2002）推荐用幂定律拟合，如果没有不同高度的实测数据，风切变指数取 1/7（0.143）作为近似值。

台风风况下风速随高度变化规律，前人也做了大量研究。如王志春等发现 1213 号台风"启德"在台风中心经过前后的风速变化呈现尖耸的"M"形双峰，台风眼壁强风区风速最大；而风廓线幂指数 α 变化则呈现比较平缓的"M"形双峰，风廓线幂指数 α 出现极大值的时间比风速出现极大值的时间分别提前约 1h 和延后 3.5h，台风眼区经过时风廓线幂指数 α 接近最小，甚至出现负值；风速的垂直变化率有波动，最大值出现在台风眼壁强风区和台风中心过境后的外围大风区。

2009 年，徐家良选择近年来影响上海最严重的不同路径台风个例进行研究，发现当台风影响上海地区时，上海近海海上的最大风速有较明显的梯度变化；海面上风速随高度变化远比陆上小，各高度层风速如用指数律公式计算，风廓线幂指数可取 $\alpha = 0.09 \sim 0.10$；海面上的湍流强度亦较小，基本上在 0.10 以下范围内波动。

2013 年，王志春等对 1117 号强台风"纳沙"进行观测分析是，发现大风风切变过程可用对数函数和指数函数拟合，对数函数和指数函数对光滑下垫面的拟合效果更好，且对数函数拟合效果要略优于指数函数；大风风切变指数与 GB/T 18710—2002 推荐值有一定差异：粗糙下垫面的大风风切变指数大于标准推荐值，而光滑下垫面的大风风切变指数则小于标准推荐值。

2002 年，邵德民对上海 1999—2002 年和香港 1999 年台风影响时的大风风速进行的分析表明：在近地面（一般为 500m 高度以下）大气边界层的台风环流范围内，台风大风随高度的变化符合风廓线幂指数变化规律，台风环流内风速随高度变化范围较大，风廓线幂指数值可为 $0.10 \sim 0.30$ 不等。

2004 年，宋丽莉等根据炮台角、东海岛和甲东 3 个测风塔站观测到的 5 个热带气旋（强热带风暴：温妮、黄蜂；台风：尤特、悟空、榴莲）大风过程记录，计算其影响（取 10min 平均风速不小于 17.2m/s 的各个时次数据）该地时的 α 值，与该地无台风影响时的平均状况进行了比较，见表 2-3，可以发现，热带气旋大风的 $\alpha = 0.1 \sim 0.14$，3 个观测塔比平均状况分别偏小 37.50%、15.38% 和 26.32%。这与台风天气系统本身剧烈的涡旋运动和强烈的垂直混合运动特征有关。也存在风廓线幂指数较大的台风个例，如硇洲岛、排尾角"黑格比"台风影响期间大风的幂指数分别为 0.24 和 0.33。

表 2-3　台风大风时和平均风况下的 α 值比较

测风塔站名	炮台角（徐闻）	东海岛（湛江）	甲东（汕尾）
平均风况	0.16	0.13	0.19
台风大风（风速>17.2m/s）时	0.1	0.11	0.14
与平均风况相对差值/%	37.50	15.38	26.32

张秀芝、张容焱等统计分析了 85 座沿海测风塔 $10 \sim 70$m 高的风速垂直切变，发现不同的地形条件下风廓线幂指数 α 的差异很大：在平坦的海滩平均值在 $0.11 \sim 0.20$ 之间，极值可达 $0.11 \sim 0.33$；海边地势较低的地方，塔的周围有树木和灌木，平均值在 $0.24 \sim 0.45$ 之间，极值可达 $0.27 \sim 0.94$；在海拔 100.00m 以上的丘陵山地上，平均值在 $0.24 \sim 0.45$ 之间。

根据收集的广东海上、小岛共 10 个测风塔 14 个台风影响期间海上和岛礁上观测样本，取 15m/s 以上风速段计算各层切变系数，分别使用对数和幂指数方程进行了计算，发现幂指数公式更适合一些，得到 $10 \sim 90$m 在水平风速垂向切变的幂指数 $\alpha = 0.0791$。

综合迄今为止研究成果发现，除台风风向变化规律取得一致结论之外，不同台风实例分析得到的其他台风动力结构特性的结论并不完全一致，如台风脉动特性随离地高度、风速大小、地面类型、地形起伏等的变化规律，台风水平风速垂向风切变指数是否符合风廓线幂指数规律等。各研究所应用的台风观测资料包含了异常复杂多样的组合信息，如台风路径、强度、大风半径、前进速度、地形地貌、观测高度、障碍物等，只有积累到一定样本数量，分析才具有统计意义和参考价值，而且必须获取足够多的台风及以上级别的热带气旋强风过程的实地测量数据。

第3章 风电机组

风电机组遭受台风破坏，一方面与极端气象条件有关，另一方面受其结构设计、设备材料、控制策略等的影响，因此了解风电机组的基本概念、结构（机械结构和发电结构）、结构动力学响应过程、控制系统和设备监测，对分析风电机组受台风破坏机理从而优化风电场相关设备选型等有重要的指导意义。本章根据目前风电机组现状和发展趋势，主要介绍大型水平轴并网型风电机组相关基础知识。

3.1 概述

3.1.1 发展趋势

目前，风电设备明显出现了大型化、变速运行、变桨距、无齿轮箱等发展趋势。

1. 大型化

风电机组单机容量持续增大。世界上的主流机型已经从单机容量 0.1～1MW 增加到 3～6MW。

目前，5MW 或 6MW 风电机组已商业化量产，7MW 或 8MW 风电机组也已经过认证并于近期投入市场，并开始研发更大功率的风电机组。图 3-1 给出了过去 30 年间，风电机组风轮直径的发展以及单机容量的变化趋势。

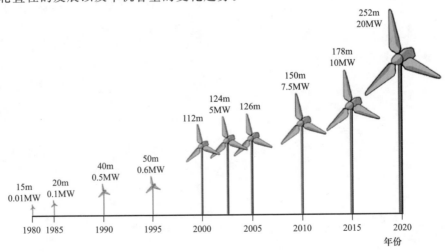

图 3-1 国际风电机组单机容量变化趋势

2. 变速运行

与恒速运行的风电机组相比，变速运行的风电机组具有发电量大、对风速变化的适应性好、生产成本低、效率高等优点。

3. 变桨距

国内新安装的风电机组多采用变桨距功率调节方式。其优点是启动性能好、输出功率稳定、结构受力小、停机方便安全；其缺点是增加了变桨装置、控制程序比较复杂、故障率增高。

4. 变速恒频

随着电力电子技术的进步，大型变流器在大型双馈风电机组及直驱式风电机组中得到了广泛应用，使得机组在低于额定风速下具有较高的效率，结合变桨距技术的应用，在高于额定风速下使发电机功率更加平稳，但机组造价较高。

5. 水平轴

由于水平轴风电机组的技术特点突出且性能稳定，经过多年的发展和运行，现已成为风电装备产业发展的主流机型，占到95％以上的市场份额。而同期发展的垂直轴风电机组因风能利用率较低以及启动、停机和功率调节等问题，尚难以得到市场全面的认可和推广应用，但国内外对垂直轴机组的相关研究和开发并没有停止。

6. 无齿轮箱直驱

无齿轮箱的直驱式风电机组能有效地减少由于齿轮箱故障造成的停机，提高系统的运行可靠性和寿命，减少维护成本，因而得到了市场的青睐，且在市场上占有了一定比例。

7. 新技术和新机型

鉴于风电装备产业在未来能源生产中的重要性，发达国家十分重视相关的技术研发，并陆续推出了一些新颖的设计方案。如采用新型材料制成的柔性叶片可改善桨叶受力，根据空气动力学理论设计的新型叶片还可更好地实现低风速的风能利用。另外，对风电机组的创新设计也在不断进行着，如混合式风电机组、半直驱式风电机组等。

8. 发电机并网及低电压穿越

为了使风电能够得到大规模的应用，当电网发生的电压跌落故障在一定范围内时，要求风电机组不能脱离电网并且能向电网提供有功功率和无功功率支撑。为此对风电场及风电机组并网提出了严格的技术要求，包括低电压穿越能力、无功控制能力、有功功率变化率控制和频率控制等。

3.1.2 基本结构

按照功率传递的机械连接方式的不同，大型并网型水平轴风电机组可分为有增速齿轮箱型和无齿轮箱的直驱型两种，其基本结构如图 3-2 所示。其中：有齿轮箱型风电机组的叶轮通过齿轮箱及其高速轴及万能弹性联轴节将转矩传递到发电机的传动轴联轴节，具有很好地吸收阻尼和振动的特性，可吸收适量的径向、轴向和一定角度的偏移，并且联轴器可阻止机械装置的过载；直驱型风电机组，直接将叶轮的转矩传递到发电机的传动轴，使风电机组发出的电能同样能并网输出。这样设计的优点是简化了装置的结构，减少了故障的概率，多用于大型风电机组。

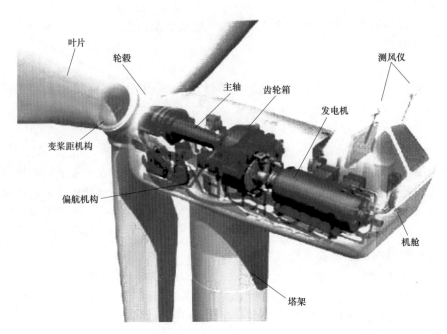

(a) 有增速齿轮箱风电机组

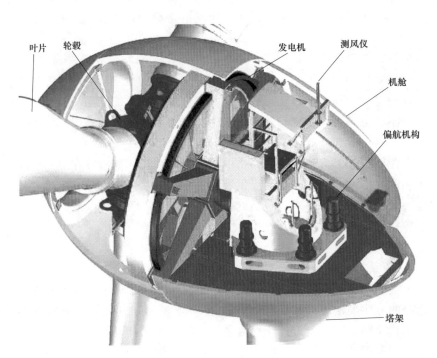

(b) 无齿轮箱的直驱风电机组

图 3－2　风电机组的机舱内部结构

大型并网型风电机组有以下组成机构：

（1）叶片。吸收风能的单元，用于将空气的动能转换为叶轮转动的机械能。风以一定速度和攻角作用于叶片上，使叶片产生旋转力矩，驱动风轮主轴旋转，将风能转换成旋转机械能。

（2）轮毂。将叶片固定在一起，并且承受叶片上传递的各种荷载，然后传递到发电机转动轴上。

（3）变桨距机构。通过改变叶片的桨距角，使叶片在不同风速时处于最佳的吸收风能状态，当风速超过切出风速时，使叶片顺桨刹车。

（4）主轴。也指低速轴，将转子轴心与齿轮箱连接在一起。

（5）齿轮箱。齿轮箱是将风轮在风力作用下所产生的动力传递给发电机，并使其得到相应的转速。

（6）发电机。发电机是将叶轮转动的机械动能转换为电能的部件。分为异步发电机、同步发电机、双馈异步发电机和永磁发电机等。

（7）偏航机构。与控制系统相配合，使叶轮始终处于迎风状态，充分利用风能，提高发电效率。同时提供必要的锁紧力矩，以保障机组安全运行。一般由风向传感器、偏航电动机、偏航轴承和齿轮等组成。

（8）机舱。由底盘和机舱罩组成。机舱包容着风力发电机的关键设备，包括齿轮箱、发电机。

（9）塔架。是机舱及叶轮系统的支撑结构。

（10）底座总成。主要由底座、下平台总成、内平台总成、机舱梯子等组成。通过偏航轴承与塔架相连，并通过偏航系统带动机舱总成、发电机总成、变桨系统总成。

（11）测风仪。主要用于测量实时风速、风向等。

此外，风轮和机舱置于塔架顶端，机舱内有风轮主轴、传动系统、发电机等部件。机舱内的所有部件均安装在主机架上，主机架通过轴承与塔架顶端相连接，可以在偏航系统的驱动下，相对于塔架轴线旋转，使风轮和机舱随着风向的变化调整方向。塔架固定在基础上，将作用于风轮上的各种荷载传递到基础上。

3.1.3 主要机组类型

1. 上风向机组和下风向机组

水平轴风电机组根据在运行中风轮与塔架的相对位置，分为上风向风电机组和下风向风电机组，如图 3-3 所示。

上风向机组的风轮位于塔架和机舱前端，工作时，来风首先吹向风轮，因而塔架和机舱对来风的扰动较小，但需要有偏航驱动装置，保证风轮始终朝向来风方向。下风向机组的风轮位于塔架和机舱后端，工作时，来风先经过塔架和机舱再吹向风轮，因此塔架和机舱对来风扰动较大，影响风轮的风能吸收量，但下风向机组可以实现自动对风，因此不需要偏航驱动装置。

目前实际应用的风电机组以上风向机组为主，下风向机组较少。

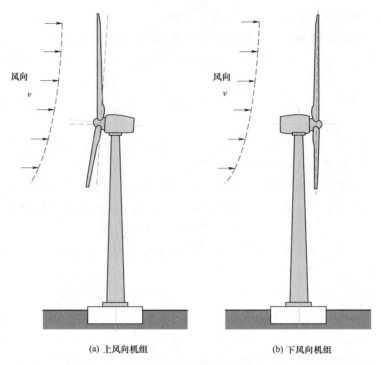

(a) 上风向机组　　　　　　　　(b) 下风向机组

图 3 - 3　上风向和下风向的风电机组

2. 失速机组与变桨机组

当风速超过额定风速时，为了保证发电机的输出功率维持在额定功率附近，需要对风轮叶片吸收的气动功率进行控制。对于确定的叶片翼型，在风作用下产生的升力和阻力主要取决于风速和攻角 i，在风速发生变化时，通过调整攻角，可以改变叶片的升力和阻力比例，实现功率控制。

按照功率调节方式不同，风电机组分为失速调节式和变桨距调节式，相应的结构也不相同。

（1）失速调节式风电机组主要利用叶片的气动失速特性实现功率调节，即当入流风速超过一定值时，在叶片后端将形成湍流状态，使升力系数下降，而阻力系数增加，从而限制了机组功率的进一步增加。失速调节又分为被动失速和主动失速两种类型。

1）被动失速风电机组叶片与轮毂采用固定连接，叶片的桨距角不能发生变化，因此也被称为定桨距风电机组。其主要优点是结构简单；缺点是超过额定风速区段的输出功率不能保证恒定，并且由于阻力增大，导致叶片和塔架等部件承受的荷载相应增大。此外，由于被动失速风电机组的叶片桨距角不能调整，没有气动制动功能，因此定桨距叶片在叶尖部位需要设计专门的制动刹车机构。

2）主动失速风电机组同样利用叶片的气动失速特性实现功率调节，但其叶片与轮毂不是固定连接，叶片可以相对轮毂转动，实现变桨距角调节。当机组达到额定功率后，使叶片向桨距角 β 减小的方向转过一个角度，增大来风的攻角 i，使叶片主动进入失速状态，从而限制功率。主动失速风电机组改善了被动失速风电机组功率调节的不稳定性，但是增加了桨距调节机构的调节式，使设备变得复杂。

（2）变桨距风电机组的叶片和轮毂与主动失速风电机组的同样，不是固定连接，叶片桨距角可调；所不同的是变桨距风电机组在超过额定风速范围时，通过增大叶片桨距角 β，使攻角 i 减小，以改变叶片升力 F_L 与阻力 F_D 的比例，达到限制风轮功率的目的，使风电机组能够在额定功率附近输出电能。变桨距风电机组在高于额定风速区域可以获得稳定的功率输出，但调节设备的结构复杂，可靠性降低。

3. 带增速齿轮箱、直驱式和半直驱式风电机组

风电机组通过传动系统连接风轮和发电机，把风轮产生的旋转机械能传输到发电机，并使发电机转子达到所需要的转速。由于风轮转速一般较低，约 $10\sim20\text{r/min}$，而发电机要输出 50Hz 的交流电功率，这就要求发电机转子转速根据发电机的磁极对数的不同而调整。例如当磁极对数为 2 时，要求发电机其转子转速在 1500r/min 左右，这时需要在风轮与发电机组之间用齿轮箱进行增速。如果发电机的磁极对数足够大，使得发电机转速与风轮转速接近，就不需要增速齿轮箱。风电机组按照是否有增速齿轮箱可以分为带增速齿轮箱的风电机组、直驱式风电机组和半直驱式风电机组。

带增速齿轮箱风电机组的发电机，由于磁极对数小，因而结构比较简单，体积小。但是由于需要齿轮增速箱，因此传动系统结构比较复杂，齿轮箱设计、运行维护复杂，容易发生故障。

直驱式风电机组的风轮直接驱动发电机转子旋转，不需要齿轮箱增速，从而提高了传动效率和可靠性，减少了故障点。但是直驱式机组的发电机磁极对数高，体积比较大，结构也复杂得多。

半直驱式风电机组是一种折中方案，其发电机的磁极对数少于直驱式发电机，利用增速比相对较小的齿轮箱进行增速，这样既可以降低齿轮箱的设计、运行维护难度，也使发电机结构相对简单。

4. 陆地风电机组和海上风电机组

安装在内陆地区和沿海地区的风电机组在基本结构上并无太大差别，但是由于沿海风电场的风况和环境条件与陆地风电场存在差别，因此海上风电机组具有一些特殊性，主要表现在以下方面：

（1）目前建成的海上风电场一般处于离海岸较近的中浅海域，海水深度小于 30m。海上风速通常比沿岸陆地高，而且由于海面平坦，没有障碍物，因此风速比较稳定，不受地形影响，风湍流强度和风切变都比较小，并且具有稳定的主导风向，因此海上风况条件优于陆地。适合选用大容量风电机组，而且在相同容量下，海上风电机组的塔架高度比陆地机组低。

（2）海上风电场遭遇极端气象条件的可能性大，强阵风、台风和巨浪等极端恶劣天气条件都会对机组造成严重破坏，因此对于风电机组安全可靠性要求更高。海上风场与海浪、潮汐具有较强的耦合作用，使得风电机组运行在随机海浪干扰下的风场中，荷载条件比较复杂。此外，海上风电机组长期处在含盐湿热雾腐蚀环境中，加之海上风电机组安装、运行、操作和维护等方面都比陆地风场困难，因此，海上风电机组结构，尤其是叶片材料的耐久性问题极为重要。

（3）海上风电机组与陆地风电机组的最主要区别在于基础型式。由于不同海域的水下情况复杂，基础建造需要综合考虑海床地质结构、离岸距离、风浪等级、海流情况等多方面影响，因此海上风电机组的基础比陆地风电机组要复杂得多，用于基础建设的费用也相对较大。随着海上风电的发展，风电场将逐渐向较深海域扩展，风电机组的基础问题将更加突出。

除了机组设备的特殊性以外，海上风电在风资源评估、机组安装、运行维护、设备监控、电力输送等许多方面都与陆地风电存在差异，技术难度大、建设成本高。

3.1.4　主要参数

风电机组的性能和技术规格可以通过风轮直径与扫掠面积，轮毂高度，叶片数，额定风速、切入风速和切出风速，风轮转速和叶尖速比，风轮锥度和风轮仰角以及偏航角等一些主要参数反映。

1. 风轮直径与扫掠面积

风轮直径是风轮旋转时的外圆直径。风轮直径大小决定了风轮扫掠面积的大小，是影响风电机组容量大小和机组性价比的主要因素之一。

风轮直径增加，则其扫掠面积成平方增加，根据贝茨理论，获取的风功率也成平方增加。图 3-1 示出了过去 30 年来风电机组风轮直径和相应功率的发展变化情况。早期的风电机组直径很小，额定功率也相对较低。目前大型兆瓦机组的风轮直径在 70～80m 范围，目前已有风轮直径接近 180m，额定功率超过若干兆瓦的风电机组已投入商业运行。

2. 轮毂高度

轮毂高度是指风轮轮毂中心离地面的高度，也是风电机组设计时要考虑的一个重要参数，由于风剪切特性，离地面越高，风速越大，具有的风能也越大，因此大型风电机组的发展趋势是轮毂高度越来越高。但是轮毂高度增加，所需要的塔架高度也相应增加，当塔架高度达到一定水平时，设计、制造、运输和安装等方面都将产生新的问题，也导致风电机组成本的相应增加。

3. 叶片数

风电机组的基本性能主要指其吸收和转化风能的性能，即风轮的气动性能。功率特性是反映风电机组基本性能的重要指标，用风电机组输出功率随风速的变化曲线（$P-V$）来表示，也称作风电机组的功率曲线。功率曲线直接影响风电机组的年发电量。理论风功率与风速的三次方成正比，而根据贝茨定理，理想风轮只能吸收部分风功率（极限状态下，只能吸收理论风功率的 0.593 倍），实际风电机组的风轮不满足理想风轮条件，并且存在各种损失，其风能吸收量低于贝茨极限。风电机组的发展过程，一直是追求使机组的风能吸收量接近贝茨极限的过程。

选择风轮叶片数时要考虑风电机组的性能和荷载、风轮和传动系统的成本、风力机气动噪声及景观效果等因素。

采用不同的叶片数，对风电机组的气动性能和结构设计都将产生不同的影响。风轮的风能转换效率取决于风轮的功率系数。图 3-4 示出了不同类型风轮的功率系数 C_{PR} 随叶尖速比 λ 的变化曲线，其中：现代水平轴风电机组风轮的功率系数比垂直轴风轮高，其中三叶片风轮的功率系数最高，其最大功率系数 $C_{PR} \approx 0.47$，对应叶尖速比 $\lambda \approx 7$；双叶片和单叶片风轮的风能转换效率略低，其最大功率系数对应的叶尖速比也高于三叶片风轮，即在相同风速条件下，叶片数越少，风轮最佳输出功率对应的转速越高。因此，有时也将单叶片和双叶片风轮称为高速风轮。相比之下，多叶片风轮的最佳叶尖速比比较低，风轮转速可以很慢，因此也称为慢速风轮。多叶片风轮由于功率系数低很多，因而很少用于现代风电机组。

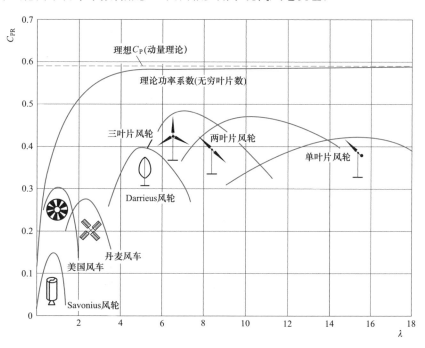

图 3-4　不同叶片数风轮的功率系数随叶尖速比的变化曲线

　　风轮的作用是将风能转换成推动风轮旋转的机械转矩。因此用于衡量风轮转矩性能的另一个重要参数是转矩系数 C_{QR}，它定义为功率系数除以叶尖速比。转矩系数决定了传动系统中主轴及齿轮箱的设计。现代并网风电机组希望转矩系数小，以降低传动系统的设计费用。图 3-5 示出了几种具有不同叶片数的水平轴风轮的转矩系数 C_{QR} 随叶尖速比 λ 的变化曲线。可以看出，叶片数越多，最大转矩系数值也越大，对应的叶尖速比也越小，启动转矩就越大。

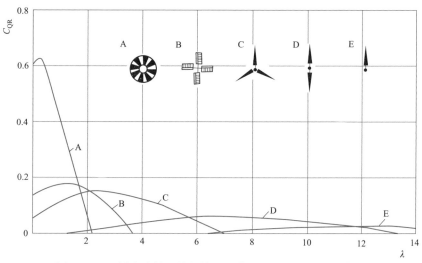

图 3-5　不同叶片数风轮的转矩系数随叶尖速比的变化曲线

综上分析，三叶片风轮的性能比较好，目前，水平轴风电机组一般采用双叶片或三叶片风轮，其中以三叶片风轮为主。国内安装投运的大型并网风电机组几乎全部采用三叶片风轮。

叶片数量减少，将使风轮制造成本降低，但也会带来很多不利的因素，在选择风轮叶片数时要综合考虑。例如双叶片风轮上的脉动荷载要大于三叶片风轮，因此双叶片风轮采用跷跷板式柔性轮毂。另外，由于双叶片风轮转速高，在旋转时将产生较大的空气动力噪声，对环境产生不利影响，而且风轮转速快，视觉效果也不佳。

风轮实度也常用于反映风轮的风能转换性能，风轮实度定义为风轮叶片总面积与风轮扫掠面积的比值。风轮的叶片数多，风轮实度大，功率系数比较大，但功率曲线较窄，对叶尖速比的变化敏感。叶片数减少，风轮实度下降，其最大功率系数相应降低，但功率曲线也越平坦，对叶尖速比变化越不敏感。

4. 额定风速、切入风速和切出风速

风电机组输出功率与机组设计风速密切相关，所谓设计风速一般包括额定风速、切入风速和切出风速，具体如下：

（1）额定风速指风电机组达到额定功率对应的风速时，额定风速的大小直接影响到机组的总体构成和成本。额定风速应匹配风电机组所在区域的风能资源分布，需要事先掌握平均风速及其出现的频率。可以参照风速条件，按一定的原则评估额定风速。

（2）切入风速和切出风速也是反映机组性能的重要设计参数：切入风速指风电机组开始并网发电的最低风速，决定了机组在低风速条件下的性能；切出风速则主要用于在极端风速条件下，对机组进行停机保护。当风速达到切出风速时，机组将实施制动停机。

5. 风轮转速和叶尖速比

叶尖速比 λ 是描述风电机组风轮特性的一个重要的无量纲量，定义为风轮叶片尖端线速度与风速之比。

对于特定的风轮型式，其功率系数与尖速比 λ 的关系由图 3-4 中曲线确定。在某一叶尖速比值处，功率系数达到最大值，此时，风轮吸收的风能最多，对应的叶尖速比值称为最佳叶尖速比。风电机组风轮的一个主要设计目标是尽可能多地吸收风能，因此在低于额定风速的区域，希望使风轮尽可能工作在最大功率系数附近，即风轮转速与风速的比值尽可能保持在最佳叶尖速比附近。由于风速是连续不断变化的，因此需要对风轮的转速进行控制，使之与风速变化匹配。对于风轮转速的控制有恒速、双速和变速控制等多种方式。

实际风电机组的风轮转速范围的确定，还要考虑其他多种因素。风轮转速除了影响风能吸收特性以外，还对风轮的机械转矩产生影响。当风电机组的额定功率和风轮直径确定后，风轮转速增加，则风轮转矩减小，因而作用在传动系统上的荷载也相应减小，并使齿轮箱的增速比降低。

6. 风轮锥角和风轮仰角

风轮锥角是叶片与风轮主轴相垂直的旋转平面的夹角，风轮仰角是风轮主轴与水平面的夹角。由于叶片为细长柔性体结构，在其旋转过程中，受风荷载和离心荷载的作用，叶片将发生弯曲变形，风轮锥角和仰角的作用是防止叶片在发生弯曲变形的状态下，其叶尖部分与塔架发生碰撞。

7. 偏航角

偏航角是通过风轮主轴的铅垂面与风矢量在水平面上的分量的夹角。风电机组在运行过程中，根据测量的风矢量方向，通过偏航系统对风轮的方向进行调整，使其始终保持正面迎向来风方向，以获得最大风能吸收率。

3.2 机械结构

3.2.1 风轮

风轮是风电机组的核心部件，由叶片、轮毂、风轮轴及变桨机构等组成。风轮是风能转换为机械能的关键部件，决定了整个风电机组的性能。风轮上叶片的气动特性决定了风电机组的风能利用率，也决定了风电机组机械部件的主要荷载。

3.2.1.1 叶片

风轮叶片主要实现风能的吸收，因此其形状主要取决于空气动力学特性，设计目标是最大可能吸收风能。从安全性角度考虑，叶片必须具有可靠的结构强度，具备足够的承受极限荷载和疲劳荷载能力；合理的叶片刚度，避免叶片与塔架碰撞；良好的结构动力学特性和气动稳定性，避免发生共振和颤振现象，振动和噪声小。从经济性角度，使叶片重量尽可能减轻，降低制造成本。

1. 叶片几何形状及翼型

大型风电机组的风轮直径很大，因此叶片长度较长，在旋转过程中，不同部位的圆周线速度相差很大，导致来风的攻角相差很大，因此风电机组叶片沿展向各段处的几何尺寸及剖面翼型都发生变化，其中叶片具有以下特征：

（1）平面几何形状一般为梯形，沿展向方向上，各剖面的弦长不断变化。

（2）叶片翼型沿展向上不断变化，各剖面的前缘和后缘形状也不同。

（3）叶片扭角也沿展向不断变化，叶尖部位的扭角比根部小。这里的叶片扭角指在叶片尖部桨矩角为零的情况下，各剖面的翼弦与风轮旋转平面之间的夹角。

高性能的翼型是确保风电机组气动性能的关键，翼型确定是风电机组叶片研发的关键核心技术之一。风能的转换效率与空气流过叶片翼型产生的升力有关，因此叶片的翼型性能直接影响风能转换效率。叶片的剖面翼型应根据相应的外部条件并结合荷载分析进行选择和设计。传统的叶片翼型多沿用航空领域的翼型设计，随着风电技术的发展，国内外一些研究机构开发了多种风电专用的翼型系列，应用较多的有 NACA、SERI、NREL、RISΦ-A 和 FFA-W 等翼型系列。

2. 叶片结构

风电机组叶片既要求机械性能好、能够承受各种极端荷载，又要求重量轻、制造和维护成本低，因此均采用轻型材料和结构。叶片剖面结构均为中空结构，由蒙皮和主梁组成，中间有硬质泡沫夹层作为增强材料。图3-6示出了两种典型的叶片剖面和主梁结构型式（上下两片梁帽加以中间腹板连接，或者是梁帽和腹板做成一体，称为盒式大梁，再通过结构胶与叶壳黏结)。

图 3-6 叶片剖面结构

叶片主梁结构主要承载叶片的大部分弯曲荷载。叶片主梁材料一般需采用单向强度较高的玻纤织物增强，以提高主梁的强度及刚度。根据主梁结构型式，需要进行相应的剖面几何与力学特性计算，如质心、惯性矩和扭转刚度分析等。

叶片蒙皮主要由胶衣、表面毡和双向复合材料铺层构成，其功能是提供叶片气动外形，同时承担部分弯曲荷载和剪切荷载。一些叶片后缘部分的蒙皮采用夹层结构，以提高后缘空腹结构的抗屈曲失稳能力。

叶片蒙皮的铺层型式主要取决于叶片所受的外荷载，根据外荷载的大小和方向，确定叶片铺层数量以及铺层增强纤维的方向。由于叶片所受弯矩、扭矩和离心力都是从叶尖向叶根逐渐递增，因此铺层结构的厚度一般从叶尖向叶根逐渐递增。

3. 气动制动系统

由于风轮在旋转过程中转动惯量较大，所以当风速超过切出风速时，变桨调节的风电机组通过对桨距角调整，将桨距角从工作角度调整到顺桨状态，实现紧急制动。

对于失速控制的风电机组，由于叶片与轮毂固定连接，通常采用可旋转的叶尖实现气动制动。在风轮运行时，通过液压缸的驱动拉紧旋转叶尖，以平衡风轮旋转产生的离心力；当需要对风轮制动时，液压缸不再提供对叶尖的拉力，在离心力和弹簧复位机构的作用下，叶尖快速沿叶片展向移动，同时通过螺旋机构的导向，使叶尖绕叶片轴线沿顺桨方向旋转，实现制动功能。

4. 叶根连接

叶片所受的各项荷载，无论是拉力还是弯矩、扭矩、剪力都在叶根端达到最大，把整个叶片上所承受的荷载传递到轮毂上去。因此，叶根端必须具有足够的剪切强度、挤压强度，与金属的胶结强度也要足够高，才能承受叶片传来的巨大荷载。叶根与轮毂的连接主要有法兰连接和预埋金属根端连接方式，具体如下：

(1) 法兰连接方式的叶根像一个法兰翻边。在此法兰上，除了有玻璃钢外，还与金属盘对拼，在金属盘上的附件与轮毂相连，如图 3-7 (a) 所示。

(2) 预埋金属根端连接。在根端设计中，预埋上一个金属根端，此结构一端可与轮毂连接，另一端牢固预埋在玻璃钢叶片内，如图 3-7 (b) 所示。这种根端设计，主要用于新研制的玻璃钢叶片。这种结构型式避免了对玻璃钢结构层的加工损伤，经试验机构试验证明是可靠的，唯一缺点就是每个螺纹件的定位必须准确。此连接方式的优点：①不需要大重量的法兰盘，而且法兰不需要胶结；②在批量生产中只有一个力传递元件；③由于采用预紧螺栓，提高了疲劳强度和可靠性。

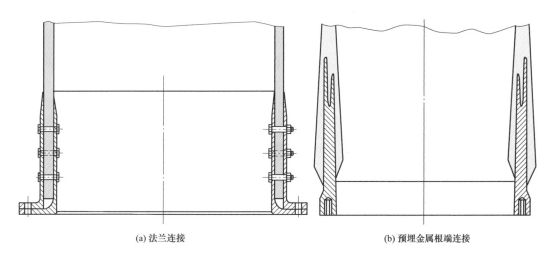

(a) 法兰连接   (b) 预埋金属根端连接

图 3-7 叶根与轮毂连接型式

5. 叶片失效及其影响

叶片是风电机组实现将风能转换成机械能的主要部件,由于长期暴露在高温、凝冻、风、雨、雷击、盐雾、沙尘等条件下,很容易出现故障。常见的叶片故障类型包括表面腐蚀、雷击、覆冰、裂纹以及极端风造成的叶片断裂等,如图 3-8 所示。

(a) 表面覆冰   (b) 表面腐蚀

(c) 裂纹   (d) 极端风破坏

图 3-8 叶片故障实例

德国 Deutsche WindGuard Dynamics GmbH 公司对在德国已安装的 2 万台风电机组叶片故障的统计结果，如图 3 - 9 所示。其中：气动部件故障率约为 40%；导致风轮不平衡问题（气动不平衡、质量不平衡、不平衡超限）的故障率约为 40%；风轮其他故障率略低于 20%。

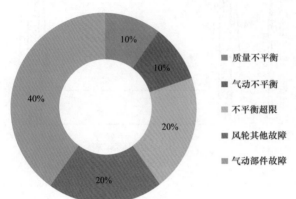

图 3 - 9 叶片故障率统计

叶片故障主要对叶片的气动性能、主轴不平衡以及振动和噪声状态产生影响。叶片的各类故障都将造成风轮旋转质量不平衡，对叶片、变桨驱动电机、主轴、齿轮箱、发电机产生磨损，对没有可靠固定在控制柜的电子器件、偏航驱动、偏航刹车以及塔架和地基产生裂缝等。

3.2.1.2 轮毂

轮毂用于连接叶片和主轴，承受来自叶片的荷载并将其传递到主轴上。对于变桨距风电机组，轮毂内的空腔部分还用于安装变桨距调节机构。轮毂型式主要取决于风轮叶片数量，单叶片和双叶片风轮的轮毂常采用铰链式轮毂，也称为柔性轮毂或跷跷板式轮毂，叶片和轮毂柔性连接，使叶片在挥舞、摆动和扭转方向上都具有自由度，以减少叶片荷载的影响。

三叶片风轮的轮毂多采用刚性轮毂型式，叶片与轮毂刚性连接，结构简单，制造和维护成本低，承载能力大。三叶片风轮具有三角形轮毂和三通式轮毂两种主要结构型式，如图 3 - 10 所示。其中：三角形轮毂内部空腔小，体积小，制造成本低，适用于定桨距机组；三通式轮毂主要用于变桨距风电机组，其形状如球形，内部空腔大，可以安装变桨距调节机构。

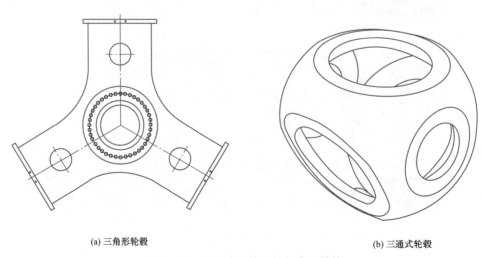

(a) 三角形轮毂　　　　　　　　　　　(b) 三通式轮毂

图 3 - 10 三叶片风轮的轮毂典型结构

3.2.1.3 变桨距机构

现代大型并网风电机组多数采用变桨距机构，其主要特征是叶片可以相对轮毂转动，实现桨距角的调节。其主要作用有以下方面：

（1）在正常运行状态下，当风速超过额定风速时，通过改变叶片桨距角，改变叶片的升力与阻力比，实现功率控制。

（2）当风速超过切出风速时，或者风电机组在运行过程出现故障状态时，迅速将桨距角从工作角度调整到顺桨状态，实现紧急制动。

叶片的变桨距操作通过变桨距系统实现。变桨距系统按照驱动方式可以分为液压变桨距系统和电动变桨距系统，按照变桨距操作方式可以分为同步变桨距系统和独立变桨距系统。同步变桨距系统中，风轮各叶片的变桨距动作同步进行，而独立变桨距系统中，每个叶片具有独立的变桨距机构，变桨距动作独立进行。

变桨距风电机组的变桨角度范围为 $0°\sim90°$。正常工作时，叶片桨距角在 $0°$ 附近，进行功率控制时，桨距角调节范围为 $0°\sim25°$，调节速度一般为 $1°/s$ 左右。制动过程，桨距角从 $0°$ 迅速调整到 $90°$ 左右，称为顺桨位置，一般要求调节速度较高，可达 $15°/s$ 左右。风电机组启动过程中，叶片桨距角从 $90°$ 快速调节到 $0°$，然后实现并网。

1. 变桨距机构组成

叶片变桨距机构主要由叶片与轮毂间的变桨轴承、变桨驱动机构、执行机构、备用供电机构和控制系统组成。变桨距机构的硬件安装在轮毂内部，变桨距机构的基本结构如图 3-11 所示。由电动机和减速器构成驱动机构和执行机构，叶片变桨旋转动作通过轴承由内啮合齿轮副实现。

2. 变桨距轴承

变桨距轴承是变桨装置的关键部件，除保证叶片相对轮毂的可靠运动外，同时提供了叶片与轮毂的连接，并将叶片的荷载传递给轮毂。

3. 变桨距驱动部件

变桨距驱动部件可采用电动或液压驱动，早期的变桨距机组以液压驱动方式为主，但是液压系统存在漏油问题。随着伺服电动机技术的发展，近年来电动变桨驱动已被多数机组采用。

电动变桨距机组一般均为独立变桨距机组。每个叶片都有一套驱动装置，全部安装在轮毂内。变桨驱动装置主要由电动机、大速比减速机和开式齿轮传动副组成，以适应变桨操作的速度要求。

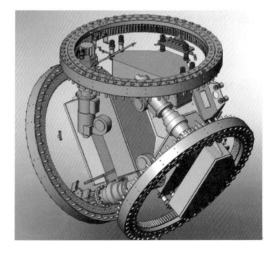

图 3-11 安装在轮毂中的变桨距机构的基本结构

变桨距驱动的电动机一般采用含有位置反馈的直流伺服电动机。在驱动装置的功率输出轴端，安装与变桨轴承齿轮传动部分啮合的小齿轮，与变桨轴承的大齿轮组成开式齿轮传动副。该齿轮副的啮合间隙需要通过调整驱动装置与轮毂的相对安装位置实现。

3.2.2 传动系统

传动系统用来连接风轮与发电机，将风轮产生的机械转矩传递给发电机，同时实现转速的变换。目前风电机组较多采用的齿轮箱传动系统结构，如图 3-12 所示，包括风轮、低速轴（主轴）、增速齿轮箱、高速轴（齿轮箱输出轴）、发电机、机架及机械制动装置等部件。整个传动系统和发电机安装在主机架上。作用在风轮上的各种气动荷载和重力荷载通过主机架及偏航系统传递给塔架。

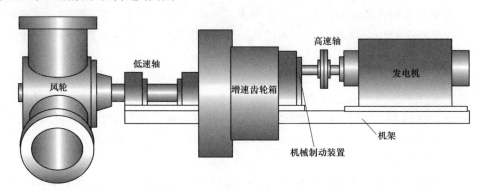

图 3-12 带增速齿轮箱的风电机组传动系统示意图

3.2.2.1 风轮主轴

风轮主轴一端连接风轮轮毂，另一端连接增速齿轮箱。其支撑结构型式与增速齿轮箱的型式密切相关。

1. 主轴支撑结构型式

风轮主轴用滚动轴承支撑在主机架上，如图 3-13 所示。按照支撑方式不同，主轴可以分为以下结构型式。

（1）独立轴承支撑结构，如图 3-13（a）所示。主轴由前后两个独立安装在主机架上的轴承支撑，共同承受悬臂风轮的重力荷载，轴向推力荷载由前轴承（靠近风轮）承受，只有风轮转矩通过主轴传递给齿轮箱。由于前轴承为主要承载部件，通常为减小悬臂风轮重力产生的弯矩，前轴承支撑尽可能靠近轮毂，并通过增加前后轴承的间距调整轴承的荷载。因而此种主轴结构相对较长，制作成本较高。但由于齿轮箱与主轴相对独立，便于采用标准齿轮箱和主轴支撑构件。这种支撑结构主要用于中小型风电机组，在大型风电机组中很少采用。

（2）主轴前轴承独立安装在机架上，后轴承与齿轮箱内轴承做成一体，如图 3-13（b）所示。前轴承和齿轮箱两侧的扭转臂形成对主轴的三点支撑，故也称为三点支撑式主轴。这种主轴支撑结构型式在现代大型风电机组中较多采用，其优点是：主轴支撑的结构趋于紧凑，可以增加主轴前后支撑轴承的距离，有利于降低后支撑的荷载；齿轮箱在传递转矩的同时承受叶片作用的弯矩。

（3）主轴轴承与齿轮箱集成型式，如图 3-13（c）所示。主轴的前后支撑轴承与齿

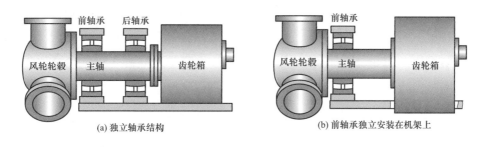

(a) 独立轴承结构   (b) 前轴承独立安装在机架上

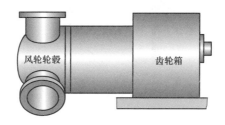

(c) 轴承与齿轮箱集成

图 3-13 风轮主轴支撑结构

轮箱做成整体。其主要优点是：风轮通过轮毂法兰直接与齿轮箱连接，可以减小风轮的悬臂尺寸，从而降低了主轴荷载；主轴装配容易，轴承润滑合理。其主要问题是：由于难于直接选用标准齿轮箱，维修齿轮箱必须同时拆除主轴；输入大轴与齿轮箱连成一体，齿轮箱传递转矩的同时承受着叶片作用的重力及弯矩。

从齿轮箱维修角度看，输入大轴单独支撑，既便于与齿轮箱分离，又能减轻齿轮箱的承载，大大降低维修费用，较为合理。

制造主轴的材料一般选择碳素合金钢，毛坯通常采用锻造工艺。由于合金钢对应力集中的敏感性较高，轴结构设计中注意减小应力集中，并对表面质量提出要求。各种热处理、化学处理及表面强化处理，可显著提高主轴的机械性能。

2. 主轴轴承

主轴的前轴承需要承受风轮产生的弯矩和推力，通常采用双列滚动轴承作为径向与轴向支撑，典型结构如图 3-14 所示。

3. 主轴与齿轮箱连接

主轴与齿轮箱输入轴的连接主要有法兰、花键、胀紧套等方式。随着风电技术向大功率方向发展，采用胀紧套连接最为常见，如图 3-15 所示。胀紧套连接方式的优点为传递转矩大、承载能力强、互换性好、使用寿命长、结构紧凑且具有超载保护功能等。但实际应用中也会出现主轴与齿轮箱输入轴咬死、分离困难等问题。设计时，在提高材质性能、接合面硬度及表面粗糙度同时，在齿轮箱输入轴加高压油孔及油槽是较为有效的解决办法。

3.2.2.2 增速齿轮箱

1. 特点

相对于其他工业齿轮箱，风电机组齿轮箱的设计条件更为苛刻，其基本设计有以下

图 3-14　主轴前轴承典型结构

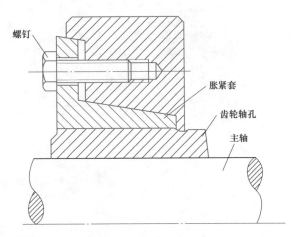

图 3-15　主轴与齿轮箱的胀紧套连接方式示意图

特点：

（1）传动条件。风电机组齿轮箱属于大传动比、大功率的增速传动装置，且需要承受多变的风荷载作用及其他冲击荷载；由于维护不便，对其运行可靠性和使用寿命的要求较高，通常要求设计寿命不少于 20 年；设计过程往往难以确定准确的设计荷载，而结构设计与荷载谱的匹配问题在很大程度上也是导致其故障的重要诱因。

（2）运行条件与环境。风电机组齿轮箱常年运行于酷暑、严寒等极端自然环境条件，且安装在高空，维修困难。因此，除常规状态机械性能外，对构件材料还需要求低温状态下抗冷脆性等特性。由于风电机组长期处于自动控制的运行状态，需考虑对齿轮传动装置的充分润滑条件及其监测，并具备适宜的加热与冷却措施，以保证润滑系统的正常工作。

（3）设计与安装条件。有鉴于齿轮箱的体积和重量对风电机组其他部件的荷载、成本等的影响，减小其设计结构和减轻重量显得尤为重要。但结构尺寸与可靠性方面存在矛盾，使风电机组齿轮箱设计陷入困境。同时，随着单机功率的不断增大，对齿轮箱设计形成更大的压力。

（4）其他。一般需要在齿轮箱的输入端（或输出端）设置机械制动装置，配合风轮的气动制动实现对风电机组的制动功能。但制动产生的荷载对传动系统会产生不良影响，应考虑防止冲击和振动措施，设置合理的传动轴系和齿轮箱体支撑。其中，齿轮箱与主机架间一般不采用刚性连接，以降低齿轮箱产生的振动和噪声。

总之，风电机组齿轮箱的总体设计目标为：在满足传动效率、可靠性和工作寿命的前提下，以最小的体积和重量获得更优化的传动方案。齿轮箱的结构设计过程，应以传递功率和空间限制为前提，尽量选择简单、可靠、维修方便的结构方案，同时正确处理刚性与结构紧凑性等方面的问题。

2. 风电机组齿轮箱的构成及型式

齿轮箱是风电机组传动系统中的主要部件，需要承受来自风轮的荷载，同时要承受齿轮传动过程产生的各种荷载，典型的齿轮箱外形如图 3-16 所示。其需要根据风电机组的设计要求，为风轮主轴、齿轮传动机构和传动系统中的其他构件提供可靠的支撑与连接，同时将荷载平稳传递到主机架。

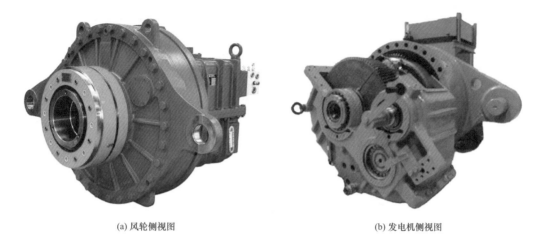

(a) 风轮侧视图   (b) 发电机侧视图

图 3-16 风电机组典型齿轮箱外形图

（1）结构型式。由于风电机组的增速要求很大，所以齿轮箱通常需要多级齿轮传动。大型风电机组的增速齿轮箱的典型设计，多采用行星齿轮与定轴齿轮组成混合轮系的传动方案。图 3-17 示出一种一级行星加两级定轴齿轮传动的齿轮箱结构，低速轴为行星齿轮传动，可使功率分流，同时合理应用了内啮合。后二级为平行轴圆柱齿轮传动，可合理分配速比，提高传动效率。

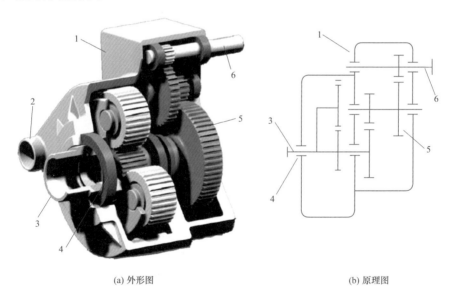

(a) 外形图   (b) 原理图

图 3-17 采用一级行星加两级定轴齿轮传动的齿轮箱结构
1—箱体；2—扭矩臂；3—风轮主轴；4—前主轴承；5—传动机构；6—输出轴

有些齿轮箱采用多级行星轮系的传动型式，常用的是三级行星轮加一级平行轴齿轮的传动结构，如图 3-18 所示。采用多级行星轮结构以获得更加紧凑的结构，但也使齿轮箱的设计、制造与维护难度和成本增加。因此，齿轮箱的设计和选型过程，应综合考虑设计要求、齿轮箱总体结构、制造能力，以及与风电机组总体成本平衡等因素间的关系，尽可

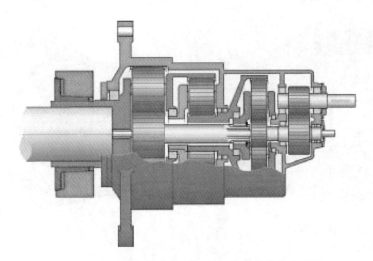

图 3-18　三级行星轮加一级平行轴齿轮的传动结构

能选择相对合理的传动型式。

（2）齿轮材料与连接方式。由于传动构件的运转环境和荷载情况复杂，要求所设计采用的材料除满足常规机械性能条件外，还应具有极端温差条件下的材料特性，如抗低温冷脆性、极端温差影响下的尺寸稳定性等。齿轮、轴类构件材料一般采用低碳合金钢，毛坯多采用锻造工艺，以保证良好的材料组织纤维和力学特征。其中：外啮合齿轮材料推荐 20CrMnMo、15CrNi6、17Cr2Ni2A、20CrNi2MoA、17CrNiMo6、17Cr2Ni2MoA 等；内啮合的齿圈和轴类零件材料推荐 42CrMoA、34Cr2Ni2MoA 等。

根据传动要求，设计过程要考虑可靠的构件连接问题。齿轮与轴的连接可采用键连接或过盈配合连接等方式，在传递较大转矩场合，一般采用花键连接。过盈配合连接可使被连接构件具有良好的对中性并能够承受冲击荷载，在风电机组齿轮箱的传动构件连接中得到了较多的应用。

（3）齿轮箱的箱体结构。箱体是齿轮箱的重要基础部件，要承受风轮的作用力和齿轮传动过程产生的各种荷载，必须具有足够的强度和刚度，以保证传动的质量。

箱体的设计一般应依据主传动链的布局需要，并考虑加工、装配和安装条件，同时要便于检修和维护。批量生产的箱体一般采用铸造成型，常用材料有球墨铸铁或其他高强度铸铁。用铝合金或其他轻合金制造的箱体，可使其重量较铸铁降低 20%～30%。但当轻合金铸件材料的强度性能指标较低时，需要增加铸造箱体的结构尺寸，可能使其降低重量的效果并不显著。为保证箱体的质量，铸造或焊接结构的箱体均应在加工过程安排必要的去应力热处理环节。

齿轮箱在机架—安装时一般需考虑弹性减振装置，最简单的弹性减振器是用高强度橡胶和钢结构制成的弹性支座块，如图 3-19 所示。

在箱体上应设有观察窗，以便于装配和传动情况的检查。箱盖上还应设有透气罩、油标或油位指示器。采用强制润滑和冷却的齿轮箱，在箱体的合适部位需设置进出油口和相关的液压元件的安装位置。

（4）传动效率与噪声。齿轮传动的效率一般比较高，齿轮传动效率与传动比、齿轮类型与润滑油黏度等诸多因素相关。根据经验，对于定轴传动齿轮，每级约有 2% 的损失，而行星轮每级约有 1% 的损失。在很多情况下，造成齿轮箱传动功率损失的主要原因，是齿侧的摩擦和润滑过程中以热或噪声形式产生的能量消耗。因此，有效的散热可以提高风电齿轮箱的传动效率。采用紧凑结构设计型齿轮箱，除了考虑表面冷却装置外，一般还应该配备相应的润滑冷却系统。除此之外，齿轮箱的传动效率还与额定功率以及实际传递功率有关。风电机组传动荷载较小时，润滑、摩擦等空载损失的比重相对增大，导致传动效率相应下降。

图 3-19 弹性齿轮箱支撑

3. 齿轮箱及轴承故障

齿轮在运行过程中，齿面承受交变压应力、交变摩擦力以及冲击荷载的作用，将会产生各种类型的损伤，导致运行故障甚至失效。齿轮失效的主要形式包括断齿、齿面变形和损伤，如图 3-20 所示。根据故障发生原因可分为交变应力导致点蚀、过载、维护不当等。风电场齿轮箱轴承的承载压力非常大，疲劳运行、超载、润滑不足、装配不当等情况发生时，会产生疲劳损伤乃至失效。

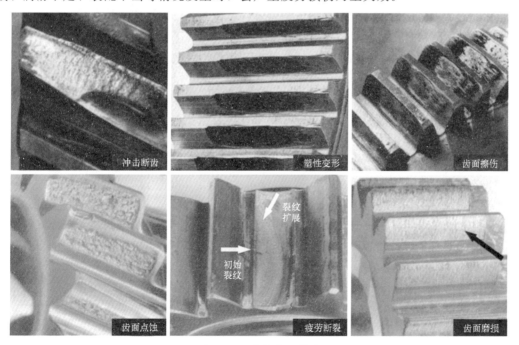

图 3-20 齿轮典型故障

（1）交变荷载引起的疲劳损伤。齿轮啮合过程中，齿面和齿根部均受周期交变荷载作用，在材料内部形成交变应力，当应力超过材料疲劳极限时，将在表面产生疲劳裂纹，随着裂纹不断扩展，最终导致疲劳损伤。这类损伤通常由小到大，由某个或几个轮齿的局部到整个齿面逐渐扩展，最终导致齿轮失效，失效过程通常会持续一定的时间。疲劳失效主要表现为齿根断裂和齿面点蚀，具体如下：

1）齿根断裂。齿根主要承受交变弯曲应力，产生弯曲疲劳裂纹并不断扩展，最终使齿根剩余部分无法承受外荷载，造成断齿。

2）齿面点蚀。齿面在接触点既有相对滚动，又有相对滑动。滚动过程随着接触点沿齿面不断变化，在表面产生交变接触压应力，而相对滑动摩擦力在节点两侧方向相反，产生交变脉动剪应力。两种交变应力的共同作用使齿面产生疲劳裂纹，当裂纹扩展到一定程度时，将造成局部齿面金属剥落，形成小坑，称为"点蚀"故障。随着齿轮工作时间加长，点蚀故障逐渐扩大，各点蚀部位连成一片，将导致齿面整片金属剥落，齿厚减薄，造成轮齿从中间部位断裂。

（2）过载引起的损伤。如果设计荷载过大，或齿轮在工作过程中承受严重的瞬时冲击、偏载，使接触部位局部应力超过材料的设计许用应力，导致轮齿产生突然损伤，轻则造成局部裂纹、塑性变形或胶合现象，重则造成轮齿断裂。

对于风电机组，由于瞬时阵风、变桨操作、制动、机组启停以及电网故障等作用，经常会发生传动系统荷载突然增加，超过设计荷载的现象。过载断齿主要表现形式为脆性断裂，通常断面粗糙，有金属光泽。

（3）维护不当引起的故障齿面磨损。具体包括：①由于润滑不足或润滑油不清洁，将造成齿面严重的磨粒磨损，使齿廓逐渐减薄，间隙加大，最终可能导致断齿；②对于重载和高速齿轮，齿面温度较高，如果润滑条件不好，两个啮合齿可能发生熔焊现象，在齿面形成划痕，称为胶合；③由于电蚀、腐蚀等造成的其他故障。

（4）轴承故障。轴承故障诱因主要包括疲劳损坏、超载、润滑不足、装配不当等。由于受交变载荷作用，滚动轴承不可避免会产生疲劳损坏，继而失效，达到所谓的轴承"寿命"。轴承疲劳损坏的主要形式是在轴承内、外圈或滚动体上发生"点蚀"，其机理与齿轮点蚀故障机理相同。超载造成轴承局部塑性变形、压痕；润滑不足造成轴承烧伤、胶合；润滑油不清洁造成轴承磨损；装配不当造成轴承卡死、内圈胀破、结构破碎等。轴承损伤使轴承工作状态变坏，摩擦阻力增大，转动灵活性丧失，旋转精度降低，轴承温度升高，振动噪声加剧。

4. 齿轮箱的润滑与冷却

齿轮箱的失效形式与设计和运行工况有关，但良好的润滑是保证齿轮箱可靠运行的必备条件。为此必须高度重视齿轮箱的润滑问题，配备可靠的润滑油和润滑系统。可靠的润滑系统是齿轮箱的重要配置，风电机组齿轮箱通常采用强制润滑系统，可以实现传动构件的良好润滑。同时，为确保极端环境温度条件的润滑油性能，一般需要考虑设置相应的加热和冷却装置。

齿轮箱还应设置对润滑油、高速端轴承等温度进行实时监测的传感器，防止外部杂质进入空气过滤器以及雷电保护装置等附件。润滑油的品质是润滑决定性因素之一，对润滑油的基本要求是考虑其对齿轮和轴承的保护作用。

润滑油的品质是重要指标。选用时必须严格考虑包括减少摩擦、具有较高的承载与防止胶合的能力以及能够降低振动冲击、防止疲劳点蚀和冷却防腐蚀等性能参数。

由于风电齿轮箱属于闭式硬齿面齿轮传动，齿面会产生高温和较大接触应力，在滑动与滚动摩擦的综合作用下，若润滑不良，很容易产生齿面胶合与点蚀失效。因此，硬齿面齿轮传动润滑油的选择，应重点保证足够的油膜厚度和边界膜强度。还应注意，常用润滑油使用一段时间后的性能将会降低，而高品质润滑油在其整个预期寿命内都可保持良好的抗磨损与抗胶合性能。

黏度是润滑油的另一个最重要的指标，为提高齿轮的承载能力和抗冲击能力，根据环境和操作条件，往往需要适当地选择一些添加剂构成合成润滑油。但添加剂有一些副作用，应注意所选择的合成润滑油要能够保证在极低温度状况下具有较好的流动性，而在高温时的化学稳定性好并可抑制黏度降低。

为解决低温下启动时普通矿物油冻结问题，高寒地区安装的风电机组需要设置油加热装置，一般安装在油箱底部。在冬季低温状况下，可将油液加热至一定温度再启动风电机组，避免因油流动性降低造成的润滑失效。

5. 轴承

风电机组齿轮箱中较多采用圆柱滚子轴承、调心滚子轴承或深沟球轴承。国内外有关标准对风电机组齿轮箱轴承的一般规定为：行星架应采用深沟球轴承或圆柱滚子轴承；速度较低的中间轴可选用深沟球轴承、球面滚子推力轴承或圆柱滚子轴承；高速的中间轴则应选择四点接触球轴承或圆柱滚子轴承；高速输出轴和行星轮采用圆柱滚子轴承等。

风电机组齿轮箱轴承的承载压力很大，如有些推力球轴承的球与滚道间最大接触压力可达 1.66GPa。此外，轴承旋转时承载区域将承受周期性变化的荷载，滚道表面将受循环应力作用，易导致轴承由于滚动表面的疲劳而失效。

在通用的轴承设计标准，如《滚动轴承额定动荷载和额定寿命》（DIN ISO 281—2010）中对轴承额定寿命计算有很多的条件假设。但对于对风电机组使用的大型轴承而言，设计中需要考虑标准的适用条件。例如，滚动表面粗糙部分的接触可能导致该处的接触压力值显著增加。特别是在润滑不足、油膜不够的情况下，高载和低载产生的粗糙接触所导致塑性变形是轴承的失效原因之一。

对于在低速重载工况运行的轴承，若油膜厚度很小，容易导致很高的应力值，使轴承产生疲劳失效。此外，金属颗粒的污染物也容易引起轴承失效，金属颗粒引起的压痕导致了局部高接触应力，损伤的轴承滚道由于压力分布以及变形后的几何形状将导致该处成为失效点。高速运行工况的轴承，可能出现速度不匀和滑动现象。虽然轴承滚动体的滑动在润滑良好的时候不一定导致轴承损伤，但在润滑不足时一定会导致轴承接触表面的损伤或黏着磨损，并进一步转化为灰色斑和擦伤。

3.2.2.3　轴的连接与制动

1. 高速轴联轴器

为实现风电机组传动链部件间的扭矩传递，传动链的轴系还需要设置必要的连接构件（如联轴器等）。某风电机组高速轴与发电机轴间的联轴器结构，如图 3-21 所示。齿轮箱高速轴与发电机轴的连接构件一般采用柔性联轴器，以弥补风电机组运行过程轴系的安装误差，解决主传动链轴系的不对中问题。同时，柔性联轴器还可以增加传动链的系统阻尼，减少振动的传递。

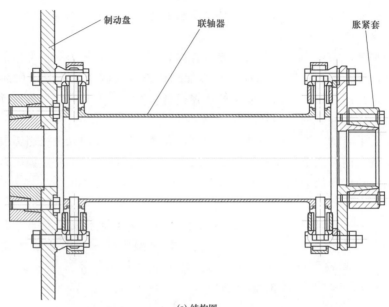

(a) 结构图

(b) 现场实物

图 3-21　某风电机组的联轴器

齿轮箱与发电机之间的联轴器设计，需要同时考虑对机组的安全保护功能。由于风电机组运行时可能产生异常情况下的传动链过载，如发电机短路导致的转矩可以达到额定转矩的 6 倍，但为了降低设计成本，一般不将转矩作为传动系统的设计参数，所以在高速轴上安装防止过载的柔性安全联轴器，不仅可以保护重要部件的安全，也可以降低齿轮箱的设计与制造成本。

联轴器设计还需要考虑完备的绝缘措施，以防止发电系统寄生电流，对齿轮箱产生不良影响。

2. 制动机构

当遇有破坏性大风、风电机组运转出现异常或者需要进行保养维修时，采用制动机构使风轮停下来。大型风电机组的制动机构均由气动制动和机械制动两个部分组成，在实际制动操作过程中，先执行气动制动，使风轮转速降到一定程度后，再执行机械制动。只有在紧急制动情况下，同时执行气动制动和机械制动。

（1）气动制动机构。定桨距机组通过叶尖制动机构实现气动制动；变桨距机组则通过将叶片桨距角调整到顺桨位置实现气动制动。

（2）机械制动机构。一般采用盘式结构，如图 3-22 所示，制动盘安装在齿轮箱

图 3-22　传动系统机械制动装置

输出轴与发电机轴的弹性联轴器前端，机械制动时，液压制动器抱紧制动盘，通过摩擦力实现制动动作。机械制动机构需要一套液压系统提供动力。对于采用液压变桨系统的风电机组，为了使系统简单、紧凑，可以使变桨距机构和机械制动机构共用一个液压系统。

3.2.3　机舱、主机架与偏航系统

风电机组在野外运转，工作条件恶劣，为了保护传动系统、发电机以及控制装置等部件，将它们用轻质外罩封闭起来，称为机舱。主机架用于安装风电机组的传动系统及发电机，并与塔架顶端连接，将风轮和传动系统产生的所有荷载传递到塔架上，具体如图 3-23 和图 3-24 所示。

图 3-23　三点式主轴支撑风电机组的主机架

图 3-24 主轴轴承与齿轮箱集成的风电机组主机架
1—主机架；2—偏航系统；3—运输支架

偏航系统主要用于调整风轮的对风方向。偏航系统是水平轴风电机组的重要组成部分。根据风向的变化，偏航操作装置按系统控制单元发出指令，使风轮处于迎风状态，同时还应提供必要的锁紧力矩，以保证机组的安全运行和停机状态的需要。下风向风力机的风轮能自然地对准风向，因此一般不需要进行调向控制（对大型的下风向风力机，为减轻结构上的振动，往往也采用对风控制系统）。上风向风力机则必须采用偏航系统进行调向。

大型风电机组主要采用电动机驱动的偏航系统。该系统的风向信号来自装在机舱上面的风向标。通过控制系统实现风轮方向的调整。

1. 偏航系统的基本构成

偏航系统主要由偏航轴承，传动、驱动与制动等功能部件或机构组成。一种采用滑动轴承支撑的主动偏航装置结构如图 3-25 所示。

偏航操作装置安装于塔架与主机架之间，通过固定齿圈与主机架运动部位的配合，采用滑动轴承实现主机架轴向和径向的定位与支撑（即偏航轴承）。在主机架上安装主传动链部件和偏航驱动装置，通过偏航滑动轴承实现与大齿圈的连接和偏航传动。用四组偏航电机主轴轴承与齿轮箱集成型式的风电机组主机架与塔架固定连接的大齿圈，实现偏航的操作。

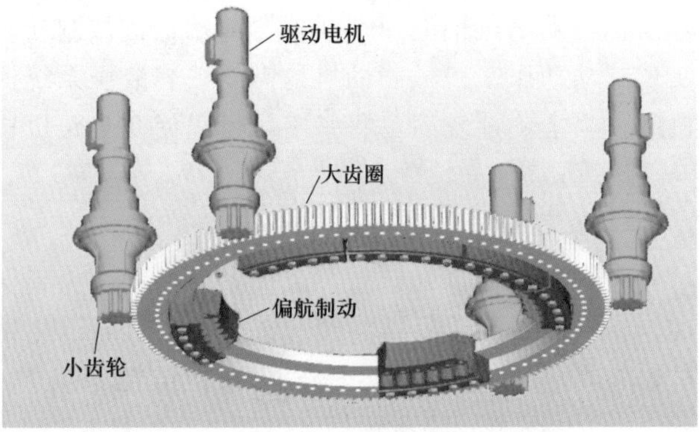

当需要随风向改变风轮位置时，通过安装在驱动部件上的小齿轮与大齿圈啮合，带动主机架和机舱旋转使风轮对准风向。

图 3-25 偏航系统结构示意图

2. 偏航驱动机构

偏航驱动机构一般由偏航驱动电机、大速比减速机和开式齿轮传动副组成，通过法兰连接安装在主机架上。偏航驱动机构如图 3-26 所示。

偏航驱动电机一般选用转速较高的电机，尽可能减小体积。但由于偏航驱动所要求的输出转速很低，必须采用紧凑型的大速比减速机，以满足偏航动作要求。偏航减速器可选择立式或其他方式安装，采用多级行星轮系传动，以实现大速比、紧凑型传动的要求。

偏航减速器多采用硬齿面啮合设计，减速器中主要传动构件，可采用低碳合金钢材料，如 17CrNiMo6、42CrMoA 等制造，齿面热处理一般采用渗碳淬硬（硬度一般大于

HRC58）。根据传动比要求，偏航减速器通常需要采用 3～4 级行星轮传动方案，而大速比行星齿轮的功率分流和均载是其结构设计的关键。同时，若考虑立式安装条件，设计也需要特别关注轮系构件的重力对均载问题的影响。为此，除一级传动的太阳轮轴外，此种行星齿轮传动装置的前三级行星轮的系杆构件以及其他太阳轮轴需要采用浮动连接设计方案。为解决各级行星传动轮系构件的干涉与装配问题，各传动级间的构件多采用渐开线花键连接。

(a) 偏航机构外形   (b) 偏航驱动电机及减速箱内部结构

图 3-26 偏航驱动机构

为最大限度地减小摩擦磨损，需要特别注意对轮系构件的轴向限位。部分减速机采用复合材料制作的球面接触结构。偏航减速器箱体等结合面间需要设计良好的密封，并严格要求结合面间形位与配合精度，以防止润滑油渗漏。

3. 偏航轴承

偏航轴承是保证机舱相对塔架可靠运动的关键构件，如图 3-27 所示。滚动体支撑的偏航轴承与变桨轴承相似。相对普通轴承而言，偏航轴承的显著结构特征在于，具有可实现外啮合或内啮合的齿轮轮齿。

图 3-27 偏航轴承（制造中）

风电机组偏航运动的速度很低，一般轴承的转速 $n \leqslant 10\text{r}/\min$。但要求轴承部件有较高的承载能力和可靠性，可同时承受风电机组的几乎所有运动部件产生的轴向、径向力和倾翻力矩等荷载。考虑到风电机组的运行特性，此类轴承需要承受荷载的变动幅度较大，因此对动荷载条件下滚动体的接触和疲劳强度设计要求较高。

偏航轴承的齿轮为开式传动，轮齿的损伤是导致偏航和变桨轴承失效的重要因素。由于设计荷载难以准确掌握，轴承质量基本取决于传动部分的结构强度。同时，由于开式齿轮传动副需要由与之啮合的小齿轮现场安装形成，其啮合间隙和润滑条件均难以保证，给齿轮设计带来一定困难。

4. 偏航制动机构

为保证风电机组运行的稳定性，偏航制动机构一般需要设置制动器，多采用液压钳盘式制动器，其中：钳盘式制动器的环状制动盘通常装于塔架（或塔架与主机架的适配环节）；制动盘的材质应具有足够的强度和韧性，一般设计要求风电机组寿命期内制动盘主体不出现疲劳等形式的失效损坏；制动钳一般由制动钳体和制动衬块组成，钳体通过高强度螺栓连接于主机架上，制动衬块应由专用的耐磨材料制成。偏航制动机构如图 3-28 所示。

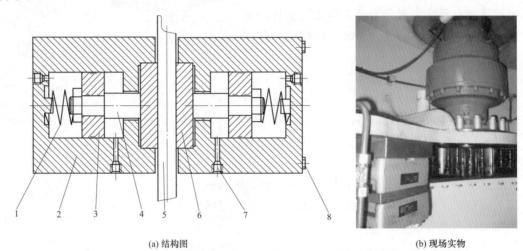

(a) 结构图　　　　　　　　　　　　　　　(b) 现场实物

图 3-28　偏航制动部件

1—弹簧；2—制动钳体；3—活塞；4—活塞杆；5—制动盘；6—制动衬块；7—管件接头；8—螺栓

对偏航制动机构的基本设计要求是保证机组额定负载下的制动力矩稳定，所提供的阻尼力矩平稳（与设计值的偏差小于 5%），且制动过程没有异常噪声。偏航制动机构在额定负载下闭合时，制动衬垫和制动盘的贴合面积应不小于设计面积的 50%；制动衬垫周边与制动钳体的配合间隙应不大于 0.5mm。同时，偏航制动机构应设有自动补偿机构，以便在制动衬块磨损时进行间隙的自动补偿，保证制动力矩和偏航阻尼力矩的要求。偏航制动机构可采用常闭和常开两种结构型式。其中：常闭式制动器是指在有驱动力作用条件下制动器处于松开状态；常开式制动器则是在驱动力作用时处于锁紧状态。考虑制动器的失效保护，偏航制动机构多采用常闭式制动结构型式。

3.2.4　塔架

塔架是风电机组的支撑部件，承受机组的重量、风荷载以及运行中产生的各种动荷载，并将这些荷载传递到基础。塔架重量约占整个风电机组重量的 1/2，成本约占风电机组制造成本的 15%～20%。由于风电机组的主要部件全部安装在塔架顶端，因此塔架一旦发生倾倒垮塌，往往造成整个机组报废，因此塔架和基础对整个风电机组的安全性和经济性具有重要影响。对塔架和基础的设计要求是，保证风电机组在所有可能出现的荷载条件下保持稳定状态，不能出现倾倒、失稳或其他问题。

3.2.4.1 结构类型

风电机组塔架结构型式主要有钢筋混凝土结构、桁架结构和钢筒结构三种。

（1）钢筋混凝土塔架。其主要特点是刚度大，一阶弯曲固有频率远高于机组工作频率，因而可以有效避免塔架发生共振。早期的小容量风电机组中曾使用过这种结构。但是随着单机容量增加、塔架高度升高，钢混结构塔架的制造难度和成本均相应增大，因此在大型风电机组中很少使用。

（2）桁架塔架。其结构与高压线塔相似：桁架的耗材少，便于运输；但需要连接的零部件多，现场施工周期较长；运行中还需要对连接部位进行定期检查。在早期小型风电机组中，较多采用这种类型塔架结构。随着高度的增大，这种塔架逐渐被钢筒塔架结构取代。但是，在一些高度超过100m的大型风电机组塔架中，桁架结构又重新受到重视。因为在相同的高度和刚度条件下，桁架结构比钢筒结构的材料用量少，而且桁架的构件尺寸小，便于运输。对于下风向布置型式的风电机组，为了减小塔架尾流的影响，也多采用桁架结构的塔架。

（3）钢筒塔架。它是目前大型风电机组主要采用的结构型式，从设计与制造、安装和维护等方面看，这种型式的塔架指标相对比较均衡。

3.2.4.2 塔架结构特征

风电机组的额定功率取决于风轮直径和塔架高度，随着风电机组不断向大功率方向发展，风轮直径越来越大，塔架也相应地越来越高。但是为了降低造价，塔架的重量受到限制，塔架的结构刚度相对较低。因此细长、轻质塔架体现了风电机组塔架的主要结构特征，也对塔架结构的设计、制造提出了更高的要求。

1. 塔架高度

塔架高度是塔架设计的主要因素，塔架高度决定了塔架的类型、荷载大小、结构尺寸以及刚度和稳定性等。塔架越高，需要材料越多，造价高，同时运输、安装和维护问题也越大。因此在进行塔架设计时，首先应对塔架高度进行优化；然后在此基础上，完成塔架的结构设计和校核。

确定塔架高度时，应考虑风电机组附近的地形地貌特征。对于同样容量的风电机组，在陆地和海上的塔架高度不同，其中：陆地地表粗糙，风速随高度变化快，因此较高的塔架可获得更高的收益；海平面相对光滑，风速随高度变化缓慢，因此塔架高度可相对较小。

2. 塔架刚度

刚度是结构抵抗变形的能力。钢筒塔架是质量均布的细长结构，约占风电机组1/2重量的风轮和机舱安装于塔顶端，质量相对集中，刚度较低。塔架结构的固有频率取决于塔架的刚度和质量，刚度越低，固有频率越低。机组运行时，塔架承受风轮旋转产生的周期性荷载，如果荷载的频率接近甚至等于塔架的固有频率，将会产生共振现象，使塔架产生很大的振动。因此对于刚度较低的塔架结构，振动问题是塔架设计考虑的主要因素之一。为保证作用在塔架上的周期性荷载的频率（如风轮旋转频率、叶片通过频率及其谐频等）避开塔架结构弯曲振动的固有频率，要求塔架具有合适的刚度。

按照整体刚度不同，塔架结构型式可以分为以下类型：

（1）刚性塔架。刚度较高，塔架的一阶弯曲振动固有频率高于叶片通过频率，例如钢筋混凝土塔架结构。其优点是可以有效避免共振，缺点是用材料多，成本高，现代大型风电机组很少采用这类刚性塔架结构。

（2）柔性塔架。整体刚度较低，塔架的一阶弯曲振动固有频率低于叶片通过频率。通常把一阶弯曲振动固有频率介于风轮旋转频率和叶片通过频率之间的塔架称为柔性塔架，而把一阶弯曲振动固有频率低于风轮旋转频率的塔架称为超柔性塔架。钢筒塔架通常均为柔性塔架，其优点是塔架重量小，耗材少，成本低；缺点是由于塔架固有频率与风轮旋转频率以及叶片通过频率处于同一数量级，如果结构设计不当，可能使得在风轮的工作转速范围内，风轮旋转频率或叶片通过频率与塔架固有频率发生重叠，产生严重的共振现象。因此，设计要求对塔架动态特性进行精确的分析计算和调整，使塔架一阶弯曲振动固有频率避开风轮旋转频率和叶片通过频率，避免运行中由于结构共振造成的荷载放大。

3.2.4.3　钢筒塔架制造、运输及安装

随着风电机组容量逐渐加大，塔架的高度、重量和直径相应增大。一些大型兆瓦机组塔架高度超过 100m，重量超过 100t。如果塔筒重量太大、直径超标，都将给运输和安装带来新的问题。

对于高度超过 30m 的锥形钢筒塔，通常分成几段进行加工制造，然后运输到现场进行安装，用螺栓将各段塔筒连接成整体。塔筒的分段加工主要考虑制造成本、运输能力、生产批量和条件等因素，每段长度一般不超过 30m。

塔筒通常采用宽 2m、厚 10～40mm 的钢板，经过卷板机卷成筒状，然后焊接而成。塔筒材料的选择依据环境条件而定，可以选用碳素结构钢 Q235B、Q235C、Q235D，或高强度结构钢 Q345B、Q345C、Q345D。连接法兰一般选用高强度钢。

塔筒通常采用自动焊，焊接应严格按照焊接工艺规程，焊缝要求严格。焊接加工后，应进行消除应力处理，并对焊缝做超声波或 X 射线探伤，检查是否存在焊接缺陷。每段塔筒加工完成后，表面涂防锈漆和装饰漆。

每段塔筒两端焊有连接法兰，现场安装时，用螺栓将各节塔筒连成一体，形成最终的整体塔筒。法兰与钢筒的焊接要求很高，不能出现焊接变形。要求两节塔筒连接后，在连接法兰处不能出现间隙。连接法兰在塔筒内部，便于安装螺栓和检修。此外，在塔筒内部每隔一定距离（例如 3m）增加内部加强环以增加刚度。

塔架顶部与机舱通过水平偏航轴承法兰连接。塔筒一侧通常是偏航轴承的静止部分，通常采用高强度铸钢。塔筒底部开门处采取折边和加强筋，避免局部失稳。

各段塔筒加工完后，在存放、运输和安装现场水平放置，末端用木头垫起，并用地毯等软材料保护。塔筒安装时基础法兰的水平度不超过 0.3mm，并且没有严重划痕。塔筒安装所用到的连接螺栓和螺母应由同一厂家提供，成套使用。

在进行塔筒吊装前，将通信电缆放入塔筒内固定好，塔筒内安装照明灯。安装前 2h 内，在法兰表面距外缘 10mm 处涂上薄层密封胶；检查塔筒表面损伤、法兰表面损伤及法兰表面形状。

塔筒吊装之前，先将控制柜放在基础底座上。在塔筒顶法兰上均匀固定 4 个起吊装置，使螺栓保持水平后均匀上紧螺栓。

吊装完成后，紧固所有基础螺栓，并按规定检查螺栓连接状态。安装塔筒的螺栓和螺母均不可加润滑剂。

3.2.5 其他部件

风电机组设备中，除了以上介绍的各个部件和系统以外，还包括发电机、控制系统等主要部件。发电机是将风能最终转变为电能的设备。控制系统是风电机组核心系统，对机组在整个启动停机、并网运行、变频调速、变桨偏航、安全保护、紧急制动等各个环节进行监控，保证机组安全高效运行。

由于风轮、传动机构、偏航机构等属于风电机组中的机械部件，而发电机和控制系统具有特殊性，因此互相对风电机组产生的安全影响不同。

3.3 风力发电机

风力发电包含了由风能到机械能和由机械能到电能两个能量转换过程，发电机承担了后一种能量转换任务，是利用电磁感应原理把机械能转换成电能的装置。根据磁通产生的方式，发电机在结构上有永磁式及电励磁式两种。永磁式发电机利用永久磁铁来提供发电机所需要的励磁磁通；电励磁式发电机则是借助在励磁线圈内流过电流产生磁场来提供发电机所需的励磁磁通。

风电机组使用的发电机既有直流发电机，也有交流发电机。由于各种发电机自身的特点不同，它们适合组建的风电机组的容量、结构和对应的控制策略也有所不同。例如：直流发电机和小功率交流异步发电机通常应用于离网的小容量风电机组；定桨距失速型并网风电机组多采用异步发电机；变桨距变速恒频并网大型风电机组主要使用双馈异步发电机或直驱发电机。

3.3.1 并网用风力发电机类型

并网运行的风电机组一般采用机群布阵成风力发电场，并与电网连接运行的形式，多为大、中型风电机组，其使用的发电机为交流发电机。

3.3.1.1 恒速/恒频系统发电机

在风电机组并网运行过程中，恒速恒频系统发电机的转速不随风速的变化而变化，而是维持在保证输出频率达到电网要求的恒定转速上运行。由于这种风电机组在不同风速下不满足最佳叶尖速比，因此没有实现最大风能捕获，效率较低。当风速变化时，维持发电机转速恒定的功能主要通过前面的风力机环节完成（如采用定桨距风力机）。其发电机的控制系统比较简单，所采用的发电机主要有两种：同步交流发电机和鼠笼型异步发电机。前者运行于由电机极数和频率所决定的同步转速，后者则以稍高于同步速的转速运行。

1. 同步交流发电机

同步交流发电机的转子转速和电网频率成严格比例关系。其优点是励磁功率小、效率高、可无功调节；缺点是与鼠笼型异步交流发电机相比，自身结构较复杂、对调速及与电网并网的同步调节要求高且控制系统复杂。因此，组成的恒速恒频系统发电机的成本较高。

2. 鼠笼型异步交流发电机

鼠笼型异步交流发电机的定子铁芯和定子绕组的结构与同步发电机相同。转子采用笼型结构,不需要外加励磁,没有滑环和电刷。当异步电机与电网连接时,随电机转速的不同,可以工作在电动机状态,也可以工作于发电机状态。当发电机转速小于同步转速时,电机作为电动机运行;当电机在风轮驱动下,转速超过同步转速时,电机作为发电机运行,向电网馈送电能。发电功率随转差率绝对值增大而增加。

异步发电机的优点是结构简单、价格便宜、并网容易,故目前恒速恒频运行的并网机组大都采用鼠笼型异步发电机;缺点是其向电网输出有功功率的过程中,需从电网吸收无功来对电机励磁。因此,并网运行的异步发电机需要进行无功补偿。

3.3.1.2　变速/恒频系统发电机

变风速条件下,为实现最大风能捕获,提高风电机组的效率,发电机的转速必须随着风速调整,其发出的频率需通过一定的恒频控制技术来满足电网的要求。变速恒频风电机组是目前并网运行的主要形式,目前兆瓦级机组普遍采用变速恒频方式运行,其使用的发电机主要包括以下几种:

1. 双馈异步交流发电机

双馈异步交流发电机是转子交流励磁的异步发电机,转子由接到电网上的变流器提供交流励磁电流。由于这种发电机可以在变速运行中保持恒定频率(电网频率)输出,且变流器只需要转差功率大小的容量,所以成为兆瓦级齿轮箱型风电机组的主流机型。

2. 永磁低速交流发电机

永磁低速交流发电机,其转子在外圈,由多个极对数的永久磁铁组成;定子三相绕组固定不转。转子按照永磁体的布置及形状,有凸极式和爪极式。由于磁极数多,所以同步转速可以很低,不经增速齿轮箱而直接由风轮驱动,提高了传动效率。但这种电机直径较大,重量较重,在兆瓦级风电机组中占有一定比例。

3.3.2　同步风力发电机

风电系统使用的同步发电机绝大部分是三相同步发电机。同步发电机主要包括定子和转子两部分。定子是同步发电机产生感应电动势的部件,由定子铁芯、三相电枢绕组和起支撑及固定作用的机座组成。转子的作用是产生一个强磁场,并且可以由励磁绕组进行调节,主要包括转子铁芯、励磁绕组、滑环等。同步发电机的励磁系统一般分为两类:一类为用直流发电机作为励磁电源的直流励磁系统;另一类为用整流装置将交流变成直流后供给励磁的整流励磁系统。发电机容量大时,一般采用整流励磁系统。同步发电机是一种转子转速与电枢电动势频率之间保持严格不变关系的交流电机。

在火电和水电系统中,普遍采用三相绕组的同步发电机发电。同步发电机的主要优点在于效率高,可以向电网或负载提供无功功率,且频率稳定,电能质量高。然而,同步发电机要直接应用于风速随机变化且没有电力电子变流器的风电场时,并不适宜。因为,同步电机要求运行在恒定速度,即维持为同步速(电网频率对应的同步转速)上,才能保持频率与电网相同,因此它的控制系统比较复杂,成本比异步发电机高。

3.3.3 异步风力发电机

异步发电机实际上是异步电动机工作在发电状态，其转子上不需要同步发电机的直流励磁，并网时机组调速的要求也不像同步发电机那么严格，与其他发电机相比，具有结构简单，制造、使用和维护方便，运行可靠及重量轻、成本低等优点。因此，异步发电机被广泛应用在小型离网运行的风力发电系统和并网运行的定桨距失速型风机机组。其缺点是在与电网并联运行时，异步发电机必须从电网吸取无功电流来励磁，这就使得电网功率因数下降。由于异步发电机在发出有功功率的同时，需要从电网中吸收感性无功功率，因此异步发电机只具有有功功率的调节能力，不具备无功功率调节能力。运行时，通常需要接入价格较贵、笨重的电力电容器进行无功功率补偿，经济性降低。

异步发电机由定子和转子两个基本部分构成，其定子与同步电机的定子基本相同，定子绕组为三相的，转子则有鼠笼型和绕线型两种。鼠笼式结构简单、维护方便，应用最为广泛。绕线式转子可外接变阻器，启动、调速性能较好，但因其结构比鼠笼式复杂，价格较高。目前应用于风力发电系统中的异步发电机主要为铜导条鼠笼型；当采用滑差可调技术控制异步发电机功率时，需采用绕线式异步电机。

（1）定子结构。定子由定子铁芯、机座、定子绕组等部分组成，定子铁芯是异步发电机磁路的一部分，一般由 0.5mm 厚的硅钢片叠压而成，用压圈及拉杆固紧，各片之间相互绝缘，以减少涡流损耗。定子绕组是由带有绝缘的铝导线或铜导线绕制而成的，小型电机采用散嵌线圈，或称软绕组，大中型电机采用成型线圈，又称为硬绕组。目前应用于风电机组的主要采用硬绕组。

（2）转子结构。转子由转子铁芯、转子绕组、转子支架、转轴和风扇等部分组成。转子铁芯和定子铁芯一样，也是由 0.5mm 硅钢片叠压而成。鼠笼型转子的绕组是由安放在转子铁芯槽内的裸导条和两端的环形端环连接而成，如果去掉转子铁芯，绕组的形状像一个笼子，鼠笼式由此而得名。

异步发电机的缺点是功率因数较差。异步发电机运行时，必须从电网里吸收落后性的无功功率，它的功率因数总是小于 1。为了更好地利用风能，该类电机一般做成双速可变极电机，如单绕组双速电机、双绕组双速电机等，国内投运的 750kW 风电机组多属于此类。

3.3.4 双馈异步发电机

随着电力电子技术和微机控制技术的发展，双馈异步发电机（Doubly-Fed Induction Generator，DFIG）广泛应用于兆瓦级大型有齿轮箱的变速恒频并网风电机组中。这种电机转子通过滑环与变频器（双向四象限变流器）连接，采用交流励磁方式；在风轮拖动下随风速变速运行时，其定子可以发出和电网频率一致的电能，并可以根据需要实现转速、有功功率、无功功率、并网的复杂控制；在一定工况下，转子也向电网馈送电能；与变桨距风轮组成的机组可以实现低于额定风速下的最大风能捕获及高于额定功率的恒定功率调节。由双馈异步发电机构成的变速恒频风电系统如图 3-29 所示。

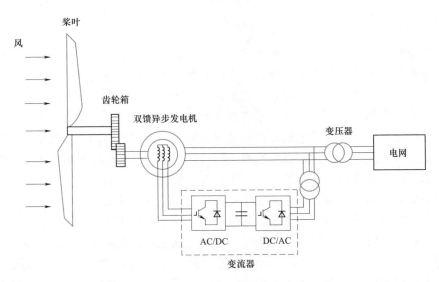

图 3 - 29　由双馈异步发电机构成的变速恒频风电系统示意图

　　双馈异步发电机又称交流励磁发电机，具有定子、转子两套绕组。定子结构与异步电机定子结构相同，具有分布式的交流绕组。转子结构带有集电环和电刷。与绕线式异步电机和同步电机不同的是，转子三相绕组加入的是交流励磁，既可以输入电能也可以输出电能。转子一般由接到电网上的变流器提供交流励磁电流，其励磁电压的幅值、频率、相位、相序均可以根据运行需要进行调节。由于双馈异步发电机并网运行过程中，不仅定子始终向电网馈送电能，在一定工况下，转子也可向电网馈送电能，即电机从两端（定子和转子）进行能量馈送，"双馈"由此得名。

　　双馈异步发电机发电系统由一台带集电环的绕线转子异步发电机和变流器组成，变流器有 AC—AC 变流器、AC—DC—AC 变流器等。变流器具备为转子提供交流励磁和将转子侧输出的功率送入电网的功能。在双馈异步发电机中，向电网输出的功率由两部分组成，即直接从定子输出的功率和通过变流器从转子输出的功率。当发电机的转速小于同步转速时，转子从电网吸收功率；当发电机的转速大于同步转速时，转子向电网发出功率。

　　双馈异步发电机兼有异步发电机和同步发电机的特性，如果从发电机转速是否与同步转速一致来定义，则双馈异步发电机应当被称为异步发电机，但该电机在性能上又不像异步发电机，相反具有很多同步发电机的特点。异步发电机由电网通过定子提供励磁，转子本身无励磁绕组，而双馈异步发电机与同步发电机一样，转子具有独立的励磁绕组；异步发电机无法改变功率因数，双馈异步发电机与同步发电机一样可调节功率因数，进行有功功率和无功功率的调节。

　　实际上，双馈异步发电机是具有同步发电机特性的交流励磁异步发电机。相对于同步发电机，双馈型异步发电机具有很多优越性。与同步发电机励磁电流不同，双馈型异步发电机实行交流励磁，励磁电流的可调量为其幅值、频率和相位。由于其励磁电流的可调量多，控制上更加灵活，具体有：①调节励磁电流的频率，可保证发电机转速变化时发出电能的频率保持恒定；②调节励磁电流的幅值，可调节发出的无功功率；③改变转子励磁电流的相位，使转子电流产生的转子磁场在气隙空间上有一个位移，改变发电机电势相量与电网电压相量的相对位置，调节发电机的功率角。所以，交流励磁不仅可调节无功功率，也可调节有功功率。

3.3.5 直驱发电机

直驱发电机工作在较低转速状态，电机的转子极对数较多，故发电机的直径较大、结构也更复杂，因此设计制造的成本较高。但是，直驱发电机提高了系统的效率以及运行可靠性，可以避免增速箱带来的诸多不利，降低噪声和机械损失，从而降低风电机组的运行维护成本，因此在大型风电机组中占有一定比例。为保证风电机组的变速恒频运行，发电机定子需通过全功率变频器与电网连接。

目前在实际运行的风电机组中多采用低速多极永磁发电机。直驱型变速恒频风电系统如图 3-30 所示。

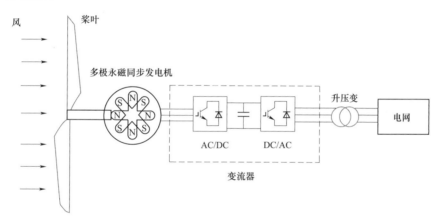

图 3-30 直驱型变速恒频风电系统示意图

1. 低速永磁直驱发电机的特点

（1）发电机的极对数多。低速发电机的定子内径远大于高速发电机的定子内径，当发电机的设计容量一定时，发电机的转速愈低，则发电机的直径尺寸愈大。

（2）转子采用永久磁铁。转子使用多极永磁体励磁，永磁发电机的转子上没有励磁绕组，因此没有励磁绕组的铜损耗，发电机的效率高；转子上无集电环，运行更为可靠。永磁材料一般有铁氧体和钕铁硼两类，其中采用钕铁硼制造的发电机体积小，重量较轻，因此应用广泛。

（3）定子绕组通过全功率变流器接入电网，实现变速恒频。直驱式电机转子采用永久磁铁，为同步电机。当发电机由风轮拖动做变速运行时，为保证定子绕组输出与电网一致的频率，定子绕组需经接全功率变流器并入电网，实现变速恒频控制。因此变流器容量大，成本高。

2. 结构型式

大型直驱发电机布置结构可分为内转子型和外转子型，其结构如图 3-31 所示。

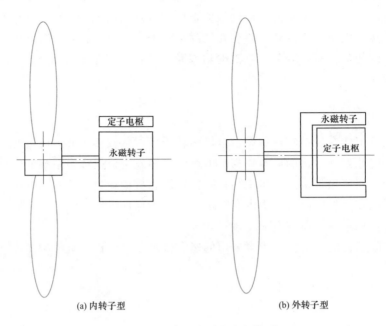

(a) 内转子型　　　　　　　　　　　　(b) 外转子型

图 3 - 31　直驱永磁发电机类型

（1）内转子型。它是一种常规发电机布置型式。永磁体安装在转子体上，风轮驱动发电机转子，定子为电枢绕组。其特点是电枢绕组及铁芯通风条件好，温度低，外径尺寸小，易于运输。

（2）外转子型。定子固定在发电机的中心，而外转子绕着定子旋转。永磁体沿圆周径向均匀安放在转子内侧，外转子直接暴露在空气之中，因此相当于内转子结构，磁体具有更好的通风散热条件。这种布置永磁体易于安装固定，但对电枢铁芯和绕组通风不利，永磁转子直径大，大件运输比较困难。

直驱技术诞生时间与双馈技术基本相近，而由于电气技术和成本等原因，发展较慢。随着近几年技术的发展，其优势才逐渐凸现。德国、美国、丹麦都是在该技术领域发展较为领先的国家，如德国 ENERCON 公司的直驱发电机组采用的是多级电励磁的同步发电机，ABB 公司采用高压同步发电机。国内湘电集团和金风集团在直驱式风力发电机整机方面早已实现商业化量产。从目前中国吊装的所有海上风电机组看，截至 2015 年年底，直驱型海上风电机组累计装机容量占全部海上风电装机容量的 17.3%，其中有齿轮箱的海上风电机组占比达到 82.7%。

3.4　控制技术

3.4.1　基本控制要求

风电机组依靠风轮的叶片吸收风能，并在一定转速下以转矩的形式为风电机组提供机械能；并入电网的发电机在一定电压下将能量以电流的形式向电网供电，同时，发电机的电磁转矩平衡了风轮的机械转矩，使风电机组在某一合适的转速下运行。风电机组的运行及发电过程在控制系统作用下实现。风速具有典型的随机性和不可控性，因此控制系统必须根据风速的变化对风电机组进行发电控制与保护。其中，风轮及发电机是主要的控制对象。一般风电机组及其控制系统如图 3-32 所示。

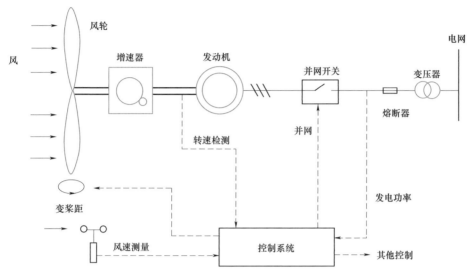

图 3-32 风电机组及其控制系统

正常的风电机组发出的功率是由风速决定的，根据风速大小风电机组运行在不同状态，风电机组的风速与功率曲线如图 3-33 所示，包括低风速停机状态（一般为小于 3.5m/s）、低于额定风速发电状态、高于额定风速发电状态和极限风速停机保护状态（如超过 25m/s）等。根据上述规律，风电机组的控制系统将根据风速对机组的启停及功率进行控制，其主要控制手段是变桨及刹车。

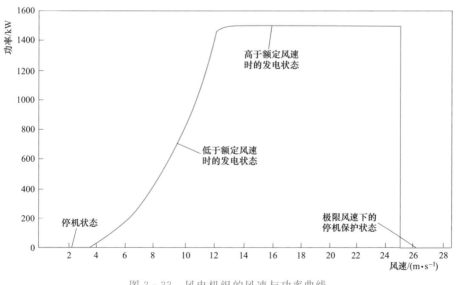

图 3-33 风电机组的风速与功率曲线

　　风电机组在运行时，除了风速发生变化，风向也会发生变化，因此，要求控制系统能够根据风向实时调整机舱的位置，使风电机组始终处于正对气流的方向，这种控制称为对风，对风的控制通过由伺服电机等构成的偏航系统实现。另外，对风过程中机舱与地面之间的连接电缆易发生缠绕，因此需要定期进行解缆控制。

　　发电机是控制系统的另一个重要控制对象。目前，兆瓦级风电机组主要有普通异步发电机、双馈式异步发电机和直驱式永磁发电机三种。根据发电机种类的不同，控制系统的控制方式有很大区别，对于普通异步发电机的控制是比较简单的，主要是控制发电机的并网与脱网，如需进行无功功率补偿，还需进行补偿电容组的投切控制；对于双馈式异步发电机和直驱式永磁发电机的控制要用到变流器，两者的区别如图 3 - 34 及图 3 - 35 所示。

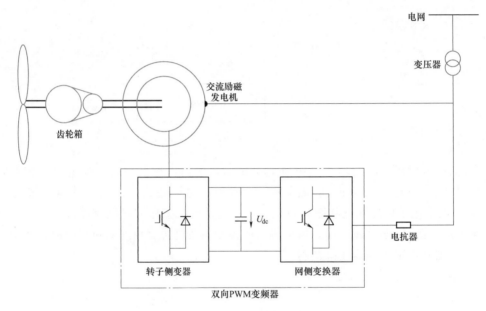

图 3 - 34　双馈式风电机组

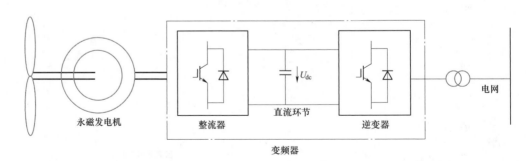

图 3 - 35　直驱式永磁同步风电机组

　　电网的容量很大，风电机组与电网并网时的发电频率必须与电网频率一致，即由电网的频率所决定。而风电机组的功率与转矩和转速的乘积成正比，为提高机组的效率，使风电机组在不同风速下有与之适应的转速，必须实现变速运行。对双馈式与直驱式发电机变速运行的控制通过对变流器的控制实现。

变流器一般指的是由电力电子器件组成的 AC—DC—AC 变频器,双馈式发电机的转子通过变流器与电网连接并与电网交换能量,变流器可以为转子提供频率可变的交流电,并通过对转子交流励磁的调节,改变风电机组的转速及发电机发出的有功功率及无功功率。直驱式发电机的定子通过换流器与电网连接并向电网输送电能,可以使发电机的转速与电网的同步速不一样,即可以按机组的要求使发电机在希望的转速下同步运行。因此这两种发电机都可以实现变速运行。

综上所述,风电机组控制系统需要具有以下功能及要求:

(1) 根据风速信号自动进入启动状态或从电网自动切除。

(2) 根据功率及风速大小自动进行转速和功率控制。

(3) 根据风向信号自动对风。

(4) 根据电网和输出功率要求自动进行功率因数调整。

(5) 当发电机脱网时,能确保机组安全停机。

(6) 在风电机组运行过程中,能对电网、风况和机组的运行状况进行实时监测和记录,对出现的异常情况能够自行准确地判断并采取相应的保护措施,并能够根据记录的数据,生成各种图表,以反映风电机组的各项性能指标。

(7) 对在风电场中运行的风电机组具有远程通信的功能。

(8) 具有良好的抗干扰和防雷保护措施,以保证在恶劣的环境里最大限度地保护风电机组的安全可靠运行。

风电机组的运行安全十分重要,因此控制系统应具有完善的保护措施。保障运行安全是对风电机组的基本要求,目前的大型风电机组都设计了安全链系统,设计原则是当发生任何一种严重故障而需要停机时,安全链系统都能保障风电机组停下来。安全链系统是脱离控制系统的低级保护系统,失效性设计保证了系统在任何条件下的可靠性。

3.4.2 控制系统结构

根据机组型式的不同,风电机组控制系统的结构与组成存在一定差别。以目前国内装机最多的双馈型风电机组为例,控制系统整体结构如图 3 - 36 所示,总体功能如图 3 - 37 所示。

风电机组底部为变流器柜和塔筒控制柜。其中:变流器柜主要由 IGBT (绝缘栅极晶体管)、散热器和变流控制装置组成,负责双馈发电机的并网及发电机发电过程控制;塔筒控制柜一般为主控制装置,负责整个风电机组的控制、显示和通信。塔筒控制柜通过电缆与机舱链接。

机舱内部的机舱控制柜主要负责风电机组制动、偏航控制及液压系统、变速箱、发电机等部分的温度等参数的调节。

变桨距控制装置布置在轮毂内,在风电机组运行过程中,根据风速的变化可以使叶片的桨距角在 0°~90°范围内调节,实现对风功率的控制。

各控制装置通过计算机通信总线联系在一起,实现风电机组的整体协调控制。同时,控制系统还通过计算机网络与主控单元进行通信,实现风电机组的远程启停与数据传输等功能。

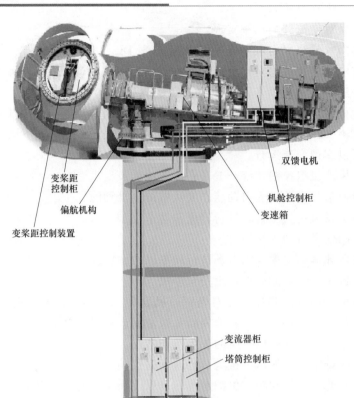

变桨距
控制柜
偏航机构
变桨距控制装置
双馈电机
机舱控制柜
变速箱
变流器柜
塔筒控制柜

图 3-36 双馈型风电机组控制系统整体结构

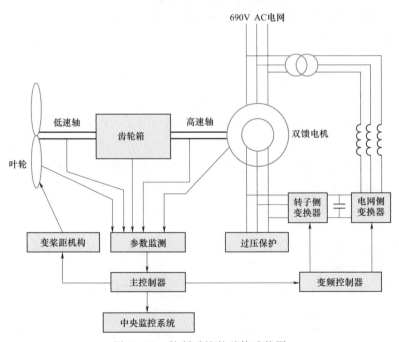

690V AC电网
低速轴 齿轮箱 高速轴 双馈电机
叶轮
变桨距机构 参数监测 过压保护
转子侧变换器 电网侧变换器
主控制器 变频控制器
中央监控系统

图 3-37 控制系统的总体功能图

3.4.3 运行控制过程

风电机组均采用远程自动控制方式,即每台风电机组的控制系统能随时根据风况与电网需求自动独立实现机组启动、并网、发电等操作,并能将风电机组的状态信息通过网络传给主控中心,主控中心除向机组发出启动、停机等指令外,对风电机组的干涉很少。

风电机组运行过程可分为待机状态(暂停状态)、自启动过程、并网过程、欠功率运行状态、额定功率运行状态、停机状态等 6 种工作状态过程。机组的各运行状态过程描述如下:

1. 待机状态(暂停状态)

当所有运行部件均检测正常且风速低于切入风速(一般为 3.5m/s)时,风电机组处于待机状态。在待机状态下,所有执行机构和信号均处于实时监控状态,机械盘式制动器已经松开,对于定桨距风电机组,叶尖扰流器已被收回与桨叶合为一体;对于变桨距风电机组,风电机组叶片处于顺桨(即桨距角为 90°)位置,此时风电机组处于空转状态。通过风向仪信号实时跟踪风向变化,偏航系统使风电机组处于对风状态。风速亦被实时检测,送至主控制器作为启动参考量。

风电机组启动前必须满足以下条件:

(1)发电机温度、增速器润滑油温度在设定值范围以内。

(2)液压系统压力正常。

(3)液压油位和齿轮润滑油位正常。

(4)制动器摩擦片正常。

(5)扭缆开关复位。

(6)控制系统电源正常。

(7)非正常停机后显示的所有故障信息均已解除。

(8)维护开关在运行位置。

2. 自启动过程

自启动过程指风轮在自然风速作用下,不依赖其他外力的协助,将发电机拖到额定转速,为并入电网做好准备。

处于待机状态的风电机组在正常启动前,控制系统对电网及风况进行检测,如连续 10min 电网电压及频率正常,连续 10min 风速超过切入风速,且控制器、执行机构和检测信号均正常,此时主控制器发出启动命令。风电机组叶片桨距由 90°向 0°方向转至合适角度,风轮获得气动转矩使风电机组转速开始增加,风电机组启动。

3. 并网过程

并网是指控制风电机组转速达到额定转速,通过合闸开关将发电机接入电网的过程。对于不同的发电机其并网过程亦不同。

(1)对于普通异步发电机,并网过程是通过三相主电路上的三组晶闸管完成的。

(2)对于双馈发电机,并网过程是通过控制变流器控制转子完成交流励磁。当机组转速接近电网同步速时,即可通过对转子交流励磁的调节来实现并网。由于双馈电机转子励磁电压的幅值、频率、相位、相序均可根据需要来调节,因此对叶轮转速控制的要求并不严格，通过上述控制容易满足并网条件要求。

（3）对于直驱发电机，并网过程是通过控制全功率变流器来完成的。直驱发电机采用的 AC—DC—AC 全功率变流器处于发电机与电网之间，并网前首先启动网侧变流器调制单元给直流母线预充电，然后启动电机侧变流器调制单元并检测机组转速，同时追踪电网电压、电流波形与相位。当电机达到一定转速时，通过全功率变流器控制的功率模块和变流器网侧电抗器、电容器的 LC 滤波作用使系统输出电压、频率等于电网电压、频率，同时检测电网电压与变流器网侧电压之间的相位差，当其为零或相等（过零点）时实现并网发电。

4. 欠功率运行状态

若此时风速低于额定风速，桨距角调整至最佳风能利用的角度（通常在 3°左右），使叶片获取最大风能。同时，通过调节风电机组的转速追踪最大叶尖速比，达到最大风能捕获的目的。

通过对发电机励磁的控制实现并网后风电机组转速的调节。因此不同发电机具有的调速范围存在很大差别，对于双馈发电机滑差率可以在 ±25% 之间变化；对于直驱式发电机可以在 10～22r/min 之间变化；对于普通异步发电机转速几乎不可调节。

5. 额定功率运行状态

若风速高于额定风速，变桨距控制器将进行桨距角调节，限制风轮吸收功率，使输出功率始终保持在额定功率附近。由于桨距调节具有一定的滞后特性，当风速出现波动时，为了稳定发电机功率输出，可以通过励磁调节发电机滑差率，利用风轮蓄能达到稳定功率输出目的。对于定桨距机组，大于额定风速时对于功率的限制依靠叶片的失速特性来完成。

6. 停机状态

停机一般可分为正常停机与非正常紧急停机。对于一般性设备及电网故障，当故障出现时将进行正常保护停机。停机时：先将叶片顺桨（定桨距风电机组释放叶尖扰流器），降低风轮吸收功率；再将发电机脱离电网，降低风电机组转速；然后投入机械刹车。当出现发电机超速等严重故障时，将进行紧急停机。紧急停机时执行快速顺桨并在发电机脱网同时投入机械刹车，因此紧急停机对风电机组的冲击比较大。正常停机在控制系统指令下完成，当故障解除时风电机组能够自动恢复启动；紧急停机一般伴随安全链动作，重新启动需要人员干预。

3.5　结构动力学分析

风电机组属于比较特殊的旋转机械设备，具有运行工况变化大、动态荷载复杂、工作环境恶劣、使用寿命要求高等特点，是典型的复杂机械弹性系统。由于风电机组不断朝大功率化和轻量化方向发展，塔架高度和风轮直径的增加可能导致更严重的振动问题。

风电机组动力学问题具有以下特殊性：

（1）叶片不断加长，并采用轻型材料和结构，导致结构刚度降低，变形加大，固有频率也相应地下降到和激振力频率相同的数量级，使得发生结构共振的危险性加大。此外，在工作状态下，由于叶尖部分具有很大的线速度，产生很大的惯性力，而且在超过额定风速时需要风电机组进行连续变桨操作，在气动荷载和惯性荷载作用下，叶片将产生复杂的耦合振动，发生气动失稳的可能性也相应增大。

（2）塔架高度不断增加的同时，为了降低制造成本，目前主要采用轻型锥筒结构的柔性塔架，固有频率甚至低于工作中产生的激振频率，而且锥筒塔架具有很小的阻尼，因此结构共振问题突出。

（3）风电机组齿轮传动系统具有结构紧凑、升速比高、传递功率大、使用寿命要求高等特点。齿轮传动系统承受风轮输入的瞬时变化转矩、制动转矩及发电机负载转矩的作用，荷载类型复杂，包含周期性、随机性、冲击性等激励。而且齿轮箱通常采用多级升速结构，系统复杂，零部件数量多，特别是对于在一定范围变速运行的风电机组，齿轮箱发生共振的可能性大，因此传动系统的动态特性对于动态荷载的影响更加突出。

（4）偏航系统等运动部件特性对风电机组整体动力学特性的影响不容忽视。

因此，对风电机组结构动力学的了解和分析研究具有重要意义。

3.5.1 机械动力学基础

随着机械设备向高速化、轻量化、大功率化方向的发展，构件的刚度下降，惯性力增加，弹性变形和惯性力的影响越来越突出，将构件作为刚性体的研究方法往往不再适用，而应采用考虑构件弹性的机械弹性动力学分析方法。

机械振动理论是最早发展起来的机械动力学理论。机械振动是机械运动的一种特殊形式，指物体在平衡点附近往复循环变化的运动。构成一个机械设备的材料（金属材料或非金属材料）在一定范围内都具有弹性，称为弹性体。弹性体受到静荷载作用时，产生弹性变形，并在材料内部产生弹性恢复力，荷载去除，则弹性变形消失，恢复原状。如果弹性体受到幅值随时间变化的动态荷载的作用，则弹性变形也随时间发生波动变化，即为振动。振动现象普遍存在于科技领域和日常生活中。

1. 机械振动的影响

（1）机械系统固有振动特性与动态激励荷载的相互作用可能起到荷载放大的作用，极端条件下，当激励荷载的频率与系统的固有频率重合时，将引发强烈的结构共振现象，造成设备的损坏。

（2）振动导致附加动态荷载，使材料内部产生附加的交变应力，加剧材料的疲劳损伤和失效。

（3）振动影响机械设备的功能和运动精度，例如风电机组叶片的振动变形导致功率系数变化，影响风能吸收。

（4）振动及其产生的噪声对操作人员的健康和环境产生危害。

2. 机械动力学分析的作用

（1）机械振动系统固有特性分析。了解系统的固有振动特性，分析计算机械系统的固有频率、阻尼比和振型等固有参数，使风电机组承受动态荷载的频率避开系统的固有频率，避免发生共振现象。

（2）机械系统动荷载分析。对特定外部荷载谱，分析预测内部荷载极值和变化。研究和评估内部激励，如齿轮啮合产生的激励。分析共振特性及其荷载幅值。研究非线性现象及其对荷载的影响，如瞬时摩擦等。

（3）振动和噪声控制。对振动激励进行识别，分析产生振动和噪声的主要原因、振动源到噪声辐射面的传递路径，进行实际噪声辐射计算，为振动和噪声控制提供理论支持。

（4）状态监测与故障诊断。给出定义描述机器状态的参数，对风电机组运行状态进行定量评估。分析故障对风电机组振动的影响，从而确定满足状态监测要求的数据采集、信号分析处理以及特征提取方法。对故障源进行分析识别。

（5）控制系统性能分析。控制系统的操作对于风电机组的动态特性将产生影响，例如风电机组叶片变桨系统动作、转速和功率调节以及启动、停机过程都将产生附加的动荷载，因此在控制系统和控制算法设计中，特别是执行器设计时应考虑动力学问题。

3.5.2 振动类型

风电机组既承受自重荷载、风压荷载等静荷载，也承受循环荷载、瞬变荷载和随机荷载等多种类型的动态荷载作用，如图 3-38 所示。其中，整体和各部件可能产生复杂的振动响应。

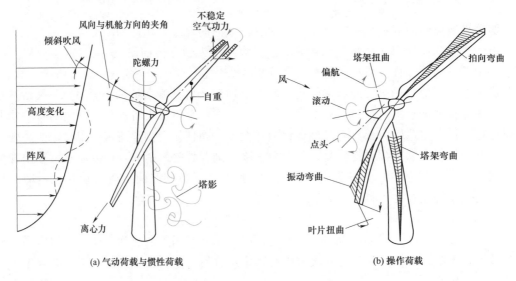

(a) 气动荷载与惯性荷载　　　　　　　(b) 操作荷载

图 3-38　台风天气条件下风电机组荷载综合分析示意图

1. 叶片及塔架振动

叶片和塔架的振动对风电机组的整机动态特性产生主要影响。风轮叶片及塔架振动的主要形式，如图 3-39 所示。

叶片振动包括舞振（挥舞）、摆振和扭振等三种主要形式。其中：舞振是指叶片在垂直于旋转平面方向上的弯曲振动，或称为面外振动，如图 3-39（a）所示；摆振是指叶片在旋转平面内的弯曲振动，也称为面内振动，如图 3-39（b）所示；扭振是指叶片绕变桨轴线的扭转振动。塔架振动包括风轮轴线方向上的纵向弯曲振动，也称前后振动，如图 3-39（c）所示；与风轮轴线垂直方向上的横向弯曲振动，也称左右振动，如图 3-39（d）所示；以及塔架的扭转振动。由于塔架阻尼很小，如果叶片通过频率接近塔架的固有频率，将产生较大幅度的振动。

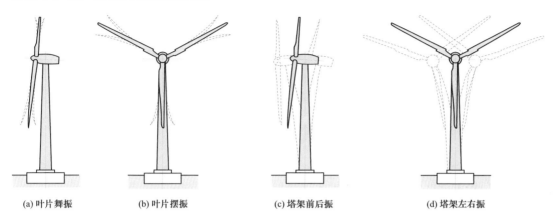

(a) 叶片舞振　　　　(b) 叶片摆振　　　　(c) 塔架前后振　　　　(d) 塔架左右振

图 3-39　风电机组叶片及塔架的主要振动形式

2. 传动系统振动

风电机组增速齿轮箱在运行过程具有多种振动形式，包括齿轮及其传动轴的扭转振动、弯曲振动和轴向振动。传动系统动力学设计中，主要考虑主传动链及发电机转子构成系统的扭转振动。

3. 机舱振动

机舱振动主要包括风轮旋转引起的纵向扭振和偏航系统引起的横向扭振。

4. 整机振动

风电机组整机振动分析需要考虑风轮与塔架的耦合振动，此种耦合振动容易产生自激振动。在外荷载作用下风电机组会产生多个自由度的振动，但其相互之间只在一定的条件下会发生耦合振动。

风电机组的结构动力学特性常采用坎贝尔（Campbell）图进行评估，如图 3-40 所示。坎贝尔图以风轮转速作为横坐标，振动频率作为纵坐标，图中：①分别用垂直线、水

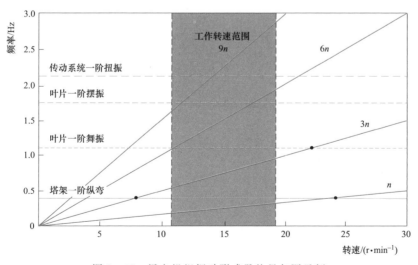

图 3-40　风电机组振动形式及坎贝尔图示例

平线和过原点的斜线表示风轮工作转速、风电机组及部件的各阶固有频率、风轮旋转产生的周期性激励频率；②纵向阴影带为风轮工作转速范围（11～19.2r/min），4 条横线分别对应塔架一阶纵向弯曲固有频率、叶片一阶舞振固有频率、叶片一阶摆振固有频率及传动系统一阶扭振固有频率；③4 条斜线分别对应转频（n）、叶片通过频率（$3n$）及其二次谐波（$6n$）和三次谐波（$9n$）；④周期性激励的斜线与固有频率水平线的交点对应的横坐标为发生共振的转速，风轮的工作转速范围应该避开这些共振转速，否则将引起共振。

3.5.3　结构动力学分析内容和方法

1. 内容

风电机组结构动力学主要分析以下内容：

（1）风电机组结构固有振动特性（整机及部件，包括叶片、风轮、传动系统、塔架等）及动力响应，动态荷载分析计算。

（2）风电机组气动弹性稳定性分析。

（3）风电机组控制系统稳定性及动力响应。

2. 振动模型及分析方法

由于风电机组的风轮相对于塔架支撑结构转动，使其动力学方程中包含周期变化的系数项。尽管采用 Floquet 分析法可以确定这类带周期项系统的模态特性，但结果给出的模态非常复杂，难以直接进行响应分析。一种解决方案是先采用部件模态合成方法，分别计算旋转部件和不旋转部件的模态；然后在进行响应分析时，再将两类部件的计算模态进行耦合。

对于风电机组这类复杂结构系统的动力学分析，根据分析目标不同，可以采用不同的简化模型和计算方法。整机动力学模型中，通常根据机组部件的特性将其分成以下类型：

（1）弹性体，如叶片、塔架、风轮轴等。

（2）刚性体，如主机架、轮毂等。此外，在整机动特性计算分析中，通常将齿轮箱、异步电机也简化成刚性体。

（3）连接件，如偏航机构、变桨机构、高速轴等。

第4章 风电机组抗台风设计

风电机组抗台风设计是指在充分认识台风过程中的风特征和台风对风电机组的破坏机理的基础上，用更加科学合理的总体设计思路，确保设计制造的风电机组在遭遇最大风速接近设计风速的台风时，其主要结构和部件保护完好；而在遭遇最大风速超出设计风速的台风时，控制其主要结构和部件的破坏损失在最小范围，不发生颠覆性的严重破坏。颠覆性破坏，就是当台风引发风电机组倒塔事故时，不仅风电机组全损，风电机组的基础工程、部分输变电工程等都有严重损坏。

风电机组的抗台风设计绝不能仅加强风电机组个别部件的强度，盲目加强设计不但增加设备成本，还会增加风电工程的整体风险。风电机组抗台风设计是一项需要综合考虑风电机组承载能力（各部件设计、材料、加工、安装）、风电机组的运行方式、控制策略，以及电网连接等复杂的系统工程。例如，变桨距风电机组所有的结构件的抗台风设计方案中：桨叶的抗台风设计是要保障在顺桨时能抗大风，而拍向不能承受大风的袭击；其控制系统抗台风设计必须能够保证大风袭击时机舱处于偏航位置、桨叶在任何时候都能顺桨。

PDCA（Plan-Do-Check-Action）质量环理论同样适用于风电机组抗台风设计。具体方案为：引入 IEC 标准（Plan）；然后生产符合 IEC 标准的产品和项目（Do）；随后根据不期发生的台风安全事故和问题，相关领域行业进一步发展相关理论（Check）；指导生产实践（Action）。这样，周而复始地修正实践过程中检验出问题的理论，进而达到最终设定目标。在这个过程中，问题的发掘、统计和分析是非常有价值的步骤。

风电机组的抗台风加强方案应在技术可行性的基础上，由经济性来决定方案是否可行。制定抗台风加强方案应以风电场的历年台风资料为依据，但由于缺少准确、系统的台风资料积累，所以目前的风电机组抗台风加强方案一般只能参照风电场已有的台风资料，不是广泛意义上的抗台风风况的加强设计。合理、科学的抗台风加强方案应从风电机组生存最有效的部件入手，即按基础、塔架、叶片、传动系统及整体依次考虑加强措施，即侧重加强机械结构强度、提高桨叶柔性、保障控制系统稳定有效、其他附属设施的鲁棒性等，也包含了风电机组型式认证、台风型风电机组模拟风洞试验中应用更多新技术等。

4.1 风电机组损毁统计分析

相关 IEC 标准中在考虑风电机组设计安全时明确提出了对极值风速和湍流强度进行了等级划分，但也备注了相关极值风速和湍流强度的要求不适用于热带气旋区域和海上风电场。近年来东南沿海开发风电时对风电机组设备选型基本上按照 IEC 标准中风速Ⅰ类、湍流强度 A 类的要求执行。但自 2003 年来大大小小的台风灾害事故说明，针对热带气旋区域开发风电，在设备设计、制造和运营期间，均需针对性对策。选择 5 个迄今为止发生在国内外代表性较高的风电场台风灾害案例，并对此进行分析，研究解决方案。

1. 案例一

（1）风电场概况。地处半岛、距离海岸线在 2km 范围内、低海拔丘陵。25 台 V47 - 660 变桨距风电机组的安全等级为 IEC 标准中风速 I 类、湍流强度 A 类。

（2）台风概况。登陆中心附近最大风力 12 级，风电场位于台风中心路径右侧约 40km 范围内，自切出风速至安全运行风速历时约 5h。

（3）风速。风电机组记录到极大风速 40.0～57.0m/s，且海拔高的风电机组记录风速一般较高。叶片损坏的 9 台风电机组记录的瞬时极大风速均在 44.9～50.7m/s 之间，海拔 30.00～59.00m 之间；而记录最高风速的风电机组未发送叶片损坏。场内测风塔记录瞬时极大风速 53m/s。后因电网失电，未记录到最大值。

（4）风电场损坏情况：①9 台风电机组叶片损坏（7 个处于下垂位置，2 个朝上位置），集中位于 30～50m 高度区域；②在离风轮中心径向 6～13m 处叶片后缘出现多道横向裂纹，扩展到叶片主梁与翼板交接处后逐渐转为纵向裂缝；③距中心 1/3 半径后直至叶尖，叶片后缘完全裂开；④2 台风电机组偏航系统、1 台风电机组变桨机构损坏；⑤基础（塔架）未损坏。

2. 案例二

（1）风电场概况。海拔 700.00～900.00m 山地风电场，距离海岸线 5～10km。7 台定桨距风电机组、21 台变桨距风电机组。

（2）台风概况。登陆中心附近最大风力 17 级，台风正面袭击风电场，台风中心过风电场时达风速最大，且持续 2h。

（3）风速。测风塔 45m 高度测得极大风速 81.1m/s 和 10min 平均最大风速 60.1m/s，2006 年 8 月 10 日 16：50 该塔被吹倒；附近雷达站的风速仪，在吹倒前的 3s 阵风风速记录为 78.1m/s；根据附近测风塔资料以及场内测风塔未测到最大风速前被吹倒的事实等判断，风电场经历极大风速在 90～100m/s 之间。

（4）风电场损坏情况。5 台风电机组因基础和塔架破坏而倾覆，倾覆方向为西南-南（与最强风时段风向基本一致），其中：2 台因基础破坏而倾覆；2 台因塔架刚度不够而发生下部折断，上部倒地后又发生二次折断；1 台因基础塔筒连接法兰破坏而倾覆。

另外，32 支叶片严重损坏，包括叶片出现裂纹发展、叶片翼型壳体破坏、叶片断裂等。11 台开启式机舱罩的风电机组，除倒塔损毁外所有机舱盖全部被吹掉。因叶片强烈扭谐振通过轮毂主轴传递，导致主轴承座、机械刹车系统、偏航系统严重损坏。

3. 案例三

（1）风电场概况。海岛，较平坦，全岛最高海拔低于 100m。3 台定桨距风机、3 台变桨距风电机组。轮毂高 35～46m。

（2）台风概况。台风正面经过风电场。超过 25m/s 风速持续时间约 24h。登陆前后最大风速超过 55m/s，中心气压 910hPa。

（3）风速。城区内气象站测得最大风速 38.4m/s，最大阵风 74.1m/s。风向在 3h 内变化 120°。因电网失电，现场未测到实际的最大值。因此科研人员通过风洞试验和 CFD 模拟方法推算风速：城区气象站如无周边建筑物影响则最大风速可达 49.6m/s；各风电机组点位最大风速（极大风速）值：1 号，59.8（90.7）m/s；2 号，56.8（87.4）m/s；3 号，59.7（87.9）m/s；4 号，59.2（87.3）m/s；5 号，59.4（87.6）m/s；6 号，61.5（90.3）m/s。

（4）风电场损坏情况。3 台风电机组发生倾覆（与最强风时段风向基本一致），其中：1 台基础破坏而倒塔（基础韧度不够导致弯矩超标，倒塔前一支叶片发生剧烈扭转而破坏）；2 台因塔筒门上部刚度不够而屈曲型倒塔。除 3 台发生倾覆外，另外 3 台的机舱和叶片均发生不同程度破坏。

本项目中定桨距风电机组的控制策略是当风速超过切出风速后则刹车盘刹车、偏航锁定。实际上，台风过程中其偏航系统从 94°顺时针旋转至 156°，导致所受风荷载超过设计值。

4. 案例四

（1）风电场概况。地处半岛、距离海岸线在 2km 范围内、低海拔丘陵。25 台 V47 - 660 变桨距、IEC-ⅠA 机型风电机组。

（2）台风概况。台风登陆前中心最大风力 17 级。台风正面袭击风电场。

（3）风速。台风过境风电场前 1h 左右时刻，某风电机组测得最大风速 62.9m/s，后因电网失电等原因，场内未测得过程最大风速。

（4）风电场损坏情况。8 台风电机组倒塔，倾倒方向为 140°～185°之间（与最强风时段风向基本一致），其中：6 台向机头方向倒塔；1 台向尾部倒塔；1 台侧向倒塔，折弯位置均位于下塔架中部 7～8m 位置。部分风电机组塔架连接基础法兰严重变形、高强度螺栓拉断。

10 台风电机组的叶片（28 支叶片）严重受损、严重裂纹或折断；8 个轮毂内部变桨执行机构断裂、受损。

2 台风电机组机舱出现起火迹象，齿轮箱输出轴至发电机输入轴之间有明显起火痕迹，高速轴刹车盘有严重磨损痕迹，变桨机构受损，叶片处于变桨状态。

5. 案例五

（1）风电场概况。平缓丘陵，场内海拔 145.00～222.00m 之间，距海岸线约 30km。33 台 1.5MW 风电机组为变桨距、IEC-ⅠA 型，轮毂高度 75m、叶轮直径 77m。

（2）台风概况。登陆时最大风力为 17 级，风速达 58～60m/s（按国家发布台风等级），风电场处于台风中心路径右侧。

（3）风速。台风过境时测风塔测得 70m 高 10min 平均最大风速 49.4m/s，瞬时极大风速 60.5m/s，80m 高最大风速 50.6m/s，极大风速 63m/s，对应风向为 75°。自切出风速至最大风速历时约 6h。在 3h 内，风向由北风转为东风。

（4）风电场损坏情况。13 台风电机组倒塔，倒塔方向集中在 215°～300°之间，其中：正西方向倒塔 4 台；西南 232°～255°方向倒塔 6 台（与最强风时段风向基本一致）；此外，还有 3 台倒塔方向为西偏北。2 台倒地前发生两处折断；5 台下部折断，倒地后发生二次折断；3 台基础法兰高强度螺栓拉断。

5 台风电机组发生叶片损坏，基本破坏形式为从根部断裂。发生叶片断裂的 5 台风电机组中，有 3 台机舱破坏，发电机掉落在基础附近。

除上述 5 个典型台风破坏风电案例之外，尚有许多风电场台风灾害事故。例如：1319 号超强台风"天兔"造成了从海湾石、石碑山至陆丰、甲东再到红海湾等多个风电场遭受损坏；1409 号超强台风"威马逊"台风也造成了海南文昌和湛江徐闻的多个风电场受损，几乎每年都有或大或小的事故报道。所有风电场受台风灾害的个性与共性兼具：个性体现在损坏的严重程度大小不一；共性则为台风侵袭至受灾的过程一致，从风电机组叶轮承受强风荷载、台风强脉动特性导致叶片震颤、传动系统交变荷载、塔架振动乃至超过倾覆弯矩而倒塌等基本类似。

4.2　基础强化设计

风电机组的基础用于安装、支撑风电机组，平衡风电机组在运行过程中所产生的各种荷载，以保证机组安全、稳定地运行。因此，在设计风电机组基础之前，必须充分计算并保证能满足所安装风电机组各项极限荷载对基础的承载负荷要求，充分了解、研究地基土层的成因及构造，以及其物理力学性质等，从而对现场的工程地质条件做出正确的评价，避免无限扩大安全系数或安全系数达不到标准，有针对性地做出节约资源，减少投资的合理设计、施工方案，保证施工中严格按照设计要求执行。

4.2.1　基础型式

风电机组基础是保证风电机组安全正常运行的关键。与一般的高耸结构不同，由于风电机组轮毂高度大、顶部质量大、对倾斜要求严格，并且在极端风速条件下承受较大的水平荷载，从而使得风电机组基础具有承受 360°重复偏心随机荷载的受力特点。

4.2.1.1　陆上风电机组基础型式

陆上风电机组基础型式一般根据各风电机组位置的地层分布、基岩露头标高及岩性等因素，对风电机组基础的型式和外形尺寸等进行多方案的技术经济比较，综合优化基础设计及埋深。

1. 重力式扩展基础

钢筋混凝土重力式扩展基础是目前国内陆上风电场最常采用的一种基础型式。一般通过基础环或螺栓将上部荷载传递给基础。基础底面形状一般有正方形、六边形、八边形以及圆形，目前最常用的是正方形和圆形。尽管方形基础混凝土用量比圆形基础略大，但在相同工况下，方形基础的基底压力分布较为合理，基底脱开面积较小，并且钢筋使用量较小，对于盛行风较为固定的地区，适合选用方形或多边形基础。

重力式扩展基础采用极限状态设计方法。首先根据轮毂高度、单机容量、风速、荷载水平及地质条件等确定基础底板的尺寸和高度。然后分别计算基底反力、沉降、倾斜、基底脱开面积等。分别校核地基承载力、基础变形及稳定性是否同时满足规范以及风电机组厂家的要求。

重力式扩展基础施工较为简便、工程经验丰富、适用范围广，但是这种基础型式抗压能力有余，抗弯效率不高。由于整体刚度较大，基础边缘与地基脱开面积起到控制作用，尤其是对于大容量的风电机组，基础的悬挑板长度过大，需要大量的混凝土，经济性较差。

2. 梁板式基础

梁板式风电机组基础是由基础台柱、基础底板、从台柱悬挑出的放射状的主梁、封边次梁组成。主梁格间由素土夯实，底面通常为八边形或圆形。上部荷载通过基础环传递给主梁，再由主梁传递给次梁及地基。这种风电机组基础型式主要通过主梁的刚度抵抗基础变形，通过基础及梁格间的填土自重共同抵抗倾覆力矩。相对于重力式扩展基础，梁板式基础偏"柔"，能够充分发挥主梁的抗弯特性，使基底压力分布更为合理，从而减小基底脱开面积。目前梁板式风电机组基础仍参考 FD 003—2007 中重力式扩展基础的设计方法。

梁板式风电机组基础已在国内陆上风电场中广泛使用。由于梁格间采用素土夯实，相对重力式扩展基础，这种基础型式的混凝土用量大大减少，可适当改善大体积混凝土由于水化热产生温度应力对浇筑的不利影响，并且有较好的经济性。以常见的 1.5MW 风电机组为例，采用梁板式风电机组基础比传统的重力式扩展基础节约造价 35%。但是，梁板式风电机组基础土方开挖量较大、体型复杂、模板制作、安装周期较长。并且主梁内钢筋较密，混凝土浇筑、振捣困难，施工质量较难控制。

3. 高台柱式基础

对于持力层以上覆土厚度在 3～6m 的地区，如果采用重力扩展基础或梁板式基础，就需要进行地基换填处理，通常的做法是将毛石混凝土或素混凝土换填。换填处理工程量大、工期长且经济性较差。

高台柱式风电机组基础就是针对这种地质条件的一种改进的风电机组基础型式。这种风电机组基础的结构与普通重力式扩展基础类似，但基础底板下移埋深，台柱高度、直径增大，基础埋深增大，通常为 4～6m。风电机组上部荷载由基础环传递给基础台柱，再由基础台柱传递给基础底板及地基。主要依靠填土自重及侧土压力抵抗倾覆力矩。由于荷载由高台柱传递至地基，因此在满足 FD 003—2007 中地基承载力、基础变形及稳定性校核的同时，还需对台柱部分进行计算，尤其是承受弯矩较大的高台柱根部需进行抗弯计算。

高台柱式风电机组基础通过增大埋深以增加基础上覆填土自重，可以避免地基换填处理，具有较好的经济性。但是，这种基础型式对台柱侧填土的密实度要求较高，并且仅适合于具备深开挖条件且持力层上覆土厚度小于 6m 的地区，如基岩深度小于 6m 的沿海地区。对于持力层以上覆土厚度超过 6m 的地区可以采用桩基础。

4. 桩-承台式基础

在地质条件不好、天然地基承载力不足或持力层埋深较大的地区，可采用桩-承台式风电机组基础。承台部分可采用钢筋混凝土重力式扩展基础或梁板式基础，并应满足抗冲切、抗剪切、抗弯承载力和上部结构的要求。桩基包括混凝土预制桩和混凝土灌注桩。

桩基础为 4 根桩及以上组成的群桩。按桩的形状和竖向受力情况可分为摩擦桩和端承桩。摩擦桩的桩顶竖向荷载由桩侧阻力承担。端承桩的竖向荷载主要由桩端阻力承担。

在桩基础设计中，根据地质条件、风电机组厂家要求以及工程经验，初步确定基础承台尺寸、埋深、桩长、桩径以及桩位的布置等。然后计算桩顶反力、桩基础的沉降和水平位移，复核基桩抗压承载力、水平承载力及抗拔承载力是否满足要求，如不满足要求应重新布置。桩基布置确定后，应进行承台底板截面的抗弯、抗剪、抗冲切和疲劳强度验算。对承台台柱和灌注桩进行配筋计算，根据裂缝宽度验算结构和有关构造，进行配筋布置。

5. 沉筒式无张力基础

沉筒式无张力基础是一种空心混凝土结构，通常埋深 6～10m，由混凝土筒体和高强度预应力锚栓系统组成。筒体内、外圈为波纹钢筒，筒厚通常约 500mm。内、外波纹筒之间灌注高等级混凝土，外波纹筒与土体之间灌注低标号混凝土，内波纹筒中回填原状土。

高强度预应力锚栓自锁系统是沉筒式无张力基础的关键技术之一。通过高强度锚栓可以把风电机组塔筒固定在沉筒基础座上。在风电机组设备完成吊装后，对锚栓进行后张拉。锚栓的预拉应力可以保证混凝土筒体在任何荷载条件下均处于受压状态，不会产生拉应力而造成筒体的破坏。

沉筒式无张力基础依靠高强度预应力锚栓自锁系统连接风电机组塔筒和基础筒体，通过混凝土筒体将竖向荷载传递至下部土体。沉筒通过筒外的素混凝土与周围土体连成一个整体。沉筒下部中性以上的土体产生主动土压力，中性点以下的土体产生被动土压力，共同抵抗上部荷载产生的倾覆力矩。

沉筒式无张力基础需适用专业设备或长臂挖掘机进行基坑开挖，适用于地下水位较深、土质条件均匀、能够垂直开挖的地区。这种基础型式在国内湿陷性黄土地区已有应用。相比重力式扩展基础，沉筒式无张力基础节省钢筋 30% 以上，节省混凝土 40% 以上，减少开挖量 50% 以上，具有较好的经济性。并且钢筋绑扎简单，施工方便，施工周期较短。但是，这种基础型式对沉筒内外波纹钢筒的材料强度、弹性模量、防腐等要求较高。目前，国内已建成的风电场多使用国外进口的波纹钢筒，造价偏高且缺乏计算模式、受力模型以及实际运行数据，沉筒式无张力风电机组基础在国内风电场并未得到广泛使用。

4.2.1.2　海上风电机组基础型式

海上风电机组基础结构具有重心高、所处海洋环境荷载复杂、承受的水平风力和倾覆弯矩较大等特点，因此海上风电机组基础的造价是影响海上风电工程总造价的主要因素之一。目前国外研究和应用的海上风电机组基础从结构型式上主要分为重力固定式、支柱固定式及浮置式基础。其中，支柱固定式基础又包含单桩、三脚桩、导管架、多桩和吸力筒等型式的基础。

1. 重力式基础

重力式基础，顾名思义是靠重力来保持风电机组平衡稳定的基础，主要依靠自身质量使风电机组矗立在海面上。其结构简单，造价低且不受海床影响，稳定性好。缺点是需要进行海底准备，受环境冲刷影响大，且仅适用于浅水区域。优点是不需要打桩，直接减少了施工噪声。

世界上早期的海上风电场多采用重力式基础，钢筋混凝土结构，其结构原理较简单，一般适合于水深在 10m 以下的浅水海域。重力式基础造价成本相对比较低，其成本随着水深的增加而增加，不需要打桩作业。重力式基础的制造过程是在陆地上，通过船舶运输到指定地点，基础放置之前要对放置水域地面进行平整处理，凿开海床表层。基础放置完成之后用混凝土将其周边固定。

Thornton Bank 海上风电场是比利时第一个海上风电场，也是世界上第一个使用重力式基础的商业海上风电场，如图 4-1 所示。该风电场位于比利时海岸线以北 27~30km 处，水深 6~27.5m。风电场部分风电机组使用重力式基础，建造和运输重量约 1200t；安装后使用细沙或碎石填满，总重量超过 6000t。为了安装这种重力式基础，施工单位动用了总数超过 100 次各种船只和海上平台，其中包括 2007 年时世界上最大的起重船 Rambiz（最大起重重量 3300t）。

图 4-1 Thornton Bank 海上风电场的重力式基础

重力式基础的缺点有以下方面：

（1）水下工作量大，结构整体性和抗震性差，需要各种填料，且需求量很大。

（2）重力式基础随着时间的推移仍存在下沉问题，这与其本身结构、风电场地质结构、施工方式有关。

（3）通过船舶将重力式基础运输到海中的施工成本大且费时费力，同时对船舶的要求很高。

目前国内海上风电场没有使用重力式基础的案例，国外基本上已不再采用此种基础建设方式。

2. 单桩基础

单桩基础即单根钢管桩基础（Monopile），其结构特点是自重轻、构造简单、受力明确，结构示意如图 4-2 所示。单桩基础由一个直径在 3~6m 之间的钢桩构成。钢桩安装深度由海床地面的类型决定。单桩基础的优点是不需整理海床，但是它需要防止海流对海床的冲刷，而且不适用于海床内有巨石的位置。单桩基础一般适用于水深小于 25m 的海域。大直径钢管桩方案结构受波浪影响相对较小。目前此种基础结构在国内外风电场应用很广泛。

单桩基础结构适用范围广泛，目前为风电市场的主流基础结构。单桩基础具有生产工

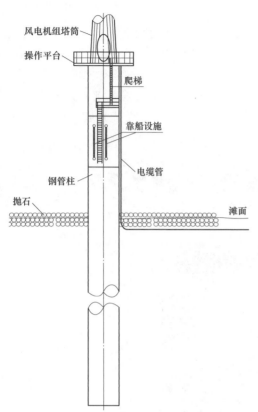

图 4-2 单桩基础结构示意图

艺简单、施工成本低、施工过程简单易控制、施工单位经验丰富等优点，但是用它作为海上风电机组基础并不十分成熟，在国外海上风电场中已经出现了单桩倾斜的案例。单桩倾斜角度的产生是受潮汐、浪涌冲击的必然结果。

3. 三脚架式基础

三脚架式基础（Tripod），亦称三桩基础。三脚架式基础适用水深为 15～30m。基础的水平度控制需配有浮坞等海上固定平台完成。基础自重较轻，整个结构稳定性较好，在国内外多个海上风电场得以应用，如图 4-3 所示。

三脚架式基础的工作特点有以下方面：

（1）用三根中等直径的钢管桩定位于海底，埋置于海床下 10～20m 的地方，三根桩成等边三角形均匀布设，桩顶通过钢套管支撑上部三脚架结构，构成组合式基础。三脚架为预制构件，承受上部塔架荷载，并将应力与力矩传递于三根钢桩。

（2）三脚架式基础是由石油工业中轻型、经济的三支腿导管架发展而来的，由圆柱钢管构成。三脚架的中心钢管提供风电机组塔架的基本支撑，类似单桩结构，三脚架可采用垂直或倾斜套管，支撑在钢桩上。这种基础设计由单桩结构简化演变而来，同时增强了周围结

(a) 中国如东海上风电场（GW风电机组）

(b) 德国阿尔法图斯风电场（Multibird风电机组）

图 4-3 实际工程中的三脚架式基础

构的刚度和强度。钢桩嵌入深度与海床地质条件有关。由于需要打桩的缘故，三脚架结构通常不适于在海床存在大面积岩石的情况。

4. 导管架式基础

导管架式基础（Jacket）是深海风电场基础型式未来发展趋势之一。导管架式基础也是多桩基础型式之一，可以是三桩导管架或者四桩导管架等"网格的多桩型式基础"。导管架的荷载由打入地基的桩承担。德国的阿尔法文图斯海上风电场 6 台 Repower 风电机组全部都是采用导管架式基础，如图 4-4 所示。

图 4-4　阿尔法文图斯风电场 Repower 风电机组导管架式基础

导管架式基础的优势是强度高、安装噪声较小、重量轻，适用于深海领域的大型风电机组，但是造价昂贵、需要大量的钢材、受海浪影响容易失效、安装的时候受天气影响较严重。该基础适用于 5～50m 范围内的水域，可避免海上浇筑混凝土，具有海上施工量小、安装速度快、造价低、质量易保证的特点。

5. 多桩式基础

多桩式基础又称群桩式高桩承台基础，应用于海上风电机组基础之前，是海岸码头和桥墩基础的常见结构，由基桩和上部承台组成。斜桩基桩呈圆周形布置，对结构受力和抵抗水平位移较为有利，但基桩相对较长，总体结构偏于厚重。适用水深 5～20m。因波浪对承台产生较大的顶推力作用，需对基桩与承台的连接采取加固措施。基桩直径小，对钢管桩的制作、运输、吊运要求较低。

上海东海大桥海上风电场项目使用的基础即为多桩式基础，由基桩和承台等组成，如图 4-5 所示。采用 8 根中等直径的钢管桩作为基桩，8 根基桩在承台底面沿一定半径的圆周均匀布设。钢管桩直径 1.2m（壁厚 2cm），桩长 44m。承台采用钢筋混凝土结构。沉桩结束后，基础海底表面抛铺厚度约 2m 的高强土工网装碎石，以防水流冲刷。

(a) 基桩　　　　　　　　　　　　　(b) 承台

(c) 承台养护　　　　　　　　　　　(d) 施工基础全貌

图 4-5　上海东海大桥海上风电场基础施工分解示意图

6. 其他概念型基础

（1）吸力式基础（The Suction Foundation）也称为负压筒式基础，分为单柱及多桩吸力式沉箱基础等。吸力式基础通过施工手段将钢裙沉箱中的水抽出形成吸力。相比单桩基础，该基础因利用负压方法进行，可大大节省钢材用量和海上施工时间，具有较好的应用前景，但目前仅丹麦有成功的安装经验，其可行性尚处于研究阶段。

吸力式基础的优点是安装尤其是拆卸具有明显的便利性，在拆卸时只需平衡沉箱内的外压力即可将沉箱轻松吊起。对于吸力式基础来说，要达到"下得去、站得稳、起得来"，即能够平稳地、保持一定垂直度地沉下去；沉下去之后，能够在工作期间不失平稳而导致整个平台倾覆、滑移或拔除等破坏。

（2）漂浮式基础。漂浮式基础是未来深海海域风电场的趋势之一，目前在挪威西南部海岸 10km 处有一台实验式风电机组（Hywind）的漂浮基础投入运行。据开发公司介绍，漂浮式基础适用于水深 120～700m 的海域，而目前海上风力机组的基础基本都架设在水深不到 60m 的海域。

漂浮式基础类型包括：①荷兰式半潜三角漂浮物式；②驳船式；③带有两排张索的柱形浮标式；④三臂单体张力腿式；⑤带有重力锚的混凝土三臂单体张力腿式；⑥深水圆

柱式。

漂浮式的基础与其他基础比较而言不稳定，必须有浮力支撑整个风电机组的重量，并在风电机组可接受的摇晃角度的范围内进行控制，除需考虑风电机组有效荷载外，设计漂浮式基础还必须考虑当地海域波浪冲击、洋流等海域变化情况。

目前已完成的海上风电机组漂浮式基础只有挪威一个实验项目，没有足够的数据和成熟的技术和经验，而且先拥有此项技术的国家、公司对其技术严加保密，再加上不同海域地质情况以及风电机组、环境荷载有不同特点等，对于漂浮式基础的开发和研究需要投入大量的人力、物力和财力。预计漂浮式基础相关技术在 2020 年左右将趋于成熟。

　　7. 不同基础型式的优缺点

海上风电机组基础受波浪、海流、风荷载等多种荷载作用，施工以及风电机组安装都非常困难。风电机组基础设计时，影响其基础选型的因素包括海床地质条件、离岸距离、水深以及海上风、浪、流、冰等荷载作用、生态环境的影响等。同时，海水环境对基础结构有腐蚀作用，要达到设计年限还必须采取适当的防腐措施。因此，应根据不同的地质条件、水文气象环境、风电机组荷载参数等选择不同基础型式，各种基础型式优缺点对比，见表 4-1。

表 4-1　风电基础适用条件及优缺点对照表

基础型式		适用条件	优　　点	缺　　点
重力式		水深一般小于 10m、海床较为坚硬的海域	结构简单，采用相对便宜的混凝土材料，抗风暴和风浪袭击性能好；目前其稳定性和可靠性是所有基础中最好的	需要预先做海床准备；体积、重量均大，安装不便；适用水深范围太过狭窄，水深增加，经济性得不到体现，造价反高于其他基础
支柱固定式	单桩	水深小于 25m、海床较为坚硬的海域	制造简单，安装时不做任何海床准备	受海底地质条件和水深的约束较大；对冲刷敏感，在海床与基础相接处需做好防冲刷防护
	三脚架式	水深 15～30m 的海域	制造简单；安装时不做任何海床准备；可用于较深海域；基本不需要冲刷防护	受海底地质条件约束较大；不宜用于浅海域，在浅海域安装或维修船有可能会与结构的某部位发生碰撞；建造与安装成本高
	导管架式	水深 5～50m 的海域	导管架的建造和施工方便，受波浪和水流的荷载相对较小，对地质条件要求不高	相对节点最多，每个节点都需要专门的加工，需要较大的人力；其造价随着水深的增加呈指数增长
	多桩式	适用水深 5～20m 的海域	对结构受力和抵抗水平位移较为有利；这种类型基础的施工船机较多	海上施工周期较长；桩基相对较长，总体结构偏于厚重

续表

基础型式		适用条件	优　点	缺　点
支柱固定式	吸力式	海床为砂性土或软黏土的浅海域	节省钢用量，节约成本；负压施工，速度快；由于筒基插入较浅，只需勘察海床浅部地质；可以二次利用	筒内外水压差将引起土体渗流，过大渗流可能致使筒内土体液化而发生流动，使筒基在下沉过程中容易产生倾斜，需频繁矫正
	飘浮式	水深大于 50m 的深海域	安装与维护成本低；在其寿命终止时，拆除费用也低；对水深不敏感，安装深度可达 50 m 以上；波浪荷载较小	稳定性差，平台与锚固系统的设计有一定难度

4.2.2　台风破坏统计分析

4.2.2.1　基础环破坏

（1）2003 年 9 月 11 日强台风"鸣蝉"吹袭日本宫古岛，其中 1 台 Enercon 500kW 风电机组基础环发生破坏而倒塔，具体如图 4－6 所示。

图 4－6　2003 年日本宫古岛风电机组
在台风"鸣蝉"中基础破坏

分析原因。台风"鸣蝉"过后，应用包括地脚螺栓、基础环、钢筋笼在内的有限元模型，计算塔顶位移和基础弯矩之间关系，分析基础破坏原因。计算发现最终发生破坏的弯矩超过极限，塔顶位移在 1m 时，弯矩瞬间降低，部分位置单位体积内的剪应变达到极限值而引起的塑性流动破坏，基础材料韧性不够导致基础破坏。

（2）2006 年 8 月 10 日的超强台风"桑美"中，我国浙江苍南鹤顶山风电场 28 台风电机组全部受损，其中 2 台刚完成吊装的 750kW 风电机组在基础环下方截断，具体如图 4－7 所示。

分析原因。鹤顶山风电场风电机组基础采用二次浇筑而成，先浇筑一块正方形的钢筋混凝土底板，然后再将基础筒置于该底板上进行第二次浇筑，上、下两部分通过预留插筋连成一体。显然，分两次浇筑时已严重破坏了结构的整体性，同时插筋数量、强度及锚固长度等均不满足抗台风要求，因而留下了较大安全隐患。因此，风电机组基础结构型式不合理、结构尺寸及埋深过小是结构整体倾覆最为重要的原因：①基础环（法兰筒）的底端在基础台柱和底板的分界面，没有伸入基础底板与扩展基础形成整体；②基础台柱和底板混凝土分两次浇筑，且没有采取可靠的缝面处理措施，缝面粘接质量差，影响了台柱与底板之间的整体性；③从拉断的基础台柱底部断面看，穿越台柱与底板之间的圆周向配筋太少，钢筋间距达 60cm 左右，进一步削弱了台柱与底板混凝土之间的整体性连接，台柱高度方向的配筋很少，钢筋间距在 40cm 左右，削弱了台柱本身的刚度；④混凝土级配和混凝土现场搅拌质量不理想。

（3）2007 年 1 月 11 日，日本本州岛 Higashidori 风电场 1 台风电机组因基础钢筋拔出导致风电机组整体倒塌；2009 年 12 月 27 日，纽约 Finner 风电场 1 台 GE1.5MW 风电机组因基础环下方截断导致风电机组整体倒塌。

分析原因。基础在基础环以下、底板以上区段内竖向钢筋要承受全部外力，基础环已不起作用，此处为强度薄弱环节；在基础

图 4-7　2006 年苍南鹤顶山风电机组
在台风"桑美"中基础破坏

环范围内，基础刚度很大，不产生裂缝，所有因转角产生的裂缝集中在基础环和底板之间，裂缝宽度增大，此处为基础刚度薄弱环节；基础薄弱环节裂缝集中、荷载长期作用下不断发展，使钢筋易于锈蚀。此外基础环还存在整体性差和经济性差的缺点。

4.2.2.2　基础整体倾覆

2002 年 10 月 28 日，强风暴过境德国西北部 Goldenstedt，导致 1 台高 70m 的风电机组的基础及上部结构整体倾覆，如图 4-8 所示。导致事故发生的原因有：基础直径较小、埋深较浅，没有很好地嵌入地基土中，抗倾覆能力差；由于地基土为沙土，而浅埋深造成基础持力层含水量很容易受降雨、地表水等影响；随着含水量的升高，作为持力层的沙土强度大大降低；在大风作用下，基础受压侧的土体结构由于抗压承载力不足发生破坏，变形急剧增大，进而引起风电机组的整体倾覆。

4.2.2.3　法兰破坏

图 4-8　2002 年德国 Goldenstedt 风电机组
在台风"蔷薇"中基础破坏

2008 年 9 月 28 日 0815 号超强台风"蔷薇"登陆台湾宜兰县，造成台湾台中港风电场 2 台风电机组倒塔。事故鉴定分析工作认为造成倒塔原因包括强台风造成荷载过大、法兰连接螺栓强度不足以及高强螺栓施工质量问题等。2014 年 7 月 18 日 1409 号超强台风"威马逊"先后登陆海南文昌和广东徐闻，徐闻的勇士风电场部分风电机组也发生此类原因导致的倒塔事故，如图 4-9 所示。

分析原因。法兰是唯一连接基础与塔筒、各段塔筒之间的部件，非常重要。由于风电机组的塔筒法兰多为锻造法兰，其螺栓紧固采用扭矩法拧紧。拧紧螺栓时，向紧固件输入能量，撤去拧紧力矩后螺旋副的自锁作用和螺母、螺栓头支承面与法兰板接触表面上的摩擦力可避免螺母的回弹。

在随机风荷载作用下，法兰螺栓承受拉、压循环作用。在拉、压交变荷载作用下，螺

纹发生塑性变形导致应力松弛，进而导致螺栓预拉力衰减，螺栓预拉力衰减到一定程度引起螺帽底面抗回弹扭矩的减小，从而加剧螺母松动或者螺栓连接预紧力减小或者消失。螺栓预紧力的减小将恶化法兰的受力、降低结构承载力甚至引发严重的结构安全事故。

图4-9 2014年强台风"威马逊"导致风电机组法兰螺栓破坏而倾覆

4.2.3 抗台风设计

1. 反向平衡法兰

反向平衡法兰是一种新型的法兰，可应用于受疲劳荷载作用的风电机组各段塔筒的连接，其主要特点为反向的法兰板和加劲板在塔筒内侧向心设置并形成平衡面，具体结构示意如图4-10所示。与普通法兰不同，反向平衡法兰的加劲板在前、法兰板在后，因此不增厚法兰板仅增高加劲板即可增加法兰刚度，同时增高加劲板使螺栓增长有利于精确施加螺栓预拉力。

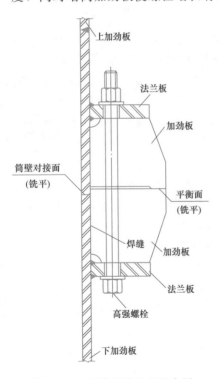

图4-10 反向平衡法兰示意图

针对扭矩法拧紧高强螺栓导致螺栓拉、扭复合受力强度降低以及螺杆内回弹扭矩长期存在导致易松动等问题，反向平衡法兰螺栓采用液压张拉器紧固。此外，利用反向平衡法兰的下加劲板突出并卡紧上段塔筒筒壁，能有效地避免法兰垂直于螺栓轴的错动和振动。通过对应用3年的反向平衡法兰螺栓跟踪实测表明，采用这些措施使得反向平衡法兰螺栓具有良好的防松性能，能节约可观的法兰螺栓维护成本。

与锻造法兰相比，反向平衡法兰改变了风电机组塔筒的连接技术，具有以下优点：

（1）螺栓操作间距不受加劲板影响，螺栓布置细密紧凑，法兰板减薄。

（2）减小钢材20%以上，同时降低法兰部分每吨成品单价的30%。

（3）端铣加工面减少，生产能耗、造价降低。

（4）反向平衡法兰与塔筒对接的焊缝为同材质的筒壁对接焊缝，与塔筒其他对接焊缝相同，易于保证焊接质量。

（5）焊接量较少，焊接便利。

（6）能有效地改善法兰与筒壁焊缝的受力状况，解决了焊接热影响区的缺陷问题。

（7）与反向平衡法兰配套的施工器具——高强螺栓液压张拉器是保证风力发电机塔筒刚性连接的重要技术措施，可对螺栓精确施加预拉力从而达到抗疲劳和免维护功能。

锻造法兰与反向平衡法兰的性能对比，见表4-2。原有的连接法兰以及塔筒全部为柔性连接，而反向平衡法兰是刚性法兰型式，因此破坏了风电机组塔筒的整体性能会在一定的条件下引起风电机组的刚度突变进而导致风电机组频率的变化。厂家必须对风电机组整体模型进行全面计算以及考量后才能判定是否选用反向平衡法兰，相比较锻造法兰的连接方式，其施工难度较大。

表4-2 锻造法兰与反向平衡法兰的性能对比表

项 目		锻 造 法 兰	反 向 平 衡 法 兰
技 术	结构型式	焊缝少，抗疲劳性能好，法兰刚度大，离焊接热影响近，装配时容易焊接变形	柔性结构、焊缝较多，离焊接热影响区远，容易装配、焊接便利
	螺栓长度张拉方式	螺栓较短，采用扭矩法施工，预拉力不易控制	螺栓细长，采用张拉法施工，精确控制预拉力值从而达到抗疲劳和免维护功能
	成品率	原材材料利用率、产品成品率低	原材材料利用率、产品成品率高
	维护	螺栓容易松动，每半年必须进行检修维护	维护螺栓不易松动，降低维护频率为3年
成本		制造成本高、后期维护成本高	制造成本较低、维护成本低
能耗		能耗较高	能耗较低

2. 基础改进设计

风电机组基础往往承受较大弯矩和较小压力，独立扩展基础抗压能力有余、而抗弯效率不高，基础底板在边缘处与地基脱开往往起控制作用。因此在基础底板中心垫圆形聚苯乙烯板，减小并优化环形基础底板与地基接触面，使压应力增大、弯曲应力基本不变，可缓解基础边缘脱离地基土的现象。此外，结合工程实际地基土类别适当选取基础结构型式（如锚杆、桩基础等）是提高基础安全性的重要措施。

3. 预应力锚栓

针对基础环基础的强度、刚度突变，易于造成脆性破坏的缺点，采用预应力锚栓连接塔筒和基础的方式可以得到较好改善。预应力锚栓的基础示意如图4-11所示。其中：锚栓贯穿基础整个高度直达基础底板，基础整体性好；采用高强螺栓液压张拉器对锚栓施加准确的预拉力，使上、下锚板对钢筋混凝土施加压力，基础受弯作用时，混凝土压应力有所释放但始终处于受压状态，混凝土不产生裂缝，其耐久性得到提高；基础柱墩中竖向钢筋几乎不受力，仅需按构造配置预

图4-11 预应力锚栓基础示意图

应力钢筋混凝土中的非预应力钢筋；钢筋和锚栓交叉架设，不影响相互穿插，基础整体性好。

此外还有以下优势：

（1）用直接张拉法对锚栓施加预拉力，避免了锚栓在拉、扭复合应力状态下的脆性折

断，提高锚栓的强度和基础安全性。

（2）将单件重量较大的基础环改为可以分件组装的锚栓后，单件重量显著减小，在基础施工阶段仅用较小吊车即可，节约了施工机具费。

（3）配套施工措施可精确调整锚栓组合件的水平度和垂直度。

（4）施工简便、一次浇捣（国外技术为二次浇捣）。

4.3　塔架抗台风设计

塔架主要分为钢筋混凝土结构、桁架结构和钢筒结构三种，具体有以下特点：

（1）钢筋混凝土结构。其可以现场浇注，也可以在工厂做成预制件，然后运到现场组装。钢筋混凝土结构塔架的主要特点是刚度大，一阶弯曲固有频率远高于风电机组工作频率，因而可以有效避免塔架发生共振。早期的小容量风电机组中曾使用过这种结构。但是随着单机容量增加、塔架高度升高，钢筋混凝土结构塔架的制造难度和成本均相应增大，因此在大型风电机组中很少使用。

（2）桁架结构。其主要优点是耗材少、便于运输；但主要缺点是需要连接的零部件多，现场施工周期较长，运行中还需要对连接部位进行定期检查。在早期小型风电机组中，较多采用这种桁架结构。随着塔架高度不断增高，这种桁架逐渐被钢筒塔架取代。但是，在一些高度超过 100m 的大型风电机组塔架中，桁架结构又重新受到重视。因为在相同的高度和刚度条件下，桁架结构比钢筒结构的材料用量少，而且桁架结构的构件尺寸小，便于运输。对于下风向布置型式的风电机组，为了减小塔架尾流的影响，也多采用桁架结构塔架。

（3）钢筒结构。这是目前大型风电机组主要采用的结构型式，从设计与制造、安装和维护等方面看，这种型式的塔架指标相对比较均衡。

塔架的主要功能是支承风电机组的机械部件和发电系统（重力负荷），承受风轮的作用力和风作用在塔架上的力（弯矩、推力及对塔架的扭力），塔架还必须具有足够的抗疲劳强度，能承受叶轮引起的振动荷载，包括启动和停机的周期性影响、阵风和风向突变、塔影效应等。这些荷载共同作用下的塔架因疲劳而失效的情况较少，但可能因其顶端位移（挠度）过大而引起机组强烈共振，导致风电机组不能运行。更为严重的是叶轮、机舱与塔架在特定环境下产生共振，特别是在高风速与湍流共同出现的情况下产生共振，将可能引发塔架弯折的恶劣事故。

塔架自振频率高于运行频率的塔称为钢塔，低于运行频率的塔称为柔塔。塔架的刚度要适度，其自振频率（弯曲及扭转）要避开运行频率（叶轮旋转频率的 3 倍）的整倍数。在设计塔架时必须考虑其可能发生的共振频率以及极端荷载，并通过加强塔架强度并使用有效的减振措施，改进制造工艺，避免应力集中，有效提高塔架的设计寿命和抗高风速能力。

4.3.1　塔架破坏统计分析

强台风正面袭击风电场时，极限风速可达 50m/s 甚至 70m/s 以上。面对极端风荷载及由风荷载脉动分量引起的结构振动效应，即便采取停机顺桨措施也难有效控制风电机组结构的动力响应，不同塔筒段连接处、塔筒与基础连接处及下段塔筒极易发生失稳或强度破坏，也有部分风电机组塔筒上部屈服破坏。各类塔筒发生倒塔事故时的现场情况如图4-12所示。

2005年，Takeshi Ishihara等根据日本宫古岛风力机倒塌资料和实测的台风风速，应用有限元方法分析了塔顶位移、塔筒水平荷载、最终倾覆弯矩、风荷载与塔筒门方向的关系，研究了风电机组偏航方向、风向和塔筒门相对位置对风电机组倾覆的影响，发现风向与塔筒门之间0°～40°时最容易发生结构屈服。风向和机舱方向夹角较小时，风荷载较大，当风向和塔筒门方向之间夹角较小时，容易发生结构屈服。

2013年，王振宇等基于Shinozuka理论模拟台风脉动风场，应用有限元模型，根据叶片质量和刚度分布建立叶片等效模型，采用叶素理论计算并比较风力机的风荷载，分析叶片所处位置对其风荷载的影响。在风电机组顺桨、风向突然偏转90°、偏转180°等工况下，分析强台风作用下的风电机组位移和加速度响应随时间的变化，以及对塔架最不利的应力分布。台风环境下存在台风风向突然偏转的可能，是更为不利的工况，会造成顺桨叶片上的风荷载显著增大。计算表明当风速为70m/s、风向突然偏转90°时，风电机组塔架迎风面和背风面大部分区域会屈服，塔顶位移不收敛，塔架16.8m高处发生屈服破坏。强台风环境下，局部风速瞬时增大以及风向突变是造成风电机组倾覆的原因之一。

2014年，章子华等采用不随高度变化的台风脉动风功率谱，基于线性滤波法与竖向相关性简化表达式模拟沿海某风电场台风风场模型，并通过功率谱密度函数验证其准确性。建立风电机组结构—桩基础耦合有限元模型，分析极端风况下风电机组主体结构可能破坏模式。结果表明，塔架屈服区域集中在塔架底端约4m高度范围内，呈锥形分布。塔架底端与基础预埋环连接处最不利。在上限台风风速条件下，塔顶水平位移超出容许值。假定的两种风速条件下（32.7m/s和41.4m/s），最不利单桩轴力均未超出限值。该方法可为研究风电机组结构在极限风况下非线性倒塔奠定重要基础。

风电机组倒塔实例和结构荷载计算分析表明，实际风速大导致作用在塔架上的风力超过设计最大值，结构强度不够是导致塔架屈服破坏的直接原因；台风方向不断变化，导致叶片并不在顺桨状态时承受了较大的风力，从而加大了塔架倾倒的外力矩；台风方向不断变化，风电机组不能及时调向成顺风式或者逆风式，以致作用在风电机组上的侧倾力变大，塔架的侧倾力矩变大而倒塔。

4.3.2 塔架抗台风

基础和塔架构成风电机组的支撑结构，任何破坏均可能导致整台风电机组毁灭性破坏，而且灾后恢复的代价也非常巨大，尤其是对海上风电机组而言，因此不论是安全系数的选择还是结构设计中的细节，需对塔架的设计高度重视。在设计中要使用台风专用安全系数修正后的极端荷载对塔架各承重部件进行强度校核，综合考虑选择足够强度的壁厚配置。对塔架的其他部分如螺栓、法兰、焊缝等也根据荷载报告进行极限强度校核，确保塔架适合台风地区的极限风况。

(a) 塔筒门上方折断

(b) 塔筒下部折断

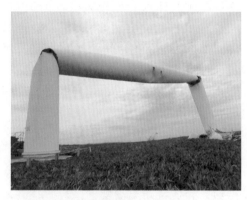

(c) 塔筒下部、上部两处折断

(d) 塔筒中部折断、顶部法兰断裂

(e) 塔筒上部与中部连接法兰折断

(f) 塔筒上部折断

图 4-12 塔架结构在强风中屈服倒塔现场图

4.3.2.1 设计阶段

强化台风的观测和分析，通过获取大量具有代表性的台风的强风区能够反映强脉动特性的高频观测资料，建立适合工程区域特定地形条件下的具有统计意义的台风谱模型，是进行包括塔筒在内结构荷载计算以抗台风的基础，对复杂地形的山地风电场尤为重要。

进行仿真分析是综合考虑叶片安装角、风轮锥角、风轮仰角、悬距、塔架气动阻力系数和塔架线密度等对塔架风荷载的影响。在实际工程中塔架设计时应根据不同的翼型、塔高、控制方式等进行核算。计算工况应包括极端风况条件下风向变化过程中塔筒的静态挠度、弯矩、弯应力及底端连接螺栓的拉应力。

4.3.2.2 加工建造阶段

（1）严把采购渠道不动摇。在风电机组塔架招标选型时，应选择技术成熟、质保体系完整的制造厂。塔架必须由具备专业资质的机构进行监造和监检，不得自行监理，禁止塔架生产厂家将塔架分包加工；在塔架采购协议中注明，母材、高强螺栓、焊料等关键部件必须由具备相应资质的供应商提供；塔筒钢板材料下料前必须进行无损检测，环锻法兰入厂应进行几何尺寸、100%超声波探伤和100%磁粉探伤检验，材料代用经业主审批认可后，办理相关代用手续。

（2）加强制作过程全程监督。在塔架制作过程中，加强生产中的下料、筒节卷制、焊接、组对、喷砂、防腐涂层等过程控制，严格执行法兰内倾、平面度、平行度检测、喷砂除锈检查及防腐涂层检测标准；在风电机组基础浇筑阶段，施工监理要进行全过程旁站监督，确保风电机组基础施工工艺符合相关标准要求，严格、规范执行风电机组基础的养护，并做好相应的养护记录。

4.3.2.3 施工阶段

做好设备进场、安装工作。具体工作有：①风电机组塔架进场后，要详细检查设备防护罩、塔筒法兰、米字支撑固定情况，确保设备卸车位置的地面强度应平整坚实，有足够的承载力，防止出现下沉等现象；②卸车后，应及时对设备包装予以恢复，同时联系具有二级及以上资质的设备安装企业负责进行安装；③对于起重工、起重指挥、焊工等特种作业，要求人员必须持证上岗。

加大风电机组质量验收力度。塔架吊装后的质量验收必须根据风电机组安装作业指导书和相关标准对塔架螺栓力矩、焊缝进行复查，在吊装后1～3个月内，对所有塔架螺栓进行力矩校对，并每月对塔架螺栓松紧情况进行检查。同时，实行季度性定期点检，特别是加强对螺栓力矩和塔架探伤的检查，每次定期检验项目必须包括有关安全回路的测试和各塔架连接部件的检查。

风电机组的力矩维护是风电机组维护的重要项目，也是风电机组安全稳定运行、防止倒塔事故发生的重要措施。风电机组力矩维护包括3个月一次力矩维护、半年一次力矩维护和1年一次力矩维护。

4.3.2.4 运维阶段

定期检测和长期健康监测可以对结构损伤提供预警，以便及时采取相应维护措施。风电机组塔筒健康监测系统通过各种装置，获取结构性态、运行及环境参数，进而通过对数据的分析处理来判别风电机组塔架的健康情况。

风电机组塔架健康监测旨在及时评估结构状况、损伤识别（包括发现损伤、定位损伤及分析损伤程度），并对剩余寿命进行判定。其中，高强螺栓松动或设计扭矩下降、共振、塔架根部裂缝等方面是风电机组塔架健康监测研究的热点。针对损伤识别，有学者提出利用结构物自振频率改变来判别。然而其研究对象为实验室尺寸的结构，针对风电机组塔架这种大型结构，损伤的发生导致自振频率的改变可能不明显，而建模的不精确性、测量数据与处理数据方法及误差、环境参数变化及叶片旋转所产生的离心钢化效应等有可能淹没风电机组塔筒损伤引起的频率信息。有学者提出利用小波变化或希尔伯特黄变换（HHT）来处理由于环境因素带来的非平稳输出响应，还有学者提出利用基于时域的神经网络遗传算法来识别损伤。找寻损伤敏感参数也是研究热点，有研究发现基于振动模态的损伤识别往往是高阶模态参数更敏感，但这些高阶模态在风电机组塔架这样的大型结构不易通过现场实测获取；还有研究提出振型比自振频率对于损伤更为敏感，然而由于实际测量中总是存在着噪声与误差，测得的振型是否足够精确值得讨论。另有研究指出，基于应变模态、模态应变能等应变类参数的损伤识别效果要优于基于振型、柔度矩阵等位移类参数。

气弹性阻尼是风电机组不同于其他建筑结构所拥有的阻尼，在风电机组塔架的健康监测中，准确预估气弹性阻尼也是一项重要但困难的工作。风电机组在运转时，当气动力不可简化为各向同性时，风电机组结构将会呈现复杂非线性特征，如何对复杂非线性体系的损伤进行识别也是风电机组塔架健康监测中一个难题。目前已有的非线性结构损伤识别方法包括神经网络方法，希尔伯特黄变换（HHT）变换，基于统计信息的建模等。

推进风电机组塔架结构设计、建造的同时，对已建成风电场检测维护也是一项重要的工作。对于这些现役风电机组塔架开展经济有效的检测或者监测，则是指导风电场维护的重要依据。健康监测的目的很大程度是为了及时识别结构内部发生的损伤，虽然基于健康监测的损伤识别方法众多，然而这些损伤识别方法用于监测风电机组塔架实际结构时，仍存在一些问题，如损伤敏感参数难以确定、风电机组塔架在运转时出现复杂的非线性等。另外，利用结构整体动力参数的改变进行判别，对结构物易损局部直接开展测量以及基于整体特性的其他损伤识别方法等综合判断可能是一种值得尝试的途径。

在实际风电场运维中，应特别注意可能的风电机组倒塔的征兆：风电机组震动极大；飞车；塔架出现裂痕（焊缝开裂）；法兰连接螺栓松动（预紧力和预紧扭矩值没有达到要求）或断裂；混凝土基础沉降严重、裂纹、风化严重；塔基周边发现严重土壤流失、塌陷、松弛等情况。

4.3.2.5 新技术探索

1. 引入结构振动控制技术

结构振动控制在建筑工程以及桥梁工程中，被动控制技术已经比较成熟，主动控制技术亦逐渐获得了认可，两者均在实际工程中取得了极好的应用。但在能源工程当中，结构振动控制技术的应用尚较少。风电机组抗台风设计本质上是安全与经济的博弈，引入结构振动控制技术将促使其达到一个较为理想的平衡。

结构振动控制技术利用外加系统改变结构的频率、阻尼等参数使结构振动在可控范围内，从而降低结构的疲劳损伤或防止结构在极端荷载下的破坏。安装于风电机组塔架上的振动控制装置需考虑安装空间狭小、需各向制振、需考虑多振型影响等各种因素。对风电机组塔架结构自身减振，主要采用被动耗能装置，包括调谐质量阻尼器（TMD）、调谐液体阻尼器（TLD）及在这基础之上发展起来的调谐液柱阻尼器（TLCD）、环形调谐液柱阻尼器（CTLCD）和黏弹性阻尼器（VED）等。随着塔架规模增大，被动减振装置在风电机组塔架结构振动控制方面的应用也受到越来越多的关注。

在理论模拟基础上，有学者探索风电机组塔架阻尼装置的开发。对于锥筒型塔架，由于塔架内部空间一般还安装有爬梯、电缆等设备，其他高柔结构上使用的阻尼系统在风电机组塔架的应用受到一定的限制，所以有学者针对性地提出减振环、油摆阻尼及组合支撑阻尼、圆球减振装置等。然而，这些阻尼装置大多只能针对结构一个固定的频率（基本上为第一振型）效果明显；由于风电机组塔架减振最好能考虑多个共振频率（例如，塔架一阶频率、1P、3P 等），所以传统的阻尼器不一定能达到这样的效果，继而有人研究变频调谐质量阻尼器，但其变刚度系统需气泵和液压缸组成，在风电场实际环境下使用不一定方便。

Murtagh 等考虑叶片-塔体的耦合，通过在塔顶设置调谐质量阻尼器来减少风电机组塔架振动位移；Colwell 和 Basu、Karimi 等则讨论了调谐液体柱阻尼器在海上风电机组塔架振动控制方面的应用，表明合理设置阻尼系统可以减小塔顶位移、塔底弯矩，提高结构的抗疲劳性能；Soltani、Lackner 和 Rotea 也进行了风电机组塔架减振研究，但侧重于研究风电机组内部机械系统。

颗粒阻尼技术利用微小颗粒之间的摩擦和冲击作用消耗系统振动能量，具有减振频带宽、耐久性好、对温度变化不敏感、布置位置灵活等优点，已被研究用于航天机械和高层建筑的减振，其在风电机组塔架振动控制方面的应用值得探索。随着塔架增高、造价越来越高，需综合考虑经济因素、减振效果、风电场恶劣使用环境等。

同济大学研究人员研发了两种适用于海上风电机组的阻尼器，两者振动控制原理为：黏滞液体随着风电机组的振动而晃动，液体的晃动对管壁产生动压力，此动压力提供抑制振动的控制力。

（1）图 4-13 为调谐液体柱形阻尼器（TLCD），主要借助阻尼器中晃动的黏滞液体耗能，因而制作方便，成本较低。该阻尼器可通过 U 形管底面与机舱底面固定连接，从而能够较为便利地布置于风电机组的机舱内部。

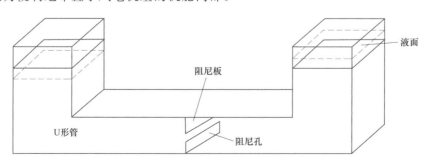

图 4-13 调谐液体柱形阻尼器

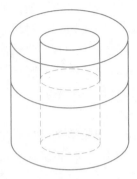

图 4 - 14　圆环形调谐
液体阻尼器

（2）图 4 - 14 为圆环形调谐液体阻尼器（TLD），除制作方便、成本较低之外，由于该阻尼器是圆环形，可以提供 360°制振，任何方向上都能发挥控制效果。因为该阻尼器呈圆环形，故而能够方便地布置于风电机组的塔筒中。

在遭遇台风时，调谐液体阻尼器能够在短时间内消耗大量能量，从而保障海上风电机组整体结构安全。此外，在未遭遇台风侵袭之时，调谐液体阻尼器也能有效控制海上风电机组振动幅度，以延长其工作寿命，并增加其运行稳定性。值得一提的是，与常规抗台风措施相比，阻尼器具有体积小、重量轻、成本低、效果佳、配置灵活等一系列优点，在实际应用中，效果较好。

结构振动作为导致风电机组塔架结构损伤的重要因素，若可以有效地加以控制，则可以避免部分结构破坏，也有助于在经济合理范围内建造更高的塔架。研究经验表明，利用阻尼装置可以实现对高柔结构的振动进行控制，风电机组塔架结构的减振，仍主要依赖于被动耗能减振装置。不过目前用于控制风电机组塔架振动的各类装置大都只针对单一频率的效果明显，少数研究虽已注意到风电机组塔架多频率的减振要求，但因其减振系统较复杂等仍有必要继续探索，实现经济、有效的宽频带阻尼技术。

2. 钢筋混凝土塔架

通常，钢结构由于自重轻、延性好、变形能力强，其抗震性能要优于混凝土结构。然而，分析结构的抗风性能，钢筋混凝土结构有以下优势：

（1）尽管钢结构自重较轻，但由于作用于结构上的风荷载与自重关系不大，而与结构形状、迎风面积、自振周期等因素紧密相关，所以作用于钢筋混凝土结构上的风荷载未必大于钢结构。有研究表明，在装机容量相同的情况下，作用于钢筋混凝土塔筒上的风荷载要明显小于钢塔筒。

（2）综合各国的情况，钢结构的阻尼比一般为 0.01～0.02，钢筋混凝土结构的阻尼比为 0.03～0.08。显然，钢筋混凝土的阻尼比要远大于钢结构的，故而能够消耗较多的能量，对抗台风设计有利。

（3）钢筋混凝土塔筒还有耐腐蚀性好、造价低廉、自重较大等优点。

风电机组基底弯矩与水平荷载均较大，对海上风电机组更是如此，若此时结构自重荷载较大，对风电机组整体结构抗倾覆、控制风电机组基础的基底脱开面积将是很有帮助的。

3. 索塔

索塔结构在输电塔、通信塔、海洋平台等高耸结构中已广泛应用，通过索的轴向拉伸抵抗外荷载作用，可最充分地利用材料的抗拉强度，提高结构的安全系数。极端风况下，若以索承受部分风电机组塔架上的水平风荷载，可有效限制塔架水平位移，将大幅度减小传递至风电机组基础顶部的弯矩，避免风电机组结构发生倒塔破坏，从而保证塔架和基础体型优化后，风电机组结构同时满足正常风况和极端风况下的安全运行要求。

2009 年，章子华等基于非线性振动理论推导了索塔结构的动力平衡方程：采用预应力悬链线单元、实体单元和壳单元，建立高塔架型风电机组和索塔型风电机组的有限元模型；计算两种风电机组结构的自振特性及其在 50 年一遇极端工况阵风作用下的动力响应。结果表明：索塔型风电机组前 2 阶自振频率比塔架型风电机组高，3～10 阶自振频率无明显差异；除最不利单桩轴力最大值外，索塔型风电机组轮毂处的水平大位移区、塔架底面迎风点等效应力最大值及高应力区、迎风面最不利单桩轴力变化幅值等指标均明显小于塔架型风电机组。总体而言，强风条件下索塔型风电机组的受力性能优于现有塔架型风电机组。

由于预应力拉索的水平限制作用，上部结构向塔架底部和桩基础传递的倾覆弯矩显著减小，结构的受力性能得到了有效改善。但由于计算中索塔型风电机组仍采用原有塔架型风电机组的体型和参数，结构安全裕度较大，预应力拉索的优化效果受到一定限制。此外，由于拉索内预拉应力的竖向分力作用，索塔型结构迎风面和背风面最不利单桩轴力最大值大于塔架型结构，因此单桩竖向承载力不宜过小。

4.4 叶片抗台风设计

叶片是风电机组吸收风能的关键部件，也是产生机组荷载主要部件，叶片承受的荷载主要有吸收风载的气动荷载、本身的重力荷载以及转动时产生的离心力荷载。随着风电机组容量不断增大，叶片的长度也越来越长，为了降低成本，薄壳结构的叶片也变得越来越轻巧，结构的挠性变得越大。

叶片在旋转过程中受到大气边界层的剪切风、阵风和湍流、塔影效应、变桨、偏航、气动的不平衡、叶片本身弹性恢复等因素影响，形成了复杂的激振源，由此引发的多因素的结构耦合振动越发引起重视。振动的主要形式表现为挥舞、摆阵和扭转振动（颤振），如图 3-39 所示。

4.4.1 叶片损毁统计分析

在风电机组中，叶片刚度远小于其基础与塔筒的刚度，是柔性最大的构件。此外，为了捕捉更多的风能，叶片通常采用较为复杂的结构型式，故其风致振动形式及失效模式亦复杂多样，其中以叶片局部弯剪扭破坏、叶片根部折断为主。因为叶片根部的弯矩与剪力通常最大，所以叶片根部容易折断。一般来说，叶片会同时承受弯矩、扭矩及剪力，在三者共同作用下，叶片会在局部缺陷处形成纵向、横向两条主裂纹。在反复荷载持续作用下，裂纹逐渐扩展为裂缝，在纵向裂缝与横向裂缝完全贯通时，叶片局部脱落而损毁，具体如图 4-15 所示。

1. 剪扭破坏

在 4.1 节案例一中，发生叶片损坏的 9 台风电机组记录的极大风速未超过 50.7m/s，而现场最高点机位自动采集的极大风速 57m/s，且该风电机组未发生叶片损坏。该风电场选择 IEC IA 类风电机组，在远未达到极限安全风速的情况下发生叶片损坏。因此，该案

(a) 9台风电机组损坏的叶片

(b) 损坏叶片的局部

图 4-15　损坏的叶片

例对分析叶片在台风过程中（包括强风速、地形诱导强湍流、风向快速变化综合外部环境条件等）的损坏具有代表性。

　　风电场灾后事故调查报告资料。叶片主体受力结构未发生毁损性破坏，这与台风瞬时极大风速远未达到设计值 70m/s 的情况相一致。损坏叶片的 9 台风电机组全部位于中等海拔、地形相对复杂的山丘地带；位于海拔相对较低相对平坦地带的（13 台风电机组）和海拔相对最高的（3 台风电机组）叶片未受到损坏。受损的 9 台风电机组，每台都只吹坏了 1 支叶片，其中，7 支处于下垂位置、2 支位于向上位置。

　　叶片损坏大致过程如下：当风速增大到一定程度后，处于不利地形的风电机组叶片先满足起振条件而发生振动，随即自动进入停机或紧急停机状态，偏航系统停止工作；此后，由于风向继续改变，固定不动的风电机组叶片受到的风攻角越来越大，同时风速进一步增大，致使部分叶片完全进入严重发散的扭转颤振状态而损坏。

　　多个机构对案例一中损坏的叶片进行大量调研、分析和研究，具体如下：

　　（1）台风风向并不总是沿着对叶片受力较有利的顺桨方向吹入，也可能从对叶片受力最不利的垂直叶面方向吹入，此时风电机组可能由于电网停电等原因紧急停机而处于刹闸状态，这就大大增加了叶片的荷载。这种复杂荷载工况是目前相关设计标准中无法准确描述和进行验算的，叶片强度很大程度上要靠生产厂家的局部构造设计、材质、部件黏结方式以及生产工艺来保证。有国内叶片专家在实地考察后提出：破坏可能由于叶片扭转刚度不够而产生，并举出了国外类似结构叶片产生了同样破坏现象的先例。国外有专家在考察后提出，应从叶片的构造设计上探寻原因，例如主梁与翼壳之间的黏结强度、叶片后翼连接能否加设铆固装置、叶片空腔率是否太高等。

（2）叶片具明显的扭转破坏特征。风电机组叶片的结构可视为由一根由粗变细的主梁外包两片翼板形成的流线型断面。由于刚度主要由主梁承担，因此如果发生扭转变形，距扭心最远的后缘扭转剪力最大，首先开裂；然后沿叶片横向向主梁扩展，到达主梁与翼板交接处因刚度突变；再改向沿交界线纵向扩展。案例一中叶片破坏的裂缝形式与扭转受力特征完全吻合。

（3）叶片发生了强烈的扭转振动。叶片由玻璃纤维与环氧树脂制成，韧性极佳、不易开裂，因此只有叶片发生强烈的扭转振动，裂缝尖端才可能处于反复作用的高应力状态而致裂缝迅速扩展。据资料记录，在16：34—17：03的0.5h内，16台风电机组均记录到机舱振动并发出停机指令。

（4）丘陵地形易诱发叶片扭转颤振。气动弹性力学上最先发现的颤振是机翼颤振。

风电机组遭遇台风时，当风速超过25m/s后，依据风电机组控制程序，风电机组退出发电状态进入暂停状态，风轮停转，叶片顺桨，偏航系统工作，保持风轮对准风向。叶片顺桨后，总体上处于风攻角最小位置，抵抗扭转颤振的能力较强，即颤振临界风速最大，一般不易发生颤振。而当风向改变致使叶片非顺桨，大攻角位置时，从而诱发下垂叶片进入扭转颤振状态，发生严重的扭转振动。扭转颤振本质上是发散振动，也就是发生了"扭谐振"，其实就是气动弹性力学所指的颤振，它导致裂缝迅速扩展。

（5）风电机组由暂停转入紧急停机状态会使叶片更易发生扭转颤振。据当时调查："风电机组在台风状态下停机或者紧急停机后，按照原出厂设计的控制程序，机组将使叶片顺桨、偏航后停运，此后变桨距系统和偏航系统都将停止工作，处于刹闸状态，这时风电机组相当于定桨距工作状态"。这种处理方式对于抗击台风可能不利。因为停机后偏航系统停止工作，致使在停机前处于顺桨的叶片也会因风向不断改变遭遇大攻角强风攻击，致使发生扭转颤振而损坏。

2. 根部折断

当叶片在台风下产生剧烈扭谐振时，变桨机构的受力大大超过了设计值，部分连接叶片和三角支架的拐臂断裂，或者三角支架本身破裂，叶片位置失去控制，导致一部分风轮带着机械刹车旋转甚至失控飞车。风速超过切出风速时，变桨距的风电机组停机，且叶片均转至90°的顺桨位置，但在系统失电后，机械制动系统动作，刹住风轮，阻止它自由转动，固定不转的风轮在台风湍流中易发生扭谐振，并且往往使叶片受力过大而折断。某风电机组叶片折断后的现场情况，如图4-16所示。

图4-16 叶片折断后的现场图

4.4.2　叶片抗台风

4.4.2.1　柔性叶片

叶片是风电机组的"灵魂"，其性能决定风电机组获取风能的效率，也影响着风电机组的安全。叶片的基本性能主要包括两个方面：①在额定风速内获得风能；②超过额定风速实现卸载。

通常，叶片是按空气动力学原理设计的，在高风速状态下，叶片的空气动力性能不断增强，叶片性能不但不能起到稳速稳频的作用，反而可能影响风电机组的稳定性甚至发生破坏性事故。以 1.5MW 风电机组为例，当风速不小于额定风速时产生的能量为 1.5MW，折算在叶片上的风荷载可达百吨。若 12 级台风的平均风速为 34m/s，而风的能量与风速的三次方成正比，那么在台风状态下叶片产生的风荷载将达千吨以上。虽然，风电机组的控制系统有卸载功能，但任何控制系统都存在滞后性，不可能对叶片及时完全卸载。任何机械装置都无法承受这样大的风荷载形成的冲击力，风电机组也不能避免这种冲击力对变速装置的损坏。

为了避免变速装置的损坏，风电机组又向直驱方向发展，直驱方式省掉了变速装置。这种方式并不能避免强风荷载带来的破坏。沿海地区，强风荷载是造成风电机组不稳定、安全性无法保障的最根本原因，也是造成风电机组被台风损毁的主要原因。叶片强风荷载还会造成风电机组强烈振动，这对风电机组的破坏很强，往往造成疲劳损坏和高故障率。

柔性叶片可以完全克服刚性叶片的缺点，并可以增大受风面积。由于柔性叶片可以根据风速的变化相应改变受风的形状和面积，在增加风能获取量和转化量的同时，改善叶片的受力状态，化解风的破坏力，有利于风电机组安全稳定的运转。其中：①在低风速情况下，叶片变形小，以最佳迎风角和最大迎风面积获取最大风荷载；②在中风速情况下，随着风速增大，叶片变形会逐步增大，逐步减小迎风角和迎风面积，保持所受风荷载大小的相对稳定，保证发电功率的平稳输出；③在高风速情况下，叶片随风速大幅变形，迎风面积大幅减小，风荷载减小，所受风阻大幅增加，叶片的转速不会增快，反而会变慢，不会造成风电机组过载，也无须停机，仍然可以保持正常发电。此时叶片所受风荷载会大幅度减小，就像一棵树会随风弯曲，大幅度减小树所受到的风荷载，这样可以避免台风对风电机组的破坏。所以柔性叶片的智能化调节过程更符合风电机组风荷载特性的要求。而且风荷载特性是靠叶片自身结构的受力形态实现，不存在滞后性，也不存在机械和电子故障，更加简单可靠。

柔性叶片还可以化解阵风的冲击能量，使风电机组的转速更平稳，且能避免叶片紊流和阵风波动对风电机组造成的振动，可以降低疲劳损坏，提高风电机组寿命。柔性叶片对刚性的要求大幅降低，所用的高强材料也大幅减少，制造难度也大幅降低，可以较大降低叶片的制造成本。所以柔性叶片对提高发电量，保证风电机组的稳定可靠、降低风电机组成本都有非常显著的作用，这些优点也将会使柔性叶片成为今后的发展方向。

采用柔性羽形叶片可以开发出高效新型低风速风电机组。通过小型样机的试验，这种风电机组：一级风，能启动；三、四级风，能很好发电；五级风，可以达到满负荷；六级风以上，随着风速的增大叶片的风载会逐渐减小，发电功率也会逐渐减小，可以完全避免叶片产生高风荷载，可以保证风电机组运行平稳，避免强冲击电流的产生，并附加惯性储能装置，保证风电机组具有良好的并网稳定性。

国家能源风电叶片研发（实验）中心为了设计抗台风叶片，采用了钝尾缘叶片技术，同时为了克服钝尾缘翼型导致的叶片阻力升高问题，进行了增升减阻和钝尾缘翼型造型等方面的尝试。2015 年，周文明等发明了一种大型风电机组的大厚度钝尾缘翼型叶片，其叶根部分的横截面外轮廓分为前缘、尾缘、吸力面型线和压力面型线，前缘与尾缘的距离为弦长，其横截面的最大厚度为弦长的 65.0%～75.0%，最大厚度处与前缘的距离为弦长的 25%～35%；横截面的最大弯度为弦长的 0.1%～1.5%，最大弯度处与前缘的距离为弦长的 85%～97%；前缘的半径为弦长的 35.0%～45.0%，尾缘的端面厚度为弦长的 25%～35%。

4.4.2.2 材料

风电机组叶片大型化是各大企业追寻的技术方向之一。当风电机组叶片长度增加时，重量的增加快于能量的增加，因为重量的增加和风叶长度的立方成正比，而风电机组产生的电能和风叶长度的平方成正比。叶片长度的设计要全方位结合机组性能、荷载、发电量、可靠性及噪音等因素进行考量，并不能一味追求叶片的长度。如海上风电机组，需要叶片更加轻量化，同时还具备很强的抗台风能力。叶片的研发思路还是通过整体优化设计从而达到单位电量的成本最优。

随着叶片长度的增加，风力发电装置对增强材料的强度和刚度等性能提出了新的要求，玻璃纤维复合材料性能已经趋于极限，因此在发展更大功率风力发电装置和更长叶片时，寻求性能更佳的复合材料势在必行。叶片大型化，为保证在极端风载下叶尖不碰塔架，叶片必须具有足够的刚度。减轻叶片的重量，又要满足强度与刚度要求，最有效的办法是在主承力梁上利用碳纤维增强效果。国外风电市场已经将大丝束碳纤维复合材料列为叶片首选材料。

当风电机组单机容量超过 3MW、叶片长度超过 40m 时，在叶片制造时采用碳纤维已成为必要的选择。根据测算，叶片越长，使用碳纤维材料就越有优势，因为碳纤维材料不但轻，而且强度很高，不仅可有效降低主梁重量还可以使叶片其他部分减重。

4.4.2.3 智能叶片

智能化是现代大型风电机组发展的必然趋势，具有外部荷载环境和自身结构状态变化感知功能的智能叶片是风电机组实现智能控制、故障诊断与预警、智能设计的前提。虽然实现感知的方式有多种，但以光纤为应变传感元件，优化分布在叶片结构中，形成具有输出叶片荷载、叶片状态信息的新型光纤感知叶片是较为理想的选择。虽然光纤光栅技术和叶片制造技术已趋成熟，围绕叶片的计算、检测和控制所开展的许多研究工作可供借鉴，但光纤感知叶片设计制造仍存在许多问题亟待解决。

叶片应变反映了结构材料的复杂性和叶片所承受多重载荷联合作用，其中：结构材料复杂性包括材料非线性、结构非线性和载荷非线性；多重荷载包括气固耦合、载荷耦合、载荷结构耦合等。因此，通过光纤传感器从叶片应变信息中获取各种载荷、状态信息非常困难，此外光纤与纤维复合材料物理力学性能、机械强度也存在差异。光纤埋入之后，必须保证光纤光栅感知与叶片该位置应变一致，特别是保持经历了疲劳后的感知能力。而且，在含光纤叶片成型过程中，光纤受到高温树脂及其流动的作用，叶片铺层结构、树脂流动速度、局部真空度都将对结构强度特性、光纤传感特性、光纤网络位置精度产生影响，需要通过工艺优化与控制满足设计要求。光纤传感的灵敏度、线性度、重复性和不确定性等性能指标不仅取决于光纤自身特性，也与光纤感知叶片制造质量，与增强纤维、树脂材料的选择，光纤光栅布局、增强纤维编织、铺层设计和真空度分布、树脂加热温度、流动速度等密切相关。

现代大型风电机组叶片长度不断增加，设计制造过程越来越复杂，光纤传感网络的加入又加重了复杂程度，要保证光纤感知叶片的应变传感性能和结构强度特性，还需要进一步深入研究。

4.4.2.4　减少叶片数目

叶片是机组产生荷载主要部件，随着机组容量不断增大，叶片的长度也越来越长，因此所受风荷载也显著增加。直观角度判断，减少叶片数目能够降低叶轮所受风荷载。风电从业人员提出了此类探讨，部分风电机组厂家也开展了相当长时间的两叶片风电机组的研发，但针对减少叶片数量是否能够达到更有效抗台风的目的，仍存在很多争论。

1. 单叶片风电机组

从风电机组选型角度分析，单叶片风电机组可能是最适合在台风地区的海上风电场运行。当风电机组采用专门的停机方式，将单叶片停放在塔架前后时，形似一台拆下风轮的风电机组，可以最大限度地减小台风荷载。

单叶片风电机组的优点表现在：①单叶片风轮的造价比三叶片风轮小；②高尖速比降低了风轮转矩，使得齿轮箱和机舱的传动系统更为轻巧，同样规格的机舱可以安装更大直径的单叶片风轮；③通过增加风轮直径可以抵消降低的气动效率；④海上风电场远离居民，单叶片风电机组的噪声和视觉问题可以予以忽略。

单叶片风电机组的缺点表现为：①单叶片的风轮需要一个配重块，这降低了风轮效率；②复杂的动态荷载也需要一个铰链式轮毂加以释放；③较高的尖速比会产生恼人的噪声；④单叶片风轮也不如三叶片风轮协调平稳。

2. 双叶片风电机组

据部分双叶片风电机组厂商推介，台风期间双叶片风电机组可以将叶片水平位置顺桨，有效减少各方向的迎风面积，减少极限荷载，降低建设投资；同时双叶片风轮采用的是跷跷板式柔性轮毂，具有很强的抗风能力，有利于减少台风等破坏性风速对风电机组的影响。但是也有研究发现，对部分取消了低速轴的双叶片风电机组，尽管采用了柔性轮毂，能吸收部分冲击能量，仍会将全部荷载加在齿轮箱的主轴和主轴承上，增加风电机组传动系统的荷载和损坏可能性。

3. 讨论

单叶片和双叶片的风电机组风轮实度低，因此需要更高的旋转速度以产出同样的能量。这不但在噪声及视觉侵扰上都是缺点，在高转速情况下风电机组整体荷载对安全性的影响更是需要解决的重大问题。

单叶片停放在塔架前后可以最大限度地减小台风荷载，但台风期间强风情况下叶片将承受强风载，以及塔架下风向强湍流引起叶片强烈振动，因此塔架—叶片之间耦合作用需要进一步研究。

双叶片风电机组采用偶数片形状对称的扇叶，不易调整平衡。还很容易使系统发生共振，倘叶片材质又无法抵抗振动产生的疲劳，将会使叶片或轴心发生断裂。

只有三叶片风电机组以塔架轴为中心的质量矩是平衡的，而双叶片只有在叶片处于水平状态下才是平衡的。

三叶片风电机组可以增加风电机组的稳定性，双叶片风电机组的转轮可能在具有刚性结构的风电机组中引发非稳定性问题。由于最上面的叶片从风力中得到了最大的功率刚好向后弯曲时，而最下面的叶片进入塔架前的风影部分，由于塔架的干扰受到的压力会减少，而上方的叶片受力不变，这样就产生一个力矩，对主轴和主轴承都有冲击。

双叶片和单叶片风电机组转轮必须能够倾斜，以避免当转轮叶片通过塔架时，对风电机组产生过重的冲击。因此减少叶片数量情况下风电机组需要更复杂的设计，转轮安装在垂直于主轴的一个轴上，并随主轴旋转。这种布局需要附加冲击减震器，防止转轮叶片撞到塔架。

因此，虽然有部分风电机组厂家在从事双叶片风电机组的研发，并也实现商业化量产，但仍没有足够的案例和可靠的研究数据证明降低叶片数量能够比三叶片风电机组具有更好的抗台风性能。

4.5 控制系统抗台风设计

风电机组控制系统的基本目标分为三个层次，即保证风电机组安全可靠运行、获取最大能量、提供良好的电力质量。

风电机组控制系统包括变桨控制、转速控制、自动最大功率点跟踪控制、功率因数控制、偏航控制、自动解缆、并网和解列控制、停机制动控制、安全保护系统、就地监控、远程监控，信号的数据采集、处理等在内的集成系统，如图4-17所示。变桨系统和偏航系统主要影响风电机组承受风载的大小，制动系统主要防止台风过程发生飞车事故，这三个系统也是保障台风时风电机组安全的主要控制系统。偏航系统主要用于调整风轮的对风方向。根据风向的变化，偏航操作装置按系统控制单元发出指令，使风轮处于迎风状态，同时还应提供必要的锁紧力矩，以保证风电机组的安全运行和停机状态的需要。变桨距系统调整桨距角实现叶片的变桨距操作。制动系统的作用是当遇有破坏性大风、风电机组运转异常或需要对机组进行保养维修时，使风轮静止。

4.5.1 保障顺桨

当叶片在台风下产生剧烈扭谐振时，变桨机构的受力大大超过了设计值，部分连接叶片和三角支架的拐臂断裂，或者三角支架本身破裂，叶片位置失去控制，不再处于顺桨位置，一些风轮旋转甚至出现飞车事故，如图4-18所示。在2003年的"鸣蝉"台风中出现了变桨距风电机组的变桨机构损坏的事故。在台风停机后，叶片都转到90°的顺桨位置，但在系统失电后，机械制动机构往往动作，刹车片抱住高速轴上的刹车盘，阻止风轮

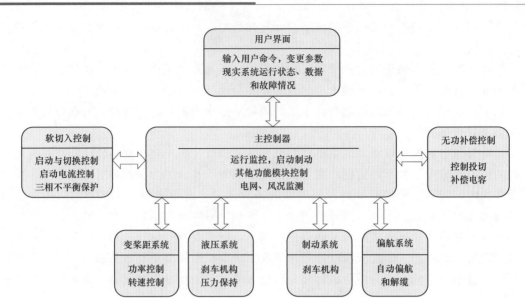

图 4-17 风电机组控制系统示意图

自由转动。固定不转的风轮在大风中往往造成某一支叶片受力过大，在超出安全风速的台风中结构屈服破坏。

图 4-18 损坏的变桨系统（三角拨叉与连杆）

风电机组的调节装置主要有偏航系统和变桨距系统，自然界的风向和风速都是随机变化的，调节装置虽然可以根据风向和风速调整，但在速度上始终滞后，并不能完全满足风电机组平稳发电的需要。比如在自然界中风向经常呈 90°变化，偏航系统和变桨距系统的响应速度若是 1°/s，90°就需要 90s 的调整时间，在长时间的调整过程中，叶片所受的风力一直在变化。如果调节的滞后性再遇上台风的天气条件，则可能造成严重的后果。在高风速情况下叶片处于顺桨位置，若风向发生 90°变化，就会使叶片完全处于大面积受风的状态，使叶片受力突然增大，叶片受到的强大风荷载就会通过传动轴对变速系统造成巨大的冲击，巨大的风荷载也会对偏航系统造成冲击，造成变速系统和偏航系统的损坏，叶片也有可能被折损。

风电机组正常运行期间，当风速超过额定风速时（风速在 12～25m/s 之间时），为了控制功率将输出变桨角度限定在 0°～30°（变桨角度根据风速的变化进行自动调整），通过控制叶片的角度使风轮的转速保持恒定。任何情况引起的停机都会使叶片顺桨到 90°位置（执行紧急顺桨命令时叶片会顺桨到 91°限位位置）。

变桨调节模式时，预防桨距角超过限位开关的措施：91°限位开关；到达限位开关时，变桨电机刹车抱闸；轴柜逆变器的释放信号及变桨速度命令无效，同样会使变桨距发电机停机。变桨距风电机组刹车抱闸的条件：轴柜变桨调节方式处于自动模式下，桨距角超过91°限位开关位置；轴柜上控制开关断开；电网掉电且后备电电源输出电压低于其最低允许工作电压；控制电路器件损坏。

变桨距系统有时需要由备用电池供电进行变桨距操作（比如变桨距系统的主电源供电失效后），因此变桨距系统必须配备备用电池以确保风电机组发生严重故障或重大事故的情况下可以安全停机（叶片顺桨到 91°限位位置）。此外还需要一个冗余限位开关（用于95°限位），在主限位开关（用于 91°限位）失效时确保变桨距风电机组的安全制动。

注意停机锁桨偏差的检查。停机锁桨偏差往往由三支叶片调零偏差和限位开关损坏所引起，调试时操作人员不易正确地将叶片 0°角与轮毂 0°角对齐。当调试现场缺乏专门的叶片对中仪时，调试人员多利用替代品或采用目视的方式调零，这样调零精度非常低。此外，在运行的风电场中，限位开关的损坏情况也很常见。

2013 年，胡清阳等申请了一种风电机组变桨距系统的应急顺桨冗余控制装置实用新型专利，其中包括控制单元、备用电源单元、驱动单元、输出切换单元。控制单元用于接收变桨系统输出的反馈信号，输出反馈处理信号。三个备用电源单元相互并联。驱动单元与控制单元和三个备用电源单元相连接，驱动单元用于接收备用电源单元输出的备电信号以及控制单元输出的反馈处理信号，通过备电信号提供的电源能量向外输出电机驱动信号。输出切换单元与驱动单元连接，用于接收驱动单元输出的电机驱动信号，并向对应需要控制的电机输出驱动控制信号。该装置可以将变桨系统中由于故障而不能顺桨到安全位置的叶片重新自动顺桨到安全位置，进一步提高系统的可靠安全性。

4.5.2 避免飞车

当风电机组转速超过超速保护模块设定转速并继续上升时，会发生严重的超速事故，严重超速会导致飞车事故的发生。飞车事故将引发更为严重的继发事故，如倒塔等。

分析风电机组的变桨距系统的构成及工作原理，能得出造成叶片飞车事故的原因有以下方面：

（1）蓄电池的原因。当风电机组因突发故障停机时，要完全依靠轮毂中的蓄电池进行收桨。若轮毂中的蓄电池储能不足或电池失电，导致发生故障时不能及时收桨，则会引发飞车。蓄电池故障主要受两方面的影响：①由于蓄电池前端的轮毂充电器损坏，导致蓄电池无法充电，直至亏损；②由于蓄电自身的质量问题，如果 1 组中有 1～2 块蓄电池亏电，电池整体电压测量时属于正常范围，但是电池单体电压测量后已非正常区间，这种蓄电池在出现故障后已不能提供正常电拖动力促使桨叶回收，最终引发飞车事故。

（2）信号滑环的原因。该种风电机组绝大多数变桨距通信故障都由滑环接触不良引起。例如：①齿轮箱漏油严重时造成滑环内进油，油附着在滑环与插针之间形成油膜（起绝缘作用）使得变桨距通信信号时断时续，致使主控制柜控制单元无法接收和反馈处理超速的信号，导致变桨距系统无法及时控制停机，直至飞车；②由于滑环内部构造的原因，会出现滑环磁道与探针接触不良等现象，也会引发信号的中断和延时，其中不排除探针受力变形。

（3）超速模块的原因。超速模块主要作用是监控主轴及齿轮箱低速轴和叶片的超速。该模块为同时监测轴系的三个转速测点，以"三取二"逻辑方式，对轴系超速状态进行判断。"三取二"超速保护动作有独立的信号输出，可直接驱动设备动作。超速模块采用两通道配合完成轴旋转方向和旋转速度的测量。使用有一定齿距要求的齿盘产生两个有相位偏移的信号，A 通道监测信号间的相位偏移得到旋转方向，B 通道监测信号周期时间得到旋转速度。当该模块软件失效后或信号感知出现问题，会导致风电机组主控系统不能判断超速故障并即时操控停机，引发飞车事故。

为了预防变桨距系统飞车事故的发生，应该以预防为主，其预防方法有：①定期的检查蓄电池单体电池电压，定期做蓄电池充放电实验，并将蓄电池检测时间控制在合理区间，运行过程中密切注意电网供电质量，尽量减少大电压对轮毂充电器及 UPS 的冲击，尽可能避免不必要的元器件损坏；②彻底根除齿轮箱漏油的弊病，定期开展滑环的清洗工作，保证滑环的正常工作；③有针对性地测试超速模块的功能，避免该模块的软故障。

4.5.3　优化机械制动系统

台风影响过程中电网往往也易遭受损坏而瘫痪，风电机组控制机械刹车的液压系统因停电而动作刹车，刹车钳将高速轴上的刹车盘抱死。风向和大小剧烈变化的气流可能从垂直于叶片的最不利方向吹来，迫使叶片发生剧烈扭振，在破坏叶片结构的同时引起轮毂内部的变桨距机构损坏，进而改变叶片桨距位置并发生飞车事故，造成刹车盘摩擦高温和叶片的进一步损坏。

2006 年台风"桑美"袭击鹤顶山风电场时，部分风电机组的变桨距机构的拐臂和拨叉断裂，叶片角度失控。在台风过程中，尽管有机械制动机构的作用，转动的风轮还是带着刹车盘高速旋转，个别甚至出现飞车事故。此时，液压系统的储能器继续为刹车卡钳提供刹车力，高速旋转的刹车盘与刹车卡钳摩擦产生高温将刹车盘和卡钳烧红，刹车片的厚度传感器信号线绝缘也被高温烤焦，有多个刹车盘因高温爆裂，所有刹车卡钳的密封圈全部报废。当时引发的机械制动机构损坏现场图，如图 4-19 所示。

因此，要改进机械制动机构停机动作的控制策略，加装备用电源或改变控制逻辑，在叶片顺桨、风电机组正常停机后松开刹车，让顺桨的风轮处于自由转动状态。这样在台风过程中可以改善叶片的受力状况，当某叶片受力过大时，风轮会旋转到各叶片受力均衡位置，避免个别叶片处于最不利的受力位置，产生扭谐振等不利情况。

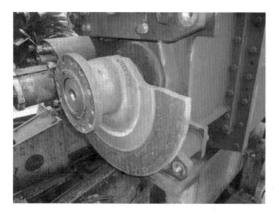

图 4-19 机械刹车损坏现场图

4.5.4 加强偏航系统

台风作用在风轮和机舱上的倾覆力矩通过偏航系统传递给塔架，同时变化的风向也会增加偏航系统刹车的荷载，因此起着承上启下作用的偏航系统必须能承受台风带来的巨大荷载。鹤顶山风电场在"桑美"台风登陆时，电网停电且风向变动，机舱和风轮的侧向受风非常大。这种条件下：采用液压刹车型偏航系统的风电机组，其机舱和风轮基本保持停电时的方向；采用滑块型偏航系统或使用阻尼器加偏航轴承的风电机组，其机舱位置都被大风吹得转了方向。由于偏航系统的减速系统大多有自锁机构，台风发生时的强迫转向使不少风电机组的偏航系统受到严重损坏，具体实例如图 4-20 所示。

图 4-20 偏航减速机构断齿和偏航齿圈断齿

目前，不论是陆上风电机组还是海上风电机组，其功率控制方式多是变桨变速型，风电机组停机后叶片顺桨，当风是从正前方吹来时，风电机组的风荷载最小。但台风过程中，风向变化 90° 或 180°，而风电机组的偏航系统因停电无法对风转向，狂风可能从受力情况最差的侧面吹来，侧面风荷载比正前方的大 30% 左右，增加了叶片、塔架和基础的荷载。

为避免偏航系统在台风巨大荷载情况下发生破坏，应采用修正后的荷载对偏航系统进行校核调整，偏航驱动齿轮尽量选用行星减速齿轮箱，避免采用涡轮蜗杆减速齿轮箱，以免在极端情况下，机舱被迫转向而损坏偏航系统。2008年，汤炜梁等采用简化的静力分析方法开展了台风荷载下风电机组的应力分析。计算结果表明，变桨距风电机组要提高抗台风能力，必须尽量减少变桨距传动及控制系统的响应时间。

日本宫古岛风电场灾后事故调查建立的有限元模型分析表明，偏航方向直接影响塔架所承受荷载。"蝉鸣"台风过后，三菱重工设计了新的偏航控制装置，采用了智能偏航技术，即在正常情况下风电机组为上风向工作，而当台风发生时偏航系统自动将风轮转到下风方向，此后偏航系统采用自然偏航方式。这种方式可降低风轮上风荷载，使强风时的叶片荷载降低25%，塔架荷载降低30%，叶片和塔架的荷载降低15%，使风电机组具有抵御强风的能力。当2004年7月的Chaba台风和8月的Songda台风直击Setocho、Ehime风电场时，采用智能偏航技术的MWT-1000A风电机组抵御了70m/s（测量值）的极限风速。

4.6　其他附属设施抗台风设计

台风天气条件下，除上述风电机组大型机械结构和控制系统破坏之外，风电机组其他附属设施也面临不同形式的损坏，如箱式变压器进水或漏油、风向标和风速仪受损、机舱进水等。虽然这种损坏对附属设备本身而言造成的损失较小，但因其破坏可能导致风电机组失去控制，造成严重的后果。

4.6.1　箱式变压器

2010年1013号超强台风"鲇鱼"登陆漳浦六鳌风电场时，一台风电机组的叶片由于超强风速和高湍流带来的瞬时极大变桨扭矩超出变桨伺服电机尾部刹车所能承受的极限，被迫向工作位置（0°）变桨。当叶片向工作位置旋转后，风电机组变桨距系统又自动对叶片进行收桨操作。由于箱式变压器短路，风电机组失去电网电源，叶片收桨只能靠蓄电池提供控制动力。因持续大风及高湍流，叶片多次被吹至工作位置并反复收桨。叶片反复收桨，导致蓄电池电量耗尽，最终叶片无法收桨。由于此时风电机组处于空载状态，叶轮不断加速直至飞车事故发生，轮毂转速急剧上升造成风电机组其他部分（叶片及塔筒）荷载也随之急剧增大，叶片及塔筒螺栓承受荷载超出其设计荷载，最后导致风电机组倒塔、叶片断裂。

箱式变压器一般分为欧式箱式变压器（预装式变电站）和美式箱式变压器（组合式变电站）。两者最大区别是高压部分：美式箱式变压器高压接线方式仅两种，即环网或者终端供电；欧式箱式变压器有独立的高压单元，可根据需求定制，其他单元（变压器、低压）也可定制。美式箱式变压器由于高压限制、自身体积小，因此与欧式箱式变压器相比功能灵活性不足。目前我国沿海风电场多选择美式箱式变压器，一方面美式箱式变压器设备简洁，散热效果好；另一方面欧式箱式变压器外壳容易受强风、潮湿等原因影响受损。

近年来美式箱式变压器在运行中发生的主要问题与设计、制造、安装、运行等因素有关。

（1）设计方面存在的问题：①设计容量偏小，导致变压器运行中发热；②布局不合理，不利于运行中操作、巡视及异常的隔离。

（2）制造方面存在的问题：①变压器防腐未按要求处理和施工，造成箱变锈蚀；②变压器油不符合规范要求，有些采用二次油，且未进行必要的处理；③焊接质量问题或密封圈错位、螺丝未拧紧，出现渗漏油现象；④箱变密封性较差，柜门有缝隙，出现元器件易被灰尘污染，或潮湿空气进入，发生腐蚀。

（3）安装方面存在的问题：①基础施工不符合规范要求，导致一段时间后，箱式变压器基础发生不均匀沉降，发生倾斜；②防火封堵及孔洞不符合规范要求，以致老鼠、黄鼠狼、蛇等小动物进入箱式变压器，发生短路故障，损坏设备。

综上所述，美式箱式变压器较欧式更适合沿海地区风电场，但美式箱式变压器在制造质量等方面仍有需要改进及提高的地方。在箱式变压器运行过程中，需加强对箱式变压器的巡检维护，针对运行中的异常情况及时分析与检查，防止事态的扩大，提高运行的稳定和安全性。

沿海台风影响严重区域一般也具有高温、高湿、高盐雾等气候特征，台风天气条件下具有强风和强降雨等极端天气现象，因此不但在箱式变压器选择时必须考虑各种不利因素的影响，且应对基础施工、安装和运行进行严格要求，避免因微小的锈蚀导致的薄弱点成为台风期间的箱式变压器受损的突破口。

4.6.2 风速仪、风向标

风速和风向是偏航系统调整风电机组位置和变桨距系统调整桨距角大小的依据，如果风速风向仪发生破坏，则难以将风电机组调整至最小受风状态，增加风电机组的荷载，导致严重后果。

在实际工程中，应选用金属质的风速风向仪，并采用强化支架安装测风装置。建议安装超声波风速风向仪，因为杯式风速仪和后舵式风向标因受风面积大，易受台风破坏，使风电机组不能正常偏航避风；超声波风速风向仪受风面积小、不易受破坏且能精确测量风速、风向。

4.6.3 机舱

风电机组机舱外部的保护罩在台风过程中最易受损，但不同风电机组机舱的抗破坏能力完全不同。早期的 600kW 以下的风电机组多采用顶部开启式和背掀式结构，这种结构在台风中极易于受损。例如，尽管在"桑美"台风登陆前已对鹤顶山风电场的 11 台开启式风电机组机舱罩采取了加固措施，台风中除倒塔损毁外，所有开启式机舱盖全部被吹掉；海湾石风电场在"天兔"台风过境时，全场 22 台 NORDEX N43 - 600 风电机组中有 10 台风电机组的机舱盖被台风掀开或者脱落。

风电机组机舱外壳虽然不是主要设备，但是损坏后直接影响发电效益。通过事后更换或修补，则需支出大笔的机械和人工费用。所以，做好风电机组机舱外壳的抗台风防范工作是不容忽视的重要工作。

4.7 设备强制型式认证要求

风电设备认证是保障风电设备质量的有效手段。在国际上，风电认证已经走过 20 多年的发展历程，对促进世界风电业的发展起到了积极而重要的作用。以欧洲风电为代表的国际风电产业已形成了日益清晰完整的风电机组整机和零部件技术标准，以及涵盖设计评估、质量管理体系评估、制造监督和样机试验等环节的风电机组型式认证体系，为其风电设备制造和采购提供了技术安全保障。在丹麦等许多国家，风电设备认证已成为强制性认证，就是在没有实施强制性认证的欧洲国家，风电场业主和开发商在购买设备时也都会提出认证要求。

在最早实施风电设备认证的德国、丹麦和荷兰，其风电产业的装机容量、技术水准都处于世界领先水平，建立了一套完备的认证体系，而且在认证的发展和应用领域一直处于领先地位。丹麦在总结风电产业经验时，认为丹麦风电行业成功的一个重要的原因是对风电机组的质量认证和采用技术标准。国际通则，进入风电场的风电机组及设备必须通过认证。近年来，随着风电业的快速发展，越来越多国家、金融投资机构以及风电产业都认识到风电设备认证的必要性和重要性。

风电机组的设备选型除严格按照 IEC 61400—1 和 IEC 61400—3 要求进行各种工况复核外，还需通过完整的型式认证等。风电设备质量是风电产业持续健康发展的重要基础，检测认证制度是保障设备质量的重要措施。目前，国内已经初步建立了风电设备检测认证制度，为促进风电技术进步和保障设备质量，必须更加重视风电设备的检测认证工作。

4.7.1　我国政策法规要求

国家能源局发布《国家能源局关于规范风电设备市场秩序有关要求的通知》，要求加强重视风电设备的检测认证工作。

（1）实施风电设备型式认证。接入公共电网（含分布式项目）的新建风力发电项目所采用的风电机组及其风轮叶片、齿轮箱、发电机、变流器、控制器和轴承等关键零部件，必须按照 GB/Z 25458—2010 进行型式认证，认证工作由国家认证认可主管部门批准的认证机构进行。自发文之日起，各有关单位要认真做好型式认证的准备工作，2015 年 7 月 1 日起实施。

（2）强化型式认证结果的信用。风电开发企业进行设备采购招标时，应明确要求采用通过型式认证的产品。未获得型式认证的风电机组，不允许参加招标。国家组织的重大专项建设、新产品应用、在特殊地域应用或特殊用途应用的风电设备，可根据需要提出特定认证要求。通过认证的风电设备，任何企业应采用相应的结果，不得要求重复检测。

（3）加强检测认证能力建设。支持依托相关科研院所和重点企业建设风电机组关键部件测试实验平台、风电机组传动链测试实验平台、试验风电场等公共技术研发试验平台，积极开展与风电技术先进性和可靠性相关的基础技术研发工作。

4.7.2　IEC 61400—22 认证体系

国际上对风电设备认证已走过 20 多年的发展历程，以欧洲为代表的国际风电产业已形成了日益清晰完整的风电机组整机和零部件认证的技术标准，以及从设计评估至样机试验全过程的风电机组型式认证体系，对促进世界风电产业的健康发展起到了积极而重要的作用。丹麦、德国、荷兰起步较早，其风电机组认证标准经过近 20 年发展，因此风电行业认证体系主要包括的相关规范和标准：①DS 472—2007 和海上风电机组技术核准的建议书的体系；②DNV - OS—J101—2007；③NVN 11400—0995；④德国船级社 GL 风电机组认证导则、海上风电机组认证导则、状态监测认证导则；⑤IEC WT01—2001 为型式认证和项目认证的范围定义标准和程序。经过近十多年的发展并不断改进完善，于 2010年出版 IEC 61400 - 22—2010。

我国风能行业发展也是伴随着一条国家重视、引进、试验、消化、吸收、研发和贸易化的道路。风能行业发展过程中，相关的国家标准和国际标准同样遵循实践、总结、编写，再实践、再更新的轨迹不断建立、健全和完善。逐步形成了以 GB/Z 25458—2010、GB/T 18451.1—2012 和 IEC 61400 系列标准为主的认证体系。

以上认证体系的基本内容与 IEC 61400—22 或德国船级社 GL 认证导则基本一致，差异部分主要体现当地的特殊要求，因此可以以 IEC 61400—22 为代表简述风电机组型式认证基本要求。从应用范围分析，该国际标准为风电机组的认证体系定义了准则和流程，将海上风电项目的机组型式认证和项目认证等也纳进标准中。与风电机组认证标准紧密配套的是 IEC 61400 系列技术标准，其中：①它涵盖了设计要求、小型风电机组、海上风电机组，以及风电机组的主要零部件，如齿轮箱、叶片等；②对整个风电机组的运行测试也颁布了相关的测试标准，包括功率、电能质量、噪音等；③其系列技术标准之间相互关联并交叉参考。例如 IEC 61400—1 是针对风电机组设计要求而制订，其中对于齿轮箱的具体执行标准必须参考 IEC 61400—3 中的齿轮箱。不仅如此，IEC 61400 系列技术标准还与其他更多的 IEC 标准关联。IEC 61400—22 规定了风电机组型式认证的模块和流程，包括设计基础评估（Design Basis Evaluation）、设计评估（Design Evaluation）、制造评估（Manufacturing Evaluation）、型式测试（Type Testing）、型式特性测量（Type Characteristics Measurement）、终极评估（Final Evaluation）、型式证书（Type Certificate）以及机组基础设计评估（Foundation Design Evaluation）、机组基础制造评估（Foundation Manufacturing Evaluation）等。其中，可选模块包括型式特性测量、基础设计评估和基础制造评估。

1. 设计基础评估

设计基础评估是 IEC 61400—22 中新定义的模块。按照标准描述，设计基础评估的目的在于检验作为设计基础文档的客观性，风电机组安全设计证明材料的完整性，即是否对设计基础进行了恰当的文件说明，对风电机组的安全设计是否充分。设计基础应确认设计和设计文档所有必要的要求、假设和方法，包括以下内容：

（1）准则、标准。

（2）设计参数、假设、方法和原理。

（3）其他要求，例如生产、运输、安装、试车、运行和维护等。

2. 设计评估

设计评估的目的是检查风电机组是否按照指定条件、设计标准和其他技术要求进行设计。设计评估只是型式认证的一部分，不仅有"虚拟的"（书面或电子的设计文档），也有整个"现实的"实现步骤和过程。设计评估环节包括：控制和保护系统（Control and Protection System）、荷载及荷载谱（Loads and Load Cases）、叶片（Rotor Blades）、机械和结构部件（Machine and Structural Components）、电气部件（Electrical Components）、机舱罩、导流罩（Housings）、基础设计要求（Foundation Design Requirements）、设计过程控制（Design Control）、制造过程（Manufacturing Process）、运输过程（Transportation Process）、安装过程（Installation Process）、机组运营维护（Maintenance Process）、人身安全（Personal Safety）、零部件测试（Component Tests）。

在叶片、机械和结构部件和电气部件模块的评估中，除了采用 IEC 61400—1 和 IEC 61400—3 中的通用要求外，还有其他的相关标准，例如 IEC 61400—4、IEC 61400—5、IEC 61400—24 和 IEC 60034 系列等。

3. 生产评估

生产评估目的在于对生产特定型号的风电机组是否与在设计评估阶段验证过的设计文档相一致进行评估。该评估应包含质量体系评估和工厂生产检验两部分。

生产评估可以看作是当前全球化趋势下独特的挑战，由于就材料、生产工艺以及检验的（如无损检测、焊接等）内容而言，各国都有不同的标准。因此，生产装备水平以及本地的技术机构对其进行的常规计量校验有着不同的质量控制标准，在风电机组生产的不同阶段有着不同的关注点，包括"原型机"，"0 系列生产"和"常规量产"等阶段。这不仅对面向全球化的风电机组生产商提出了更高的要求，必须通过对标来满足和实现他国的认证，更为重要的是在于他们对供给链的选择和控制。

一般而言，除了之前提到过的质量保证因素，即材料、生产工艺流程、设备等，技术工人也起着很重要的作用。尽管在质量控制体系中，如 ISO 9001 等，对于专业技术人员的培训和教育机制也作了有关规定，而实际上，培训内容本身和国家级的认可/资质是需要国际间协调、互认，需要第三方现场检验全球从业员工的培训及其资质能否达到跨国家的认可。

4. 型式试验

有关型式试验项目，标准中没有完全规定，其中有一开放性的"其他测试"（Other Tests），但是主要项目均逐一列出，包括安全和功能测试（Safety and Function Tests）、功率测试（Power Performance Measurements）、荷载测试（Load Measurements）和叶片测试（Blade Tests）。通常叶片测试在测试台上进行，其他测试在风电场进行。因此，型式试验除参考 IEC 61400—1 和 IEC 61400—3 中的通用要求外，还有其他的相关标准，如 IEC 61400—12、IEC 61400—13、IEC 61400—23 等。

5. 型式特性测量

国际标准的制订，除协调各国间的国家标准之外，对各国的国情和国家级强制标准也应给予足够的尊重，因而采取了较为灵活的规范做法。除上述有关风电机组基础的规范，风电的一些特性测量也采取了类似做法，即只作为可选模块，包括电能质量测试（Power Quality Measurements）、低电压穿越测试（Low Voltage Ride Through Measurement）和噪声测试（Acoustic Noise Measurements）等。

风电机组的基础设计、制造作为可选模块，各国对其制定的标准有较强的强制性和排他性。与之类似，电网公司对汇入各种电源的电能质量、低电压穿越也有严格的要求。因此，型式特性测量除参考 IEC 61400—1 和 IEC 61400—3 中的通用要求外，还有其他的相关标准，如 IEC 61400—11、IEC 61400—14、IEC 61400—21 等。

完成型式特性测量的程序，在通过终极评估后，才能颁发型式认证证书。

作为被认证方的风电机组生产商，要得到 IEC 61400—22 的型式认证证书，必须做出很多努力，因为风电机组涉及较多行业，具有跨学科性。风电机组的设计至少包括四个方面的设计：①空气动力、复合材料（叶片）设计；②机械传动（主齿轮，变桨、偏航等）设计；③电气及控制（发电机和变频、变流器等）设计；④材料产业和结构件强度有限元分析（锻件、铸件等）等。

整个风电机组认证体系以型式认证为主干。由于项目认证可以简化理解为风电机组与风电场实际状况的匹配审核和认证；零部件认证与整个风电机组要求是密不可分的，即不存在脱离某个机型的"纯粹"零部件的审核和认证；样机认证可简化理解为风电机组认证的特定阶段，即样机阶段。

型式认证中包含设计认证、原型机认证、制造厂质量体系的认证、综合评估等四个部分设计，国内的风电机组制造商多数取得的是设计认证。其中：设计认证从评估程度可分为 A、B、C 三个等级；型式认证则规定风电机组的部件供应商必须采用指定部件来认证，非指定部件进行的认证无效，需要重新认证。因此，型式认证可靠地保证所生产的产品都能达到设计标准。

采用型式认证对于风电机组的质量有根本上的保证。国外风电机组在采购的时候都需要提供型式认证的证明。目前，我国风电制造水平已经具备实施型式认证的能力。但是型式认证需要较大的资金支持，是否采用型式认证还需要风电机组制造商以及风电场开发商从市场的角度来衡量。

4.8 风洞试验中抗风研究

结构风工程研究方法主要有现场实测、风洞试验、理论分析和数值模拟等方法，其研究框架如图 4-21 所示。各种方法均有独特优势和不足，例如：①现场实测法最直接有效、真实可靠，但也存在费时费力和实物建成之前无法进行研究的缺陷；②风洞试验法可以获取结构所承受风荷载和风振响应，但风环境、相似性、缩尺比等条件难以正确再现；③数值模拟可以模拟结构及其环境，并可方便的改变流场和结构相关参数对结构荷载及风振响应进行研究。因此融合风洞试验和计算流体动力学方法两者优势的数值风洞，可为风

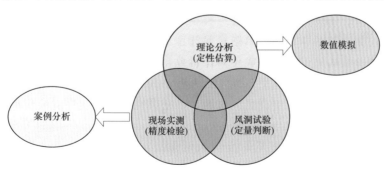

图 4-21 结构风工程研究框架图

电机组抗台风设计研究提供更多参考。

4.8.1　风洞试验

风洞试验是结构风工程研究中最成熟、应用最广泛的研究方法。目前国内外所建复杂体型建筑的结构设计所需抗风参数，均需通过风洞试验获得，同时也可通过风洞试验研究复杂体型结构的风压特性，并总结其风荷载规律。

（1）风洞试验有显著的优点：①试验条件、试验过程可以人为地控制、改变和重复；②在实验室范围内测试方便并且数据精确。

（2）风洞试验的缺点有：①风洞本身造价昂贵、动力消耗巨大；②从模型制作到试验完成的周期较长；③试验都是针对特定的工程结构进行，结构模型利用率低；④风洞有洞壁干扰、支架干扰等。另外，还存在紊流尺度、雷诺数相似模拟的困难和非线性相似率模拟的新问题。

目前风洞试验仍为重大工程抗台风设计的重要信息来源和依据。

风洞试验时，要使风洞模拟的大气边界层流动与实际大气中的流动情况完全相似，则必须满足几何相似、运动相似、动力相似、热力相似以及边界条件相似等。现实情况中很难达到如此苛刻的相似要求，因此只能针对具体的研究对象做到部分地或近似地模拟大气边界层。在风洞中进行建筑结构风荷载和风响应试验时，要求模拟速度边界层，即满足平均风速廓线和湍流结构特性相似。研究表明在大气边界层底层强湍流场中，湍流结构特性的模拟比雷诺数模拟更具重要性。在风洞中模拟速度边界层的主要方法有采用涡旋发生器的人工形成法和调节地面粗糙高度的自然生成法两种。目前风洞试验的主要难点是地形对近地层风特性影响的模拟和风切变（风速和风向）同时沿高度变化的模拟。

4.8.2　计算流体动力学

计算流体动力学方法是 20 世纪 40 年代产生，直到 70 年代迅速发展起来的，到目前借助计算流体动力学方法已经解决了许多难题，例如计算风工程克服了理论分析、风洞试验和现场实测方法的一些固有缺陷，成为结构风工程领域的一个重要分支。相比于风洞试验，计算流体动力学方法的优点有：①周期短，成本低，不同工况的参数易修改；②能够做足尺模拟，不受缩尺效应的影响，从而克服了风洞试验相似数难以同时保持一致的缺点；③能够得到在流域中任何位置处的流场信息，克服了风洞试验测点布置的局限性和实验数据的不完备性；④通过可视化后处理模块，能直观、形象地展示试验结果，易于工程设计者所接受，而且随着计算机的不断发展和计算性能的提高，计算流体动力学方法越来越多的应用于建筑结构风工程的研究中。

湍流是空间上不规则和时间上无秩序的一种非线性的流体运动，这种运动表现出非常复杂的流动状态，是流体力学中有名的难题，其复杂性主要表现在湍流流动的随机性、有旋性等。传统计算流体力学中描述湍流的基础是 Navier - Stokes（N - S）方程，根据 N - S 方程中对湍流处理尺度的不同，湍流数值模拟方法主要分为三种，即直接数值模拟（DNS）、雷诺平均方法（RANS）和大涡旋模拟（LES）。具体如下：

（1）直接数值模拟可以获得湍流场的精确信息，是研究湍流机理的有效手段，但现有的计算资源往往难以满足对高雷诺数湍流模拟的需要，从而限制了它的应用范围。

（2）雷诺平均模拟（RANS）即应用湍流统计理论，将非稳态的 N-S 方程对时间作平均，求解工程中需要的平均时间。湍流模式理论就是依据湍流的理论知识、实验数据或直接数值模拟结果，对雷诺应力做出各种假设，即假设各种经验的和半经验的本构关系，从而使湍流的平均雷诺方程封闭。雷诺平均方法可以计算高雷诺数的复杂流动，但给出的是平均运动结果，不能反映流场紊动的细节信息。

（3）湍流大涡旋数值模拟（LES）是有别于直接数值模拟和雷诺平均模拟的一种数值模拟手段。利用次网格尺度模型模拟小尺度紊流运动对大尺度紊流运动的影响，即直接数值模拟大尺度紊流运动，将 N-S 方程在一个小空间域内进行平均（或称为滤波），从流场中去掉小尺度涡旋，导出大涡旋所满足的方程。大涡旋模拟基于湍动能传输机制，直接计算大尺度涡旋的运动，小尺度涡旋运动对大尺度涡旋的影响则通过建立模型体现出来，既可以得到较雷诺平均方法更多的诸如大尺度涡旋结构和性质等的动态信息，又比直接数值模拟节省计算量，从而得到了越来越广泛的发展和应用。

湍流运动由许多大小不同的涡旋组成。大涡旋对于平均流动有比较明显的影响；小涡旋通过非线性作用对大尺度运动产生影响。大部分质量、热量、动量、能量交换通过大涡旋实现，而小涡旋的作用表现为耗散。流场的形状和阻碍物对大涡旋有比较大的影响，使它具有更明显的各向异性。小涡旋则有更多的共性，更接近各向同性，因而较易于建立有普遍意义的模型。基于上述物理基础，湍流大涡旋数值模拟把包括脉动运动在内的湍流瞬时运动量通过某种滤波方法分解成大尺度运动和小尺度运动两部分，通过建立模型来模拟。实现大涡旋数值模拟，首先要把小尺度脉动过滤掉，然后再导出大尺度运动的控制方程和小尺度运动的封闭方程。

目前工程计算中常用的湍流模型求解方法分成两大类：一类引入二阶脉动项的控制方程而形成二阶矩封闭模型，或称为雷诺应力模型；另一类是基于 Boussinesq 假设的涡黏性封闭模式，根据 N-S 方程湍封闭所需微分方程个数，定义湍封闭模型，如零方程模型、一方程模型和二方程模型等，这是风电行业非线性风流体模型主要采用的技术手段。

4.8.3 数值风洞

结构风工程研究中，现场实测获取自然流体或者结构体影响下的湍流参数，台风谱模拟进行的风洞试验是进行结构设计最成熟的手段。风洞试验与实测得到的结构表面风压特性都存在雷诺数效应的影响，风洞试验缩尺比小于 1/300 的模型难以满足雷诺数相似条件，势必会加大试验结果与实际风场中结构表面风压分布及周围风环境的差别。随着计算流体力学理论和计算机硬件的快速发展，建筑风荷载和风环境的数值模拟已成为风洞试验方法的辅助手段，而且数值模拟方法具有成本低、效率高、易修改各类参数等特点，已成为结构风工程研究的重要发展方向。

计算流体动力学湍流数值模拟可以弥补理论分析、风洞试验和现场实测方法的一些固有缺陷，成为结构风工程领域的一个重要分支。利用数值模拟的优势，将数值模拟和风洞试验两种相对独立的研究方法有机结合，即采用"数值模拟引导下的风洞试验"方法来研究大型复杂结构的风荷载问题，取得了比较好的效果，如大跨桥梁和超高建筑等。风电机组结构设计同样属于结构风工程研究范畴，因此同样可以采用"数值风洞"方法来进行抗台风设计，基本流程如图4-22所示。

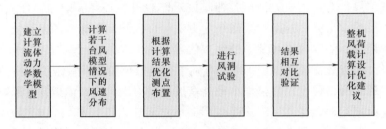

图4-22　数值风洞研究流程

4.9　抗台风理念探讨

在抗台风设计中，对海上风电机组结构设计有很高的要求，但要保障其在遭遇极为罕见（如100年一遇）的台风时所有结构及部件丝毫无损，一方面，未必科学、合理；另一方面，投资成本将大幅度提高，与结构设计中的安全与经济均衡原则相违。此外，由于海上风电机组支撑结构属于工业构筑物，其结构失效在大部分情况下不涉及人身安全问题，相比民用建筑而言，可以适当降低其结构可靠度。至于可靠度可以降低的尺度，则跟国家的经济发达程度休戚相关。总体上，倘若国家经济较为发达，便可相应地提高结构可靠度，反之亦然。因此，确定可靠度的阈值是在相关标准规定的安全裕度下争取投资收益最大化，同时与投资紧密相关。

抗台风设计应避免颠覆性破坏。在遭遇台风侵袭时，如果发生风电机组倒塔，不仅风电机组全部损毁，其相关支撑结构（包括塔筒与基础等）也彻底失效，甚至其运输、安装工程和输变电工程也受牵连损失，整个风电场其他风电机组甚至周边其他海洋设施都会受到影响。对于海上风电场，这些修复费用甚至可能超过购买风电机组的费用，这种台风引起的破坏称为颠覆性破坏。

因此，为有效规避颠覆性破坏，应该根据风电机组各部件失效造成的损失来确定各部件的安全系数，例如，根据基础、塔筒、机舱、轮毂、叶片的重要性决定其安全系数依次降低。同时，要非常谨慎地计算和设计叶片强度，在必要的情况下"丢车保帅"，即允许叶片在超过设计风速的超强台风中屈服破坏，以降低风电机组整体风荷载，避免更为严重的破坏。

在现有的风电机组结构设计标准中，均采用荷载安全系数法以确保风电机组结构安全达到一定的可靠度，且大部分荷载安全系数取为1.35。根据上述原则，对于重要的部件，不妨将其安全系数提高到1.5～1.7，以保证整体结构可靠度达到预期水平。

对多家经历台风侵袭的风电场进行统计后发现，叶片损毁是最常见的失效模式，叶片失效约占总结构失效的75%，塔架破坏约占15%，整体颠覆性破坏约占10%。可以判定，这种统计结果与设计理念基本一致。事实上，仍需要进一步提高支撑结构（塔架与基础）的安全系数，降低塔筒破坏、整体倾覆的概率，以避免颠覆性破坏带来的巨大损失。

第**5**章　风电场台风灾害防护措施

对于风电场的抗台风设计不应追求完全的保障，因为无限制提高设计标准、提高结构的安全强度，将极大增加投资成本。况且，在风电场运行期 25 年内超过设计风速的热带气旋正面登陆事件为小概率事件，因此在一定设计标准范围内，充分了解区域台风统计特性和动力要素特征，选择适宜该区域台风特性即满足安全等级要求的风电机组。风电场抗台风设计的基本原则是在 25 年生命期内，台风吹袭情况时风电场虽可能存在小型事故，但保障不发生类似于叶片撕裂或折断，轮毂及传动系统、机舱及内部电气设备损坏等大型事故，更不能发生塔架或者基础破坏等严重事件。

风电机组抗台风设计是风电场抗台风最为至关重要的环节，而保障风电机组在台风灾害天气条件下"受控"是风电机组与风电场抗台风的关键。风电场抗台风设计是指，在风电场工程项目实施和运行过程中，不能将抗台风责任局限于风电机组设备供应商，而应将防台抗台理念贯穿项目始终，各环节以及各单位、机构共同参与，以保障风电场在台风侵袭时最低损失。风电场抗台风应侧重全生命周期概念，通过针对性的深化沿海台风地区风电场选址、增强台风观测和研究复杂地形情况下台风气流畸变以及指导微观选址、解决风电机组基础安全问题隐患、提高场用电的可靠性、研究并排除台风次生灾害隐患等工作，达成保障风电机组安全度台风的核心目标。

在介绍华南沿海台风统计特性及动力要素特性、风电场台风灾害实例统计、风电机组抗台风设计基础上，本章主要论述除风电机组抗台设计外在风电场开发其他环节和过程中的安全防台风、度台风的保护措施。

5.1　沿海地区风电场规划选址

目前我国陆上风电和海上风电开发遵循"统筹协调、合理布局、节约用海（地）、保护环境"的原则，坚持以资源定规划、以规划定项目，先规划、后开发的做法。纳入规划开发的风电场场址一般具备的特征：①丰富的风能资源、较好的开发建设地质和水文环境条件、距离电力负荷点较近或电力送出条件好、道路运输便利，这些因素决定了规划场址的经济性；②不存在颠覆性因素，如生态自然环境保护区、水源保护地、军事、文物、压矿，海上风电场还涉及航道、锚地、等，这些因素是决定场址能否成立的颠覆性条件。其中，地震、台风、凝冻、雷暴等自然灾害属于影响风电场经济性的因素，而非颠覆性条件。

近 60 年来登陆沿海台风级别以上热带气旋，其路径虽然有典型的北行、西行、西北

行、西北转东北行等，但其登陆点并非集中在某地，几乎所有沿海地区都具有台风级别以上热带气旋登陆历史。因此，在沿海地区规划风电场想要避开台风影响严重的区域是难以操作的。如统计 1949—2013 年湛江地区的和茂名地区的强台风登陆数为 5 个，而惠州汕尾仅为 2 次；然而位于汕尾的红海湾风电场在 2003—2013 年遭受了 2 次台风的严重破坏。湛江茂名地区在近 20 年中也经历了 9615 号超强台风"莎莉"和 1409 号超强台风"威马逊"侵袭。

在风电场的规划阶段进行场址普选（宏观选址）的开发时序判别时，除考虑资源条件、地质条件、水文条件、交通运输条件、电力消纳和送出条件之外，宜将台风等自然灾害因子赋予影响经济性指标的较大权重，作为影响规划场址开发时序的重要因子，强台风登陆频数较多地区宜暂缓开发，随着风电机组抗台风技术逐步成熟再陆续开展相关前期工作。

5.2 台风观测

现场实测是结构抗台风研究中非常重要的基础性和长期性的工作。极端条件下（如台风）现场实测可用以验证设计的有效性和准确性，为工程抗台风理论研究和设计标准的修订提供有用的数据库资料，为研究结构的风致振动控制提供依据。现场实测的风场特性和风致振动响应为风洞试验提供对比分析数据，促进风洞试验技术的改进和发展。基于现场实测，初步掌握了近地风的重要特性并促进了理论研究的进一步发展。同时，由于强风分布特性现场实测的费用高、难度大，因此风场特性及风致振动响应的实测与结构风洞试验相比仍缺乏系统性研究，对结构风场分布特性和流固耦合作用还缺乏足够的认识。

5.2.1 风电场开发台风观测必要性

高耸塔架结构的高度与截面之比较大，且平面截面的对称性较强，其基本自振周期一般较长，因此结构的风效应会比地震作用更为显著，风荷载是引起结构侧向位移和振动的主要因素。与一般高耸塔架结构荷载不同的是，作用在风电机组上的脉动风场可以分为致塔架脉动风场和致叶片脉动风场两部分。

风对结构物的作用包括平均风产生的静荷载和脉动风导致的动荷载两部分。平均风对于结构的作用相当于静力荷载，而脉动风由于周期接近于高耸塔架结构的自振周期，会在结构的顺风向引起较大振动，即风振响应。脉动风可以看作是三维风湍流，可以分为顺风向、横风向和垂直向等三个方向上的脉动风场。高耸塔架结构上的风荷载主要包括顺风向的平均风和脉动风以及横风向的涡流干扰。顺风向脉动风场的能量较高，是叶片和塔架所受的主要脉动风荷载。虽然，侧向脉动风场和垂直向脉动风场的能量较低，但因为台风风向快速变化而偏航控制滞后情况而导致叶轮结构承受更多荷载。

大气湍流运动是一种多尺度现象，不同的大气过程中，不同尺度湍流涡旋的参与程度不同。湍流积分尺度是气流中湍流涡旋平均尺寸的大小，它可以反映脉动风速或风压的空间相关性（各点风速和风向之间的相关），湍流积分尺度越大脉动风的空间相关性越强。

空间相关性主要包括水平方向左右相关和竖直方向上下相关。研究结构上的脉动风场时必须考虑其空间相干效应。实测表明，台风脉动风空间相关性与季风（大气中性层结）脉动风相关性很不同。

脉动风速谱反映了脉动风速变化的频率特征，而频率分布特征是动力荷载的一个重要特征，直接影响动力荷载与结构物的作用效应。脉动风场的能力特征是以其各方向的功率谱密度函数来描述，常用的风功率谱模型有 Davenport 谱、Kaimal 谱、Simiu 谱和 Panofsky - Lumley 谱等。GB 50009—2012 中采用 Davenport 谱、JTG/T D60 - 01—2004 中水平和垂向脉动风速谱分别为 Simiu 谱和 Panofsky - Lumley 谱。这些谱型也是大气中性层结下建立的。这些风速谱都具有一些共同的特征和相近的表达形式，但由于归纳经验谱时的观测数据来源不同，最终得到了不同的表达式。

由于常态风与台风的产生机理不同，导致了其各自的微观湍流特性也不同。已经公布的大部分风的湍流特性结果来源于常态风的观测数据，对于台风影响区的结构抗台风设计，台风的湍流特性研究极其重要。已有学者根据台风过程中观测数据的分析结果认为台风的纵向脉动风速谱比较符合 Von - Karman 谱。

2000 年，R. Toriumi 等发表了于 1996—1998 年间在 Ohnaruto Bridge 风场和 Akashi Kaikyo Bridge 风场实际地观测的结果，并与采用 Davenport 风速谱公式的计算结果进行对比。Ohnaruto Bridge 风场的测试结果表明，天气系统对相关性系数（湍流积分尺度）影响非常大。在台风气候中，相关性系数随测点距离的增加迅速减小，而季风气候中相关性系数随测点距离的增加缓慢减小。另外，台风气候中低频部分的相关性系数实测值远小于公式计算值。

现行的建筑结构抗台风设计规范中关于风荷载和风特性描述主要根据季候风的观测研究结果而来或直接引用国外的相关内容，无法涵盖我国台风影响地区近地层风场的结构特性，从而导致现行的相关标准中给出的抗风计算方法和参数的指导性、可靠性出现偏差，具体如下：

（1）风速垂直剖面系数用于台风影响下会偏大。实地观测显示，垂直切变指数值的大小除与下垫面粗糙度有关外，还与天气系统的环流结构有关，台风大风的近地层垂直切变指数比无台风影响时的平均风况偏小 0.02～0.06。

（2）脉动风速峰因子数值用于台风影响下会偏小，台风的阵风系数较冷锋大风偏大 0.37～0.48。

（3）经典湍流模型多符合平稳序列、常态气候的脉动风场，而台风时的风场非平稳、非常态的湍流特性，无法应用经典湍流模型去刻画和描述。台风风场中强烈的旋转气流具有剧烈风脉动、强湍流、弱切变、很大的横风分量、风攻角和垂向分量等特征，这些参数均大于季候风。

5.2.2 风电场开发台风观测方案

现场实测是指观测实际建筑物表面的风压分布，测量结构各个部分的位移、变形等。通过现场实测，可获得详细、全面、可信度较高的数据资料，加深对结构抗风性能的认识，优化风电场设计阶段所采用的试验模型或计算模型，为制定建筑荷载规范提供依据。

此外，现场实测能够及时发现问题，采取相应的处理措施。目前使用的各种风速谱都是基于大量翔实的观测资料，如 Davenport 风速谱公式是在不同地点、不同条件下测得的 90 多次强风记录基础上归纳出来的，大多数国家建筑荷载规范都采用此水平风速谱公式。1999 年，张相庭基于对上海老电视塔近半年的现场实测数据，建立了风能耗散原理。1992 年，德国的 Peil 和 Noelle 对高 344m 的 Gartow 桅杆进行了大量的现场测试，并根据观测结果总结出桅杆顺风向振动响应的特征。国内工程界对超高层建筑上的风向、风速、风压测试工作非常重视，曾在深圳地王大厦、香港中国银行大厦等开展过连续观测。

风电场开发建设，一般在场址规划结束之后，现场选择具有代表性较佳的位置建设测风塔，以获取现场风能资源实测数据。该过程主要关注风能资源的测量和评估，并以此目标为基础进行测风塔设置（主要包括传感器和数据采集器等）。测风数据采集率一般为 1Hz，一般记录 10min 统计结果，包括 10min 时段内平均值、最大值、最小值、标准偏差等，该数据不能满足风电场开发台风观测分析的要求。海上测风塔的建造费用非常高，与此相比增加对台风针对性观测的费用可忽略不计，而产生的经济效益和社会效益不可估量，不仅可为该项目工程建设收集宝贵的高频采样资料，也为我国对沿海地区的台风研究和结构风工程研究积累基础资料。

沿海地区受台风影响严重，在测风塔上至少需要安装两层对台风有针对性的观测设备：一层选择在轮毂高度；另一层根据将来可能选择的风电机组叶轮扫掠面的下缘，以获取叶轮扫掠面内台风湍流信息。同时，应尽量延长观测时间，以获取更多台风信息。对海上风电场，更应在立塔架的同时安装台风观测设备，不间断地对现场包括台风在内湍流风况观测，获取登陆台风不同部位（眼区、云墙强风区、外围和左右半圆）近地层三维、高精度观测资料，研究风电场所在区域的台风近地层风场（平均、脉动）时、空分布特性、台风近地层湍流（脉动）特征参数或脉动风理论模型。

测风塔台风观测推荐应用三维超声风速仪，获取高频采样数据（不小于 10Hz）。三维超声风速仪不仅能测量三维方向的风速，而且在声学脉冲模式中操作可以抵挡开放的恶劣环境条件，具有高性能、高精度、环境适应能力强等特点，同时，在输出数据时能自动给出无效数据的质量判别码，是理想的用于涡动协方差系统的研究级三维超声风速仪。建议同步安装强风型螺旋桨式风速仪和高频数据采集器，与三维超声风速仪观测结果相互校验，这样可以提高在台风恶劣天气条件下的数据采样率。

与风能资源观测数据处理过程类似，三维超声风速仪在获取数据后必须对其进行质量分析和控制。台风登陆过程会伴随强降雨，加之鸟类或风吹起的地面杂物在仪器上的逗留都会产生"野点"数据，因此首先需要对"野点"数据判断和剔除；然后根据风电场开发建设主要关注的结构风工程问题进行数据分析，为风电机组主设备设计选型和工程建设提供基础数据，例如：平均风速和风向、湍流强度、阵风因子与平均风速、高度及阵风时距的关系；不同时距（1min、2min、10min）最大平均风速之间的转换系数；风速、海洋下垫面粗糙度、摩擦速度、风廓线切变指数之间的关系；体现台风过程中能量的集中分布和气流中风速脉动特性的台风湍流功率谱等。

5.3 复杂地形下的微观选址

沿海地区的陆上风电场基本以丘陵山地风电场为主,仅少量风电场位于简单的地形地貌环境。复杂地形地貌条件下,台风导致极端静荷载、湍流脉动、风攻角、切变指数在不同位置差异性很大。因此,在微观选址风电机组定位时,除关注常态风情况下的发电量和是否超特征湍流强度之外,需重点分析台风情况下,各风电机组点位是否因地形影响而可能导致事故发生。2003 年"杜鹃"台风对红海湾风电场的破坏就是一个典型案例,由于地形遮挡等因素导致异常湍流,位于中等海拔的丘陵地带的 9 台风电机组全部发生叶片损坏事故,且其中 7 支叶片处于下垂位置。

2014 年,刘梦亭开展了热带气旋作用下复杂地形湍流风场的数值模拟和验证性风洞试验。要准确模拟热带气旋入流条件与复杂地形相互作用的流场,最为重要的一点是要实现平衡大气边界层,即保证入流条件在达到模型之前其关键参数(速度、湍动能、湍流强度)沿流向不发生改变,满足水平均匀性。通过在壁面施加剪应力的方法实现了平衡热带气旋大气边界层模拟。为了验证数值模型的适用性,对典型复杂地形进行了风洞试验,即在传统尖劈—粗糙元理论的基础上,为了实现热带气旋高湍流特性的模拟,开创性地采用梯度交错排列的内六角螺栓代替常规粗糙元,成功模拟了热带气旋边界层,并针对典型地形条件开展了试验,为验证数值模型的适用性提供了依据。采用已开发的数值模型,分别对二维单山、二维连续双山和三维单山模型在典型效益型和破坏型热带气旋作用下流场的平均速度、风加速因子、湍动能、湍流强度等风特性参数的分布规律、变化特征开展了系统研究,得到的主要结论有:热带气旋作用下的二维陡坡流场,山顶平均风度最大,风加速因子为 1.4;后山脚湍流强度最大,风加速因子为 0.25,超过设计标准;山后 4.5 倍山高以内湍动能较大,不宜布机。通过不同坡度流场对比,表明坡度对流动分离起着至关重要的作用。热带气旋作用下的二维连续双山流场,最好的布机位置为高山山顶;与二维单山相比,双山条件下最大风加速因子均有不同程度的减小,且高山受矮山影响较少,而矮山受高山的影响较大。IEC 标准推荐的设计准则过低地估计了我国东南沿海风电场的湍流度,建议热带气旋作用下的风电机组设计适当加大湍流强度的设计标准。热带气旋作用下的三维单山的模型,平均速度分布和脉动量的分布沿展向基本呈对称现象,山体两侧速度分布较好,湍流脉动小。与二维模型相比,三维山山顶最大风速值较小,并且三维山的分离区小于二维山的。

在综合分析风况条件、建设条件等前期工作的基础上,微观选址是具有决定意义的关键步骤,是风电场开发建设前期阶段的里程碑式环节。在台风频发区域建设风电场,微观选址不但关注风能的有效利用以及风电机组运行工况下的疲劳荷载,还需重点关注有效避开台风过程不利因素的影响,具体如下:

(1)复杂地形条件下风电场加密测风。一般在规划容量 50MW 的风电场场址内只建设一座测风塔,而且仅关注风能资源和年等效满发小时数等指标,其中:①当测风塔得到的结果不能满足预期值时应加密测风;②复杂地形条件下应加密测风,对准确了解整个风电场的风能资源、极大风速、环境湍流等都有极大帮助。这种观测方法不仅不能满足现行的相关标准要求、而且不利于准确评估项目的安全性。

（2）勘测设计单位和厂商之间应加强协作，双方就现场踏勘后确定的微观选址机位的发电量、湍流等相互复核。需应用多个技术手段相互复核极值风速和有效湍流强度结果，例如综合运用线性风流体模型和非线性风流体模型进行复核等。

（3）实时更新设计所用地形地貌资料，关注未来可能导致风电场风流变化的地形地貌。如果盲目强调施工的进度，在地形地貌基础资料严重不足的情况下进行微观选址必然存在潜在风险。例如，有的风电场附近正在或者计划开发采石场，有的风电场还存在地表植被的变化等情况。这些开发活动都会引起局部风流改变，增加湍流强度和入流角的改变等。

（4）避免在滩槽变化等海域开发。对某些滩涂风电场或者近海风电场，潮流冲刷槽和冲积滩之间发生反复交换，且易遭受台风浪和风暴潮的破坏，必须要防止这种情况导致基础结构自振频率的改变而破坏。

5.4　海上风电机组基础防护措施

海上风电场风电机组基础设计考虑的荷载主要包括基础自重、风电机组荷载、波浪荷载、水流荷载、风荷载、地震荷载等。波浪荷载是引起海上建筑物结构破坏和疲劳损坏的主要荷载。潮流荷载单独分析时，取 Morison 模型拖曳力项；与波浪同时出现时，即考虑在波浪水质点速度上叠加流速。需分析正常运行、极端荷载、疲劳荷载谱以及频率振动允许值。

根据 IEC 61400—3 标准要求，风电机组基础设计应分析发电、启动、正常停机等多种工况。基础设计工况主要考虑了风电机组安装完成后极端风况状态的工况以及风电机组正常使用工况。基础设计过程中，风、波浪力、潮流力作为海洋工程中的基本作用力，设计时将之纳入基本可变荷载参与组合，荷载组合中考虑可能出现的不利水位和波浪、水流的作用方向，考虑风和波浪、潮流荷载的耦合情况。

除此之外，还需考虑海洋环境特征，进行防腐蚀、防冲刷等防护措施。

5.4.1　防腐蚀

5.4.1.1　腐蚀环境分区

在海洋工程中，不同水深位置的腐蚀环境差别很大，因此腐蚀程度差异显著。根据腐蚀速度可以分为大气区、浪溅区、水位变动区、水下区、泥下区等，不同区域的腐蚀程度示意如图 5 - 1 所示。根据国内外海洋腐蚀研究成果分析，腐蚀峰值的产生原因如下：

（1）第一个腐蚀峰值产生的部位在钢结构表面的浪溅区和最低潮位线以下 1～2m 的部位。海洋浪溅区的腐蚀，除了空气中海盐含量、湿度、温度等大气环境中的腐蚀影响因素外，还要受到海浪的浪溅，浪溅区的下部还要受到海水短时间的浸泡。浪溅区的海盐粒子量要远高于海洋大气区，浸润时间长，干湿交替频繁。碳钢在浪溅区的腐蚀速度要远大于其他区域，在浪溅区，碳钢会出现一个腐蚀峰值，在不同的海域，其峰值距平均高潮位线的距离有所不同。

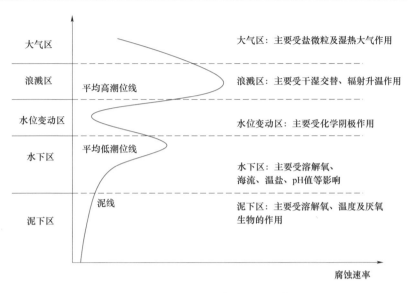

图 5-1 不同区域的腐蚀程度示意图

（2）第二个腐蚀峰值产生的部位在平均低潮位线以下附近的水下区。然而，钢桩在水位变动区出现腐蚀低值，其值甚至小于水下区和泥下区的腐蚀率。因为钢桩在海洋环境中，随着潮位的涨落，水位线上方湿润的钢表面供氧总比浸在海水中的水位线下方钢表面的充分得多，而且彼此构成回路，由此成为氧浓差宏观腐蚀电池。腐蚀电池中，富氧区为阴极，相对缺氧区为阳极，整个水位变动区中的每一点分别得到了不同程度的保护，而在平均潮位线以下则经常作为阳极出现明显的腐蚀峰值。

目前，海上风电机组基础型式主要包括重力固定式基础、支柱固定式（单桩式、三脚架式、导管架式、多桩式）基础和浮置式基础等。无论采取哪种结构型式，结构材料都为钢材或钢筋混凝土，在自然环境下，海水对基础结构有腐蚀作用。海水环境同样对海上其他类型工程结构存在腐蚀，因而可以参考海上其他工程结构防腐，特别是近年来港口工程对海港混凝土及钢结构防腐已经形成相应的技术规范或技术规定，也可适用于海上风电机组基础防腐。

实践证明，海工结构钢筋混凝土若不采取防腐措施，氯离子深入引起钢筋腐蚀往往导致混凝土结构 10～20 年内就发生破坏，而钢结构在海水环境中，碳素钢的年单面平均腐蚀速度在浪溅区可达 0.2～0.5mm，如不采取防腐措施，数年时间内其结构强度就下降得达不到使用要求。所以风电机组基础浪溅区的防腐工作极为重要。

5.4.1.2 防腐蚀设计

目前海上风电场的建设中广泛采取了相应的防腐措施。随着海上风电场迅速发展，预计 3～5 年内，风电机组基础防腐维护将成为海上风电场运营管理的重要内容。

对海上风电场钢结构的腐蚀状况及防腐蚀效果应定期进行巡视检查和定期检测。巡视检查周期宜为 3 个月，内容主要包括大气区、浪溅区涂层老化破坏状况及结构腐蚀状况以及水下区的阴极保护电位等。定期检测周期一般为 5 年，可根据巡视检查结果中的腐蚀状况适当缩短检测周期。检测应查明结构腐蚀程度，评价防腐蚀系统效果，预估防腐蚀系统使用年限，提出处理措施和意见。

1. 防腐蚀方法

对于海上风电场的防腐蚀设计，除了采用预留一定的腐蚀裕量外，主要是要定期检测和防护，防护的主要方法有物理防护和电化学防护。物理防护通过涂层保护来实现，电化学防护通过阴极保护来实现。具体的工作原理如下：

（1）涂层保护。主要是物理阻隔作用，将金属基体与外界环境分离，从而避免金属与周围环境的作用。通常采用有着良好附着性、耐蚀性、抗渗性的材料，海工重防腐涂料一般采用聚氨酯漆、环氧耐磨漆、环氧玻璃鳞片漆、环氧树脂漆、氟碳漆等，另外也有采用专门的海工包裹材料。防腐蚀涂料的质量和配套性是选择海洋防腐涂料需考虑的首要条件，除此之外，选用涂料还需从涂膜性能、作业性能和经济合理性等方面综合考虑。但是有两种原因会导致金属腐蚀：一是涂层本身存在缺陷，有针孔的存在；二是在施工和运行过程中不可避免地破坏了涂层，使金属暴露于腐蚀环境。这些缺陷的存在导致大阴极小阳极的现象，使得涂层破损处腐蚀加速。

（2）阴极保护。通过降低金属电位而达到保护目的，称为阴极保护。阴极保护主要用于防止海水等中性介质中的金属腐蚀。根据保护电流的来源，阴极保护有外加电流法和牺牲阳极法两种。其中：①外加电流法是由外部直流电源提供保护电流，电源的负极连接保护对象，正极连接辅助阳极，通过电解质环境构成电流回路；②牺牲阳极法是依靠电位负于保护对象的金属（牺牲阳极）自身消耗来提供保护电流，保护对象直接与牺牲阳极连接，在电解质环境中构成保护电流回路。

如何选用阴极保护的两种方式，需要综合比较后确定，对于海上风电场，采用电流法有一定的难度，需要有一个稳定的供电源，并且用海底电缆将所有的风电机组基础连成一个网络，同时需要采用遥控遥测技术和远程监控系统。牺牲阳极法在投入正常运行后每隔半年或一年需要测量一次钢管桩的保护电位，并记录测量方法和测量数据。当阳极即将达到设计使用年限时，应适当增加电位测量次数，如发现实际的保护电位值偏离设计保护电位时，应即时查明原因，必要时采取更换、增补牺牲阳极等措施。对于钢结构防腐蚀，不仅需要按钢结构使用年限设计，还要预留单面腐蚀裕量。

2. 风电机组基础的防腐蚀设计

风电机组基础防腐蚀时必须根据设计水位、设计波高等进行，各区的防腐蚀设计需要区别对待。

（1）对于基础中的钢结构，大气区的防腐蚀一般采用涂层保护或喷涂金属层加封闭涂层保护。

（2）浪溅区和水位变动区的平均潮位线以上部位的防腐蚀一般采用重防蚀涂层或喷涂金属层加封闭涂层保护，亦可采用包覆玻璃钢、树脂砂浆以及包覆合金进行保护。

（3）水位变动区平均潮位线以下部位，一般采用涂层保护与阴极保护联合防腐蚀措施。

（4）全浸水下区的防腐蚀应采用阴极保护与涂层联合防腐蚀措施或单独采用阴极保护，当单独采用阴极保护时，应考虑施工期的防腐蚀措施。

（5）泥下区的防腐蚀应采用阴极保护。

3. 钢管桩防腐蚀设计

钢管桩防腐主要是预防钢管桩的电化学腐蚀，从国内外的海洋工程、船舶工业的实践来看，最简单的方法是预留钢管桩腐蚀裕量。但预留腐蚀裕量方法存在一些缺陷，例如：钢材在海洋环境各区域中的腐蚀速度并不一致，非平均腐蚀，因此存在着大量的腐蚀点、腐蚀坑。这些局部腐蚀对于海洋钢结构来说是潜在的重大隐患；海上风电场海域腐蚀环境恶劣，加之地质条件差，钢管桩设计得较长，桩基工程量较大，如单一采用预留钢管桩腐蚀裕量的方法，钢管桩壁厚加大，导致钢材用量大量增加，且加大钢管桩制作难度和沉桩施工难度。因此采用预留腐蚀裕量方法的同时，需要同时考虑涂层防护和阴极防护。

5.4.2 防冲刷

海上风电机组基础建设后，潮流和波浪引起的水体运动会受到显著的影响。其中：①在风电机组基础的前方会形成一个马蹄涡；②在风电机组基础的背流处会形成涡流（卡门涡街）；③在风电机组基础的两侧流线会收缩。这种局部流态的改变，会增加水流对底床的剪切应力，导致水流挟沙能力的提高。如果底床是易受侵蚀的，那么在风电机组基础局部会形成冲刷坑，这种冲刷坑会影响基础的稳定性。海上风电机组基础桩基周围的冲刷将极大地威胁风电机组的安全工作，所以海上风电机组基础桩基周围的局部冲刷防护很有必要。

5.4.2.1 冲刷机理

在海洋环境中，未放置平台前，附近的海区属于整体平衡状态。桩柱处于波流中后，由于桩柱阻水，桩柱上游不远处水面升高，到达柱前时水面最高；桩柱两侧水流收缩集中，动能增加，水面下降；到桩基下游很大部分水面都很不稳定。近底水流的流速因受河床摩阻作用而使纵向流速沿垂线存在流速梯度，即海面流速较大而近底流速较小，形成了压力梯度，在桩柱的上方形成高水头，而遇桩柱阻碍，在桩柱表面快速向下流动，形成横轴顺时针漩涡，与临底纵向水流汇合，产生围绕桩柱卷绕的马蹄形漩涡。这种漩涡则是产生桩基冲刷的主要动力因素。由于漩涡中心产生负压，对海床上的泥沙产生吸附力，若海床表面泥沙颗粒的重力或颗粒间黏结力无法抵御这种吸附力时，泥沙开始运动。桩柱两侧发生绕流，流速增加，使已经运动的泥沙颗粒处于悬浮状态。桩柱后方的水流压力梯度与前方相反，水质点发生裂流，形成向海面运动的尾流，进而将泥沙颗粒带出冲刷坑。当坑内达到冲淤平衡，即坑内冲走的泥沙量与坑外输入的泥沙量相等时，冲刷坑深度达到最大，称为最大平衡冲刷深度。

引起桩基础局部冲刷的主要因素是海洋复杂的水动力过程，包括海流、波浪，以及两者之间的耦合作用。

1. 海流引起冲刷

海流作用下，桩柱周围形成马蹄涡，桩体后侧形成交替脱落的尾涡涡街，桩侧流线收紧，同时桩柱前侧还会形成向下的水流，具体如图 5-2 所示。这些流场的变化都使得桩体附近的泥沙输移量增加，引发冲刷。实验研究表明，马蹄涡的出现会使局部的床面剪应力增大 5~11 倍。马蹄涡受水流边界层厚度、雷诺数等参数影响较大。

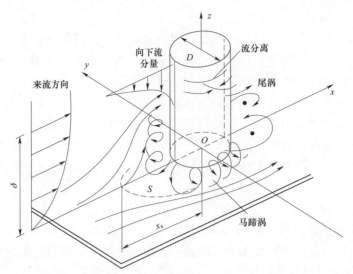

图 5-2　海流对桩柱的冲刷示意图

2. 波浪引起冲刷

波浪作用下桩基周围冲刷的动力因素主要是周期性产生的马蹄涡和尾涡。马蹄涡和尾涡产生和发展即局部冲刷程度主要受产生马蹄涡的临界值 KC 的影响，如图 5-3 所示。因此，可以推断其冲刷过程也主要受 KC 的控制。其中 $KC = U_m T / D$，U_m 代表波浪诱导的水质点最大运动速度，T 代表波浪周期，D 代表桩径。产生马蹄涡的临界 $KC = 6$。当 $KC < 6$ 时，桩柱周围不会形成马蹄形漩涡。当 $KC \geqslant 6$ 时，马蹄形漩涡开始出现并随着 KC 的增大而逐渐明显，冲刷深度也相应地随之增大。当 KC 增大到某一上限值后，冲刷深度不再随 KC 的增大而增大，而是保持一常数。

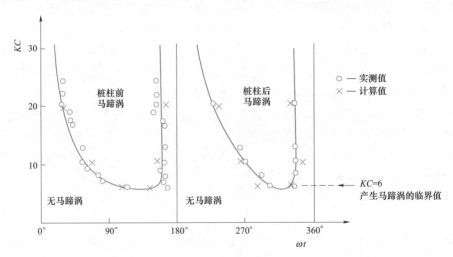

图 5-3　马蹄涡在相空间中的分布随 KC 的变化

对于桩群来说，波浪作用下的桩群冲刷深度也主要受 KC 影响。KC 越大，桩群冲刷过程与单桩冲刷过程越接近。当桩柱间距超过 4~5 倍桩径时，桩柱之间的局部冲刷过程互不影响。当桩柱之间距离小于 4 倍桩径时，冲刷过程互相影响能够加大局部冲刷深度。

3. 波流共同作用下冲刷

海上风电机组一般位于离岸较近水深较浅的海域，海流和波浪往往同时作用，因此对波流共同作用下的极限平衡冲深规律进行研究显得尤为重要。在波流共同作用下，一般应根据圆柱直径 D 与波长 L 比值的大小来分别加以讨论：当 $D/L<0.2$ 时为小直径情况，造成局部冲刷的原因是波浪水流经过圆柱时出现的漩涡；当 $D/L\geqslant0.2$ 时为大直径情况，如大尺度重力式平台、人工岛及海上墩式建筑物等，这时波浪运动对圆柱建筑物周围造成的冲刷的原因，已不再是漩涡的作用，而是各种合成波的水质点运动引起的床面剪切应力。

海上风电机组基础大部分应用桩式基础，当属小直径一类，造成冲刷的原因则是圆柱周围出现的漩涡。波流共同作用时，由于波浪边界层和水流边界层的相互作用，床面剪应力分布会发生较大变化，桩体周围的流场结构也变得比较复杂，同时，波浪会诱导海床土体产生超静孔隙水压响应，使砂颗粒的临界启动流速随波浪相位发生变化，影响砂颗粒的启动条件，最终影响冲刷的发展。波流共同作用时，"波浪（水流）—桩—土体"的耦合作用，如图 5-4 所示。

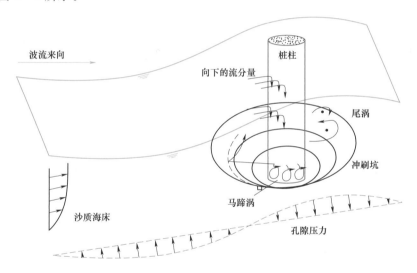

图 5-4 波流共同作用 "波浪（水流）—桩—土体" 的耦合作用

而由于海洋环境的复杂性，在不同的波流组合情况下，桩柱周围的冲刷程度也有所不同：在波、流逆向时，由于波、流流速反向，能量有所抵消，冲刷坑的范围和深度都比波流同向时小；在波浪方向与水流方向正交时，冲刷的范围和最大深度也比波流同向时小。从三种波流方向的不同组合看，波流同向时，冲刷范围最大、深度最深。因此，人们通常着重研究波流同向时的局部冲刷，而从工程观点看，应以波流同向时的冲刷状况为依据，采取相应的工程措施。

4. 影响冲刷的其他因素

从桩基的冲刷过程来看，除水动力因素（海流和波浪）之外，可能影响桩基最大局部冲刷的因素还包括水深因素、泥沙因素和桩基因素，具体如下：

（1）水深因素。当水深不大时，水深增大，单位断面流量相应增大，最大冲刷深度也相应增大。但当水深很大时，随着水深的增大，地面水质点速度迅速减小，泥沙运动相对变弱，因此最大冲刷深度也迅速减小。

（2）泥沙因素。当波高、波长、桩径、水深等条件相同时，泥沙粒径的大小对最大冲刷深度有一定的影响：当泥沙粒径相对较大时，粒径大小对最大冲刷深度影响相对较大；当泥沙粒径相对较小时，其对最大冲刷深度的影响相对较小，主要是细颗粒泥沙黏性作用较强，泥沙启动速度较大。

（3）桩基因素。桩径的大小和桩基与海面垂直方向上的夹角大小，对最大冲刷深度也有一定的影响。桩径越大，最大冲刷深度也相应加大。桩基的倾斜度越大，最大冲刷深度也会增大。

5.4.2.2　局部冲刷计算方法

判别局部冲刷深度的方法有数值分析法、物理模型实验法和经验公式法等。在众多方法中，经验公式法主要依据广泛的实测资料，其根据数理分析方法建立的计算公式具有一定的可靠性，同时因其公式比较简单直观，在工程设计前期应用较广。从桩基的冲刷机理可得出，桩基局部最大冲刷深度与水动力、底质、桩径等多种因素有关。自 20 世纪 60 年代以来，各国学者通过采用现场实测资料、模型试验、量纲分析及多变量相关等相结合的方法对冲刷深度进行研究，然后用野外实际观测资料修正系数和指数得到冲刷深度计算式，提出许多根据试验数据提炼出的经验公式，如 Shen，H. W. 等提出的经验公式、贝斯金公式、南京水利科学研究院公式、天津大学公式、韩海骞公式、王汝凯公式等。

小直径桩柱局部冲刷涉及水动力、底质、桩径等多种因素，问题较为复杂，现有的研究成果多为根据试验数据整理的经验公式，使用条件受到一定的限制，主要表现在：①目前河流动力（单向水流）作用下的桩柱局部冲刷研究成果较多，但对于沿海海洋动力（潮流及波浪）作用下的桩柱局部冲刷研究成果较少；②有些研究只考虑了潮流对桩柱局部冲刷深度的影响，忽略了波浪的作用，遇到波浪作用不可忽略时，计算结果与实测值相差较多。因此，经验公式在使用前应需利用实测资料进行验证。

桩基局部冲刷的经验公式中，韩海骞公式考虑了潮流叠加波浪水质点的流速、王汝凯公式考虑波流共同作用，因此以韩海骞公式和王汝凯公式的计算条件较为符合海洋环境小直径桩基局部冲刷情况。

1. 韩海骞公式

韩海骞通过物理模型试验，得到实测数据，并通过量纲分析得到在潮流作用下桩墩局部冲刷深度为

$$\frac{h_b}{h} = 17.4 k_1 k_2 \left(\frac{B}{h}\right)^{0.326} \left(\frac{d_{50}}{h}\right)^{0.167} Fr^{0.628}$$

$$F_r = \frac{u}{(gh)^{0.5}}$$

式中　h_b——潮流作用下桥墩最大局部冲刷深度，m；

h——全潮最大水深，m；

B——最大水深条件下平均阻水宽度，m；

d_{50}——海床泥沙的中值粒径，m；

Fr——弗劳德参数；

u——全潮最大流速，m/s；

k_1——基础桩平面布置系数，条形取 $k_1=1.0$，梅花形取 $k_1=0.862$；

k_2——基础桩垂直布置系数，直桩取 $k_2=1.0$，斜桩取 $k_2=1.176$。

对于韩海骞公式来说，必须考虑波浪对于局部冲刷的作用，否则结果偏小。根据 JTJ 213—1998，计算波浪水质点的平均流速为

$$v_2 = 0.2\frac{H}{d}C$$

$$C = \frac{gT}{2\pi}\text{th}(kd)$$

$$k = \frac{2\pi}{L}$$

式中 v_2——波浪水质点的平均流速，m/s；

H——波高，m；

C——波速，m/s；

k——波数；

L——波长，m；

T——波周期，s。

2. 王汝凯公式

国内外大量研究表明，在波浪、水流共同作用下，桩墩等孤立建筑物周围的冲刷比单纯水流或单纯波浪作用下要严重得多。1982 年，王汝凯在美国 Texas A&M 大学海洋工程试验室完成这类试验研究，在波浪水流槽中做了 19 组波流作用下的普遍冲刷试验和 39 组孤立桩周围沙基冲刷试验。试验中采用了两种粒径的泥沙和三种管径的孤立桩。通过量纲分析得到了相对冲刷深度 h_b/h_p 的经验关系为

$$\lg\frac{h_b}{h_p} = -1.2935 + 0.1917\lg\beta$$

$$\beta = \frac{v^3 H^2 L\left[v + \left(\frac{1}{T} - \frac{v}{L}\right)\frac{HL}{2h_p}\right]^2 D}{\dfrac{\rho_s - \rho_0}{\rho_0}g^2 v d_m h_P^4}$$

式中 h_b——不计普遍冲刷深度的最终冲刷深度，m；

β——反映波流动力因素和泥沙、管径的综合参数；

v——流速，m/s；

T——波周期，s。

王汝凯公式是波、流共同作用下的孤立桩周围沙基冲刷深度试验研究成果中考虑因素较全的一个，适用于无黏性的细砂和中粗砂。

5.4.2.3 防冲刷设计

通常海上风电机组基础冲刷防护主要有抛石、扩大桩基础、混凝土模袋和混凝土铰链排、护圈、护担减冲、裙板防冲和科学预留冲刷裕量等 7 种方法。

1. 抛石防护

抛石防护是主要的一种桩基防护工程措施，其工作原理：一是抛石对床沙起保护作

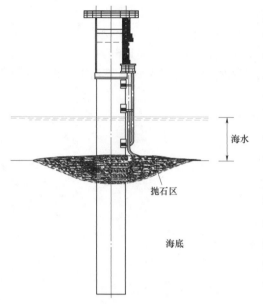

图 5-5　Horns Reef 风电场单桩基础
抛石保护示意图

用，增加床沙启动或扬动所需的流速；二是抛石可以增大桩基础附近局部糙率，对于减小桩基附近流速也起到一定的积极作用。为防止抛石破坏基础，抛石前应采用土工布对桩柱进行包裹保护。

风电机组基础深度增加，意味着即使冲刷使得桩基础周围沉积物减少，风电机组自身也能保持稳定，但电缆仍有一定的风险。为了降低电缆的风险，桩基周边 10m 范围内设置多层碎石保护。如丹麦 Horns Reef 海上风电场单桩基础附近，采用堆石保护：①用直径 0.03～0.2m 的砾石铺设厚 0.5m 的砾石床垫来缓解侵蚀；②一旦完成基础打桩，在基础周围另外铺设直径 0.350～0.055m，厚 0.8m 的砾石。Horns Reef 风电场单桩基础抛石保护示意图，如图 5-5 所示。

类似于抛石保护增加粗糙度、减缓水流、增加泥沙启动流速等原理的防止局部冲刷的方案还包括：

（1）采用聚丙烯复叶人造植被的方式，模拟自然海草捕获和沉积风电机组基础周围的沉积物，来提供保护。这些植物长约 1.5m，被安全地嵌入混凝土床垫结构中，以防止其被冲走后成为周围水域里的塑料垃圾。

（2）大直径的巨石堆放成圆顶或是金字塔形，用来保护塔筒和海床免受破坏；或者采用人造混凝土结构，如扭工字块、四足石块、X 型混凝土块、"礁球"等，混凝土结构中可以选择添加钢筋。

通过人造植被、钢筋混凝土块以及人造礁球等方法作为防冲刷措施，如图 5-6 所示。

(a) 人造植被　　　　　　(b) 钢筋混凝土块　　　　　　(c) 人造礁球

图 5-6　人造植被、钢筋混凝土块以及人造礁球等防冲刷措施示意图

2. 扩大桩基础防护

扩大桩基础防护是指在施工阶段先将钢围堰埋入海床面以下一定深度，再进行下部桩

基施工，基础施工完成后在海床面以上预留一定高度封顶，然后在顶面上放置桩基的防护工程措施。该防护方法的主要工作原理是利用扩大桩基础的顶面，减弱桩基础前下降水流的淘刷力。

3. 混凝土模袋和混凝土铰链排防护

混凝土模袋是利用高强化纤材料编织成双层并能控制一定间距的袋体。混凝土模袋防护是指在模袋内部充填混凝土（或砂浆）使之形成一个刚性的板状防冲块体，并能适应地形变化而紧贴在岸坡或河床上从而起到抗冲刷作用的混凝土类防护技术；混凝土铰链排是利用铰链将混凝土板块连接起来而形成的防护实体。

4. 护圈防护

护圈防护方法是典型的减速不冲防护方法，它是通过利用护圈顶面阻挡和消杀下降水流，减小涡旋强度的原理进行防护。

根据桩基冲刷相关研究结果表明，当护圈被放置于海床面以下 0.015 倍水深处时，冲刷坑深度的减消最为明显，防护效果也就最好。此时的冲刷深度相对于无护圈防护时的最大冲刷深度减小量达 50%～70%。

5. 护坦减冲防护

采用适当的埋置深度、宽度的护坦以达到既安全又经济的目的。

6. 裙板防冲防护

桩基周围采用裙板起到扩大沉垫底部面积作用，将冲刷坑向外推延。

7. 科学预留冲刷裕量

参考 DNV-OS-J101—2007 等规定，计算预留冲刷裕量，在此冲刷裕量范围内，风电机组基础机构的频率、强度、稳定性等均满足安全要求。

海上风电场风电机组基础局部冲刷受到潮流、波浪等水体运动，以及泥沙性质和桩基直径等因素的综合影响，且防冲刷保护措施采用砾石、巨石、人造植被或者人造混凝土等方式也需综合考虑项目的具体条件、及建设成本，尚需考虑采用防冲刷措施对生态环境的长期影响等。此外，是否采用防冲刷保护对每个项目都是值得思考的问题。例如，在马里湾外的 Beatrice 示范项目中，经过估算桩基础局部冲刷程度低，因而没用采用任何冲刷防护措施，仅实施周期性海床监测以校核桩基础局部冲刷分析成果。

5.5　加强监测

海上气候环境恶劣，风电机组维护困难，故障率高。海上风电机组状态的可靠监控将显著减少严重故障的发生、节约风电机组维护成本、提高风电场的生产效益。台风季到来之前，如果根据监控信息开展针对性维护计划，保障风电机组基础和机组本身状态良好，对安全顺利度过台风过程具有重要意义。因此建立一套安全、高效的监测数据库系统，利用传感器检测，信号处理，计算机技术，数据通信技术和风电机组的有关技术，对风电机组运行过程进行实时监控及基础沉降故障报警，及时反馈信息，避免因微小原因造成台风期间风电机组主体结构的破坏或影响风电机组正常运行，从而保证风电机组的正常使用寿命和安全性，并为以后的风电机组抗台设计与风电场的勘察、设计、施工提供可靠的资料。

5.5.1　监测设计原则

风电机组状态健康信息采集的目的是通过对设备运行过程中所表现出的各种外部征兆信息进行感知，提取反映状态的有效数据，为风电机组故障诊断与决策提供依据。状态健康信息的获取需要在风电机组各个关键部件上部署传感器来实现。由于不同部件的动力学特性不同，故障情况下的特征不同，因此需要部署不同类型的传感器才能够有效提取反映部件故障的特征量。风电机组及其他设备状态监测遵循以下基本原则：

（1）以监测风电机组基础及塔筒安全为主，验证设计和科学研究为辅。

（2）监测项目力求少而精，能较全面反映和预测风电机组基础及塔架的运行状态，特别是关键部位和关键施工阶段的情况，且各观测项目测值能相互验证。

（3）观测重点布置在影响风电机组运行的关键部位或结构潜在薄弱部位。

（4）监测方法以自动监测为主，自动监测与人工监测相结合。

（5）安全监测自动化系统应满足实时性、可靠性、实用性、先进性和可拓展性等要求。

5.5.2　监测项目

风电机组状态监控主要包括状态健康监测、故障诊断、状态控制3个方面，其目的是通过实时监测风电机组的状态来采集并传输有效数据，利用故障诊断技术判断风电机组健康状况，以便及时发现故障隐患并准确控制风电机组的运行状态，在减少严重故障发生的同时，尽可能地提高风电机组的运行效益。风电场所处地区自然环境恶劣，在无人值守的情况下，通常采用数据采集与监控（SCADA）系统对数十台或数百台风电机组进行集群监测与控制。SCADA系统分为就地监控、中央监控和远程监控3个部分。除完成风电机组自身的状态健康监测、故障诊断与状态控制以及实现风电场整体状态监测、掌控发电状况以及协调调度之外，针对台风地区偶发的极端气象灾害事件的防护，有必要针对性设计监测方案，以提高台风灾害来临之前的应对效率。

风电机组的状态监测主要是在齿轮箱、发电机、传动系统、叶片、机舱与塔架等机构部件上根据不同的特性部署不同类型的传感器，利用振动分析、声发射分析、油液分析等方法来实现对部件状态健康信息的采集和分析，即时判断设备健康状况和诊断故障。特别是台风影响严重地区的海上风电场一定要加强监测与监控。风电机组中具体的监测位置和监测仪器的数量需要根据不同风电场采用的基础型式和风电机组特性来科学判断。

1. 基础不均匀沉降观测

风电机组对倾斜敏感，即使基础轻微地不均匀沉降，将使风力机产生较大的水平偏差，在机舱、叶轮等荷载作用下，产生较大偏心弯矩，给风电机组运行带来较大的安全隐患。所以基础的倾斜率往往成为风电机组基础的控制项目，必须满足正常工作要求。

在基础施工时，在每台风电机组基础平台上均匀设置沉降观测点，如基础钢结构平台顶部等。自基础施工完当天即开始对沉降观测点进行观测和记录，并在风电机组安装前、后，特别是运行后7~15天内需再次进行观测。之后的观测根据设计要求进行，直到沉降稳定后可终止观测，但总观测时间应不小于12个月。

2. 风力机、塔架、基础、地基系统振动监测

风力机动力作用的 1P 频率能量最大，高次谐波的作用相对较小，要求海上风电机组基础结构固有频率应避开 1P 频率±10%左右，以免发生共振。由于风电机组设备的特殊要求，包括风力机、塔架在内的整个系统容许的频率范围通常比较小。可在塔筒过渡段的筒壁上安装 1 台测震仪，在基础、塔架、连接段等不同位置的 X、Y、Z 三个方向均设置加速度传感器，可以监测不同位置三个方向的振动加速度。

3. 钢管桩应力、应变监测

最大拉应力通常出现在刚度变化较大的位置；比如三脚架的最大拉应力发生在靠近斜撑的位置。对弯曲应力进行监测，以防止钢管桩在荷载作用下产生屈服。风电机组基础钢管桩的每个桩柱安装应力监测钢板计、倾角计，且需在多个高程位置上设置。

4. 连接段应力监测

风电机组塔架与基础的有效连接是风电机组上、下部结构协同工作的保障。对连接段应力进行监测，以防止构件在荷载作用下产生屈服。每台风电机组基础在塔筒过渡段的筒壁上安装倾斜仪和钢板计，实现过渡段变形和应力监测。

5. 塔筒应力应变监测

塔筒是重要的承载部件，直接影响风电机组的工作性能和可靠性。当荷载达到一定的值时，弯矩的增大会导致塔筒某一界面超出屈服极限，局部失稳，使塔筒发生破坏，塔筒顶部及门洞位置屈曲变形较大。塔筒内部安装有应力、变形等监测仪器，并纳入到安全监测自动化系统。

6. 管节点（焊缝）以及灌浆材料应力、应变监测

管节点（焊缝）以及桩基础与过渡段之间环形空间的高强度灌浆材料处通常是应力集中部位，在风和波浪动力循环荷载作用下，管节点处的应力集中现象严重影响接头处的疲劳强度。应在上述部位布置钢板计，以监测应力应变情况。

7. 水下地形监测

在风电机组基础 50～100m 范围之内，定期进行水下地形测量，主要是观测钢管桩周围泥面的冲刷情况。观测时采用 GPS 定位、测深仪测量水深的方法。建议同时增加潮位、海流、波浪、悬沙和底质的测量与采样，为分析桩基础局部冲刷计算分析参数选取的合理性以及后续采取防冲刷补救措施提供基础资料支持。

8. 海上升压站监测

海上升压站除配置电气二次监控设备外，还需考虑钢构架应力应变监测和振动监测，主要监测位置包括桩基础、过渡段、导管架、上部结构等，设备包括钢板计以及倾角计等。

5.5.3 安全监测自动化

为方便进行观测，实现监测仪器的自动观测，同时保证在恶劣条件下仍能进行正常观测，监测系统应设置安全监测自动化系统。除对沉降观测点的物理观测外，钢板计、倾角计等均应连接到数据采集装置，该装置安放于风电机组操作平台上，并配置无线传输设

备，将观测信息通过模拟信号转化为数字信号，然后发射到陆上控制中心。安全监测自动化系统主要包括主机、专用软件、测控单元等。主机设置在陆地控制中心，主机内安装数据采集与管理等软件，并通过海底光缆接收测控单元的数据。

1. 基本原则

（1）可靠性。系统应能长期稳定，可靠运行；采集的数据准确可靠；应用软件应运行稳定，确保不发生致命错误。

（2）接口适应性。数据采集模块应最大限度的接入各类传感器。

（3）对恶劣环境的适应性。能适应潮湿、日晒、台风等恶劣环境。

（4）防雷及抗电磁干扰。具备防止感应雷电能力和抗电磁干扰能力，在发生雷击和干扰后，数据不丢失、不失真，自动采集系统正常运行。

2. 总体功能

（1）数据采集装置功能。能最大限度地接入各类传感器；各类传感器能按指定方式自动进行数据采集，可通过预先设定的参数（如采集时间、频率等）由现场数据采集控制装置自动定时测量。所采集的数据可暂时存储在测量控制装置中或根据监测站的命令将所测数据传送到监测管理中心并进行处理、计算、检验等。

（2）数据存储、电源管理及通信功能。数据采集控制装置具有的优点：存储和断电保护模块，能暂存数据功能；备用电源（如蓄电池等），且至少能供电 7 天以上，以保证交流或直流供电电源故障时，数据不丢失和不影响正常的数据采集。

数据通信主要为数据采集控制装置与监测控制中心之间的双向数据通信。

（3）人工接口功能。自动数据采集控制装置具有与便携式电脑连接的接口，能够使用便携式电脑从自动数据采集装置中读取监测数据。

3. 网络结构

采用分布式网络结构，包括测站层的现场网络和监测中心站层的计算机网络。测站层由各测点传感器和数据测量控制装置（MCU）组成；监测中心站位于岸上控制楼的监测管理室内，监测中心站由监测服务器、监测工作站、网络交换机、打印机、便携式电脑、UPS 电源设备等组成。

数据传输可采用无线、微波、电话通信线、屏蔽双绞线、光纤等。

4. 数据采集方式

（1）半自动采集。在施工期和运行期自动采集系统故障的情况下，由测试人员携带检测仪到现场直接采集。

（2）自动采集。由监测人员在监测中心站直接设置采集参数后，通过自动采集控制装置自动进行采集并传输。

5.6　风电场内输变电系统防护措施

只有在供电正常的情况下设备安全保护程序才能发挥应有作用，确保安全运行。由于大型风电机组都实行主动偏航，程序设计是在风速正常的时候迎风，以保证吸收风能最大化，风速超过切出风速时避风实现能量吸收最小化。如果在台风等大风情况下停止供电，风电机组则不能够可靠执行偏航避风的安全指令使叶轮处于避风自由状态，将导致设备与台风湍流形成共振，最终损坏设备。输电线路和供电电源的稳定可靠是风电机组安全运行的最大保证。

海上风电场一般以海缆和陆缆方式连接，陆上风电场采用陆缆、架空线路或者混合方式连接。架空输电线路因设计标准和施工质量等原因，台风过境时易发生风灾事故，继而失控的风电机组不能及时偏航和顺桨，不能以最有利的方式来安全度过台风，加剧了台风灾害的损坏程度。目前现有的风电场输变电设备及线路大多数都不能满足台风期间给风电机组不间断提供电源的要求，也因此加剧并导致部分设备的严重损毁。

5.6.1 台风导致架空线路主要故障分析

风电场架空线路是输变电系统组成部分，也是台风期间发生故障的主要环节，因此以 2005—2010 年期间广东省沿海地区电网风灾事故为例，统计台风期间各电压等级输电线路风灾事故类型和原因，以期在后续风电场场内架空线路设计时避免发生类似的事故。

5.6.1.1 跳闸

从统计数据来看，跳闸是最频发、最主要的风灾事故类型。台风所致的跳闸具有重合闸成功率较低、故障点查找难度较高的特点。在所有的跳闸故障中，因耐张塔跳线风偏闪络比较常见，而其改造措施也较为简单易行和有效。降低耐张塔跳线风偏闪络概率，可明显地减少台风对系统造成的失电损失，同时也将大幅减少巡线人员查找风偏闪络故障点的工作量。

统计广东省 2005—2010 年台风引起的线路跳闸方式得出：①导线或跳线风偏对塔身距离不够引起跳闸占全部跳闸事故的 51.42%；②外飘浮物引起的跳闸，约占全部跳闸事故的 43.62%；③导线间放电约占 3.19%；④导线对地线放电约占 1.77%。

1. 风偏闪络跳闸

由于风荷载下的风偏角超过了设计容许值则发生风偏闪络，结果造成带电部分（导线、线夹、均压环等）对接地构件或临近物体电气间隙不足，最终导致线路闪络跳闸。

风的连续性使得重合闸时带电体仍处于风偏状态，电气间隙处于缩小的趋势，且第一次的闪络放电已使空气间隙中游离的导电离子增多、绝缘强度降低，重合闸所产生的系统操作过电压可能使带电体在风偏摆动时再次将空气间隙击穿。

风灾事故调查及相关的运行资料显示：南方电网管辖地区的风偏闪络事故以耐张塔跳线（串）风偏居多；国家电网管辖地区以直线塔风偏闪络居多。

根据闪络部位和对象的不同，风偏闪络跳闸事故可以分为以下类型：

（1）耐张塔跳线风偏跳闸。在调查过程中了解到，220kV 及以上线路耐张塔跳线在台风情况下的跳闸次数占到了 50% 以上。耐张塔跳线风偏跳闸主要有以下原因：

1）单回路转角塔中相跳线风偏裕度较小。单回路干字形耐张塔的中相导线绝缘子串是直接挂在塔身的，跳线一般采用绕跳方式，风偏裕度不大，且跳线的线长较短，易受阵风影响，因此，在极限风速下，跳线发生放电的概率将大大增加。如 2008 年 8 月 22 日，0812 号台风"鹦鹉"引起风岭线反复跳闸多达 10 次，2 次重合闸不成功，经现场勘查发现 N21 耐张塔 B 相跳线及塔身有明显放电痕迹。

2）跳线绝缘子串安装配置不合理。在小转角耐张塔的内外角侧和大转角耐张塔的外角侧，跳线距塔身较近。当小转角耐张塔没有安装跳线绝缘子串或大转角耐张塔外角侧的绝缘子串配置不合理时，台风可能导致跳线对塔身放电。

3）耐张塔跳线施工存在问题。在部分工程的施工过程中，一些跳线安装不符合设计要求，引线过于松弛，跳线弧垂过大，而验收和运行等环节对线路耐张跳线松弛度认识不足，未能及时发现跳线隐患，导致台风侵袭时跳线对塔身放电。

4）跳线（串）风偏角计算模型不合理：杆塔结构计算时考虑了风压调整系数，用以反映脉动风振的影响。而在电气风偏计算时，并未计入该系数。跳线因长度短，重量轻，对台风的即时动态响应非常迅速。当台风的瞬时风速超过设计值时，其风偏摇摆角极易超出设计值而产生风偏闪络跳闸事故。

5）降雨和雷电的影响：台风来临时空气中夹杂的水汽、雨水所形成的水线会缩小空气间隙，使闪络电压降低，从而更有利于风偏闪络的发生。其次，台风工况下的塔头间隙有可能难以满足雷电过电压的要求。台风来临之初时常伴随着雷电，杆塔设计考虑雷电过电压间隙时的风速为 15m/s，而实际工况对应的阵风风速可能超出 15m/s。

（2）导线风偏引起相间放电。导线相间放电事故的发生主要有以下原因：

1）持续大风下的不同步摆动。GB 50545—2010 中关于导线水平线间距离的计算公式考虑了一相导线摆动，另一相导线静止的情况。但在持续大风下，受不规律的气流影响，水平排列的不同相导线可能发生不同步摆动，使导线间距小于安全电气间隙值而发生闪络。

2）微地形的影响。崖口和山谷往往成为风速突变的通道，当导线穿越这些微地形地带时，受通道中的气流影响，导线发生不同步摆动的概率会大幅上升。

3）导线弧垂偏差较大。GB 50233—2005 规定：110kV 线路的弧垂容许偏差应不超过 200mm；220kV 及以上的应不超过 300mm。实际施工中由于各种因素会造成不同相或者不同回路间的导线弧垂不一致，尤其是在挡距较大时，这种误差会被放大且大挡距导线的弧垂值也较大。当在大风工况下发生导线不同步摆动时，进一步缩小了相间间隙，相间放电随即发生。

另外，部分早期建设的线路由于设计、施工等因素，线路运行多年后线长发生变化。尤其是大挡距的导线，弧垂往往比设计时发生了较大变化，导线存在相间放电隐患。

4）实际挡距超过设计值。导线线间距离与使用挡距存在相对应的关系，挡距越大所需的线间距离就越大。当工程中实际的挡距超出杆塔设计值时，就可能在大风情况下发生相间闪络。

（3）悬垂串风偏引起对塔身放电。发生悬垂串风偏引发塔身放电有以下原因：

1）瞬时风持续超过设计风速。瞬时风较大是台风自身的特点。一般来说，作用在直线塔上的导线自重较大，使得悬垂串对瞬时风的动态响应有延迟的过程。但若瞬时风超过设计风速且持续至悬垂串风偏角度超过设计值时，带电部件对塔身的风偏闪络就随之发生。

2）微地形的影响。局部的微地形，如崖口、峡谷等，会产生微气象，可能发生风速突变，而这些风速由于影响范围较小、难以被气象台站观测到，在线路设计中往往难以体现。

3）杆塔排位时的风偏摇摆角系数小于设计值。每基直线塔均有容许的风偏摇摆角系数范围。如果杆塔排位时，塔位的实际风偏摇摆角小于设计值，则当线路遭遇大风时，就可能发生悬垂串风偏角超出容许值而对塔身放电的事故。

4）调爬后悬垂串变轻变长。随着社会经济的发展，很多地区大气污染日益严重。为提高架空输电线路防污水平，部分线路进行了调爬改造，将直线塔的玻璃或瓷质绝缘子更换为复合绝缘子，使得许多悬垂串变轻或变长。对于风偏条件较好的直线塔，这种改造影响不大，但对于风偏条件较差的直线塔，在遭遇大风时更易发生悬垂串对塔身的风偏闪络。

（4）导线风偏引起对临近物体（如树木、建筑物等）放电。架空线路走廊下方及附近的各类植物（野生树木、人工种植的农作物和经济作物）生长较快，如不能及时清理，在台风来临时有可能造成导线对树木闪络跳闸。

随着城市化进程不断推进，土地不断升值，走廊两侧的合法或违章建筑越来越多。个别建筑位于弧垂较大的线段附近，在台风的作用下有可能导致导线对建筑物间隙不足，而建筑物的清理难度极大。

（5）导线对地线放电。发生导线对地线放电的原因有以下方面：

1）瞬时风超过设计风速。地线分裂根数少、自重轻，对大风的响应比导线快。当瞬时风超过设计风速、较大的挡距中、导线上摆时，地线从最大风偏角回落，导地线间迅速接近而存在发生放电的可能。

2）导线与地线的间距不够。导地线间的距离应按照相关标准来校验，当挡距较大时，导地线间距离也应随之增大。换言之，铁塔的挡距使用条件不仅要满足荷载的要求，还应满足电气间隙的要求。在套用杆塔时，如果超出原杆塔设计的最大容许挡距，或者施工放线时，导地线弧垂误差较大，就有可能导致导线与地线间距不足，在大风情况下，导线风偏角较大时，可能因导线与地线间距小于安全间隙而发生放电。

2. 外飘浮物引起跳闸

城郊的线路饱受空中飘浮物的影响。大风吹起的塑料袋、铁丝、广告牌、铁皮房屋、破旧衣物等都是线路运行的潜在威胁。

5.6.1.2　杆塔损坏

台风对杆塔的损坏形式可分为倒塔、断杆、横担折断等，其主要原因有以下方面：

（1）瞬时风速超过线路抗风设计值。目前运行的大多线路基本采用 DL/T 5092—1999，其风速重现期为 30 年，因此旧线路一般设计风速偏低。台风发生时的风速一般都较大，超过原有线路最大设计风速，这是线路倒塔断杆的主要原因之一。

（2）风荷载具有随机性。风速在沿塔高方向存在不均匀性，对曲线形杆塔斜材受力存在影响，称之为"埃菲尔效应"，如未考虑"埃菲尔效应"，则计算出的塔身斜材偏小。风速在顺线路方向存在的不均匀性易造成横担两侧受力不均匀，风速在垂直线路方向存在的不均匀性易造成铁塔两侧导线受力不均匀，这两种情况都可能造成铁塔受扭。

（3）挡距不均或大高差。直线塔悬垂绝缘子串的偏移会自然缓和导线与地线之间的纵向不平衡张力，但同时也会对铁塔产生纵向作用力。当某挡内（非孤立挡）出现大高差或前后挡距相差悬殊的情况时，导线与地线受温度变化或者风压的影响，将产生较大的不平衡张力并通过悬垂串传递给杆塔。特别是在（强）台风等极端天气下，杆塔所承受的水平荷载接近设计限值时，纵向不平衡张力也相应增加，使得杆塔所受的实际综合荷载可能超出设计承载水平，从而导致杆塔发生受损甚至倾倒的严重事故。

（4）微地形。对于相对高耸、突出地貌或山区风道、垭口、抬升气流的迎风坡、海湾所处的"喇叭口"地形、面向大海的山间峡谷等微地形区域，局部风速的突增效应明显，杆塔所处位置的实际风速超过其最大设计风速，可能使导线长时间大幅摆动、疲劳受损或者金具变形断裂，从而产生较大的不平衡张力导致杆塔损坏。

（5）拉线缺失。倒杆、断杆风灾事故基本表现为由于直线杆塔倾倒引发的连锁反应，直线杆成为影响电网抗台风能力的瓶颈问题，其中的拉线问题更为关键。拉线经常遭到破坏和偷盗，造成绝大多数电杆防风拉线缺失，大部分 110kV 水泥杆出现倒杆事故的主要原因为拉线缺失。

（6）施工及设备质量问题。现场调查台风事故时发现建设质量带来的杆塔损坏事件中：一部分是原材料采购质量所致，如混凝土不合格、塔内配筋不足等；另一部分是施工质量不良引起，如基础埋设深度不够、防护措施不当、拉线安装不牢固、紧固件松弛脱落、部件严重锈蚀等。

（7）次生灾害。此外，台风带来的次生灾害中，如果基础被破坏也会引起杆塔倾斜、倾倒。

5.6.1.3　基础破坏

基础破坏一般不是台风直接所致，而是由台风引起的次生灾害所致。比如伴随台风而来的狂风暴雨引起山体滑坡，汹涌的海浪冲毁海堤等，均可能破坏位于这些地带的杆塔基础。2008 年 0814 号强台风"黑格比"中，110kV 平闸甲乙线部分铁塔基础保护层剥离、底面掏空等事故就是典型的事故案例。

5.6.1.4　断线断股

导地线断股或断线是主网风灾事故的又一种体现。断股是指导地线局部绞合的单元结构（一般为铝股）发生破坏，由于钢芯一般仍然完好，因此断股的导地线在被发现之前可能仍然处于正常运行状态；断线则是导地线的钢芯和导体铝股完全破坏。

风灾事故调查结果显示，挡距分布不均匀容易产生断线事故。电线疲劳损伤后容易断股，此时承力截面积减小，应力超过单丝抗拉极限后就会出现整体断线，发生事故。另外，局部的瞬时大风也会导致导地线局部机械特性发生突变，导致局部应力过大发生断线。

5.6.1.5　金具松脱、变形或断裂

在主网线路的风灾事故统计中，金具松脱和断裂所导致掉串事故发生的概率大大低于风偏闪络，但掉串事故的抢修往往需要较长时间，影响严重。除此之外，倒塔、断线时也往往同时伴有金具变形或断裂。

出现金具松脱、变形或断裂有以下原因：

（1）瞬时风速超过线路抗风设计值。金具串是由多个单元构成的链式结构，其大多采

用螺栓穿孔或者环环相扣的方式进行组装。对于接近使用条件临界点的铁塔，当瞬时风速超过线路抗风设计值时，导线所受的水平荷载和不平衡张力也将超出设计值，其受力通过绝缘子串传至杆塔时，由于相邻金具之间或者联塔金具与挂板之间单位接触面积所承受的力突增，可能引起金具变形损坏。

此外，V形复合绝缘子串在大风作用下，背风肢受压有可能使球头和R形销变形，R形销限位作用失效会导致球头从碗头挂板脱出而发生掉串事故。

（2）金具长期磨损。导线的振动容易引起线路金具、绝缘子的振动，而杆塔横担也会在风荷载的作用下发生振动，这两种振动的频率相差较大。不同的振动叠加在金具串上，有可能导致动力放大。一方面会造成联结金具之间发生松动，最后导致金具脱落；另一方面会造成金具疲劳损伤，尤其是连接输电杆塔的第一个金具，其受力更复杂，容易发生疲劳损坏，这对金具串的强度和连接方式提出了更高要求。

（3）因导线断裂引起。导线断裂时产生的不平衡张力将使悬垂绝缘子串顺线路方向偏摆，同时大风时的水平荷载使绝缘子串横向偏摆。金具串在此时会出现大角度、不定向的剧烈摆动，使金具受扭变形。此外，如导线断裂产生的不平衡张力超过 GB 50545—2010 所规定的数值，则金具本身承受的荷载将超过设计值，同样将引起金具的损坏。

事实表明，悬垂绝缘子串比耐张绝缘子串更容易发生掉串事故。一方面是由于悬垂串使用数量更多；另一方面是由于悬垂串的风偏摇摆角更大。单联 I 型悬垂绝缘子串一旦发生金具断裂，必然会发生掉串事故。

而主网线路的耐张串一般都采用双联串，500kV 线路还采用了双挂点，相对于悬垂串，采用双联双挂点的耐张串安全性得到提高。另外，由于耐张塔的高度有限，风荷载作用相对较小，金具串的振动也相应减小，掉串发生的概率相对较低。

5.6.2 输变电系统防台风

为保障台风期间风电场处于"受控"状态，即必须保障风电机组能够偏航顺桨，无论送出电网是否发生故障，场内输变电系统必须安全可靠。风电场输变电系统如果不能满足台风期间给风电机组不间断提供电源的要求，将会加剧并导致部分设备的严重损毁。保障台风期间场用电稳定可靠的方法有：增加备用电源；沿海地区变电所尽量采用屋内布置或气体绝缘变电站（Gas Insalated Substation，GIS）；在现场条件和资金预算允许的情况下，建议沿海风电场场内集电线路采用地埋直敷电缆。

5.6.2.1 设置备用电源以保障台风期间场内用电

设置备用电源的设计原则有以下方面：

（1）为了保证供电的可靠性，热带气旋频发的风电场还应给风电机组供电控制系统、偏航及动力系统提供场内紧急备用电源，确保对风电机组不间断供电。

（2）为了有效利用投资，可以对全场风电机组的偏航与液压驱动电源进行分组分机控制，以便减少备用电源的容量。

（3）风电机组内加装 UPS 备用电源和电网故障状态下低电压穿越设备，协助电网提高恢复故障的能力，提高供电可靠性，使电网断电情况下风电机组的控制系统能够工作，偏航与叶轮刹车系统能够不进行制动，偏航机构与叶轮处于自由状态。

（4）为避免在备用电源上形成资源浪费，备用容量应能满足同一组出线柜变压器、风电机组偏航系统、变桨距及液压系统同时工作的需要。

（5）解决好小容量电源远程送电出现的压降问题及多台电机同时启动、停机可能导致的电压忽高忽低的问题，防止因备用电源供电不稳定致使设备损坏。

5.6.2.2　保障输电线路的鲁棒性和稳定性

架空输电线路因设计标准和施工质量等原因，台风过境时易发生风灾事故，继而失控的风电机组不能及时偏航和顺桨，不能以最有利的方式来安全度过台风，加剧了台风灾害的损坏程度。海上风电场一般以海缆和陆缆方式连接，少部分陆上风电场采用陆缆，而绝大部分风电场均采用架空线路型式。

1. 提高架空线路设计标准或采用地埋直敷电缆

GB/T 50196—2015 的总则规定："风力发电场工程的工艺系统（设备）设计寿命不应少于 30 年，风电机组设计寿命不应少于 20 年，建（构）筑物设计使用年限应为 50 年。"。目前，陆上风电场场内 35kV 集电线路设计，一般参考 GB 50061—2010 的规定，采用离地面高 10m 处 30 年一遇 10min 平均最大值为最大设计风速，且不应低于 25m/s。

相关设计标准规定基本风速重现期的取值需要综合考虑现有国民经济发展水平、行业研究现状等因素，根据以往的大量架空线路运行经验、历年台风等自然灾害，实现可靠性与经济性的最佳平衡的结果。若较大的提高设计标准，势必增大新建或技改工程的投资，同时此类由于极小概率事件引起的投资增加，难以获得认可。只有在对风灾事故产生的经济损失总量、抗台风设计标准提高的费用以及台风灾害降低的概率进行充分论证与综合分析的情况下，方可得出是否应采用超过规范规定的抗风标准的结论。

此种情况下，可对比论证提高设计标准带来的投资增加与土埋直敷电缆两种方式的优劣，如安全性、经济性、美观、管理便捷性等，采用直埋电缆方式已经成为风电场集电线路设计的首要选择。

2. 选择适宜的塔型

如果集电线路仍采用架空线路方式，则首先要选择适宜的塔型。角钢塔、钢管塔与水泥杆是较低电压等级输电塔的通常基本型式，抵御风灾的能力各有侧重。从目前收集和统计的倒塔资料看，发生风灾事故的铁塔多为角钢塔。

（1）角钢塔。由于角钢单根构件的自重较小，就运输和安装而言，在山区线路中角钢塔较钢管塔和水泥杆具有优势，但角钢塔的缺点有：①角钢的体型系数较大，其相应风荷载较大；②角钢塔其受力杆件大多为偏心受力，抗变形能力较差；③角钢构件对称性较差，国内对角钢构件的承载能力认识有待提高。实际上，角钢塔能够保证在设计荷载作用下的结构可靠度，其问题仅在于超出设计条件后其失效的概率相对较大而已。

（2）钢管塔。相对于角钢，钢管的优点有：①钢管的体型系数较小，其相应风荷载较小；②钢管塔其受力杆件大多为轴心受力，钢管的承载能力比较好把握；③钢管的塑性能力较强，钢管结构具备一定的卸荷能力，其可通过结构变形来传递一定的能量。钢管塔的这些优点决定其抵御风灾的能力更好。当然，钢管相对于角钢也有劣势，首先钢管的造价较角钢要高，其次钢管的单根构件比较笨重，在高山峻岭中运输和安装均有较多不方便。

（3）水泥杆。相对于角钢塔和钢管塔，水泥杆的优点有：①水泥杆的体型系数较小，其相应风荷载较小；②混凝土杆和拉线组合使结构具备一定的卸荷能力，其可通过结构变形来传递一定的能量。水泥杆优点也决定了其抵御风灾的能力较角钢塔有一定优势。当然，水泥杆相对于角钢也有劣势，首先单根预应力混凝土杆比较笨重，在高山峻岭中运输和安装均有较多不方便；其次，拉线的占地面积较大、平时的运行维护麻烦、需经常检查拉线是否正常、需及时调紧拉线防治拉线松弛等；最后，混凝土杆运行初期由于基础土质较松，其抗台风能力也比运行几年后差。

结构设计应该取结构安全和经济性的最佳平衡，因为结构安全是相对的，任何结构都存在失效的风险，零概率事件在结构设计中并不存在。同时，经济概念不仅包括第一次建设费用，还应考虑后续维护、维修等费用。

综上所述，在实际的塔型设计时应该因地制宜，应考虑以下方面：

1）考虑自立式铁塔的"埃菲尔效应"，考虑风沿塔高范围不同高度分布特性对铁塔结构承载能力的影响效应。

2）高风速地区的杆塔建议采用钢管塔，主要有两个原因：①钢管体型系数为0.8，角钢体型系数为1.3，钢管体型系数比角钢小，在沿海地区优先选用钢管塔，可有效地降低挡风面积；②钢管为中心受力构件，角钢为偏心受力构件，钢管的塑性能力较强，钢管结构具备一定的卸荷能力，其可通过结构变形来传递能力。

3. 科学进行加固改造

（1）对于相对高耸、突出、暴露或山区风道、垭口、抬升气流的迎风坡等微地形区段，以及相对高差较大、连续上下山等局部地段的线路，应重点复核并加强抵御台风能力。

（2）对于运行抢修特别困难的特殊区段的线路，应结合线路具体情况，加强铁塔的强度。

建议对杆塔结构进行两个方面改进：①加强台风前的杆塔保护，台风来临前对于台风可能登陆点附近的杆塔可以增补防风拉线等措施进行杆塔保护；②对旧线路进行防风评估和改造，根据沿海地区的风速划分、典型微地形区域和重要跨越，对现有重要线路进行风险评估，根据评估结果对旧线路进行技术改造，提高旧线路的抗风能力。

（3）加强施工管理。在材料招标过程中，严格加强产品质量管理，杜绝使用低劣材质部件；在施工过程中，杜绝野蛮装卸施工和加强施工监督。

（4）全面排查沿海高风速地区线路杆塔使用情况，重点关注使用条件接近或超过规划使用条件的杆塔，并加强沿海高风速地区的风速监测，在杆塔上增设风速风向在线观测仪，为电力线路的设计和运行维护提供相对准确的风速参考。

（5）运行维护中应加强巡视，对缺失的杆件及时消缺，对松动的螺栓进行紧固，把松弛的拉线调紧。

（6）运行维护过程中应加强对塔基的排水沟等排水设施进行维护。

（7）运行维护过程中应加强对塔基范围内不稳定的边坡监测和处理。

（8）运行维护过程中应加强对线路档案和设备台账的管理。

5.7　逐步推进风电场项目认证

风电认证是保障风电设备质量的有效手段，从严谨性和完整性角度出发，应包含型式认证和项目认证两大部分。

在型式认证中，将评估海上风电机组的整体概念。型式认证涵盖了海上风电机组的各环节，即要检查、评估、认证风电机组的安全、设计、结构、工艺和质量等。样机测试、对生产和安装过程中设计要求执行情况的考察以及质量管理体系的检查等构成型式认证的最后步骤。当执行项目认证的时候，型式认证过的海上风电机组和特殊支撑结构设计应满足受场址特殊的外部环境以及与场址相关的其他需求等支配要素的要求。

在项目认证中，将监控海上风电机组及风电场在生产、运输、安装和试运行过程，在固定周期执行定期监控。项目认证是建立在型式认证的基础上，对已经获取必要数据的风电场进行认证，包括风场评估、风电场特定设计评估、制造监督、运输和架设，以及试车和周期性监测等方面。每个模块均以符合性声明作为结论，成功完成相关模块，证明项目和风电机组是安全、可靠和成功之后，方能颁发认证证书。获取风电场认证证书后，只要在正常时间间隔内进行定期检查并合格，证书会一直有效；但未经认证机构批准的重大修改与改动将影响证书的有效性。

项目认证可以评估风电机组在不同环境工况下的技术完整性（例如台风、寒潮、或者尾流影响等），从而提高风电机组在风电场中运行的可靠性。最大程度降低风险并增加投资者、保险机构、运营商和管理机构的信心是项目认证中第三方评估的主要目的。

德国船级社（Germanischer Lioyd，GL）在 1995 年就已经出版了第一个关于海上风电机组认证的标准《海上风电机组认证指南》。欧洲经过近 10 年海上风电的发展，GL 在海上风场的设计、认证和运行积累了大量的经验，并于 2005 年 2 月发行修订版。型式或者项目认证的范围和程度在 GL 指南中做了简要论述。特定的海上风电场通过项目认证，GL 指南认为所有海上风电机组必须具有型式认证、场址评估、场址特殊设计评估、制造监督、运输和安装监督、试运行监督、定期的检查（定期监控，以维持认证的有效性）等 7 个步骤。

1. 场址评估

场址评估包括环境相关因素对海上风电机组影响以及海上风场配置间的相互影响。

对于场址评估，需要考虑的影响因素有：风况；海况（海深、海浪、潮汐、风和海浪、海冰、海流及海洋生物之间的关系等）；土壤情况；场址及风场配置；其他环境条件，如空气中盐含量、温度、冰和雪、湿度、雷击、太阳辐射等；电网条件。

这些场址条件将通过测量报告的合理性、质量和完整性评估，并对编制外部环境报告的测量机构或协会的信誉等进行评估。

2. 场址特殊设计评估

基于场址的外部环境，场址特殊设计评估将细分到以下评估步骤：

（1）场址特殊荷载假定。

（2）场址特殊荷载与型式认证中荷载的比较。

（3）场址特殊支撑结构（塔架、水下结构和基础）。

（4）与风电机组设计评估相关的机械部件和风轮叶片的修改。

如果场址特殊荷载高于风电机组设计评估中考虑的荷载，则应对机械部件和风轮叶片进行应力余量的分析计算。

3. 制造监督

在制造监督开始之前，制造商必须具有一定的资质，能够保证产品质量通过认证。通常，质量管理系统应按照 ISO 9001 标准执行，最低标准是德国船级社的 GL 标准。

制造监督的范围和将要测量的样本数量取决于质量管理测量的标准并且需要取得 GL 标准的认可。一般来说，GL 标准有以下认证操作和规定：

（1）材料和组成部分的检查和测试。

（2）质量管理记录的详细检查，例如测试证书、执行人、报告等。

（3）制造监督，包括存储条件和方法、随机取样等。

（4）防腐保护的检查。

（5）尺寸和公差。

（6）大体外观。

（7）损伤。

4. 运输和安装监督

工作开始之前，应当提交运输和安装手册、场址特殊环境资料等。这些手册将在与评定设计的兼容性以及与场址主要的安装条件（气候，工作安排等）的兼容性等方面进行核对。

GL 监督活动的范围和将要测量的样本数量取决于从事运输和安装公司的质量管理标准。通常包括以下工作内容：

（1）运输和安装程序的认可。

（2）存在疑问的海上风电机组的所有组成部分的鉴定和安置。

（3）运输过程中损坏的部件的校验。

（4）工作进度表的检查，如焊接、安装、浇注水泥、拧紧螺栓等。

（5）在生产商没有做出相关工作的时候，检查预定加工部件以及将要安装部件必须满足生产质量。

（6）以随机的原则监督在安装工程中的重要步骤，如打桩、水泥浇注等。

（7）浇注和螺栓连接的检查，非破坏性试验的监督。

（8）防腐保护的检查。

（9）防急流保护系统的检查。

（10）电气安装（走线、设备接地和接地系统）的检查。

（11）海底紧固和海上操作的检查。

5. 试运行监督

试运行监督将对海上风电场中所有的风电机组进行监督，并将最终确认海上风电机组可以运行并且符合所有将要应用的标准和要求。

在试运行之前，必须提交开机手册和测试计划用以评估。试运行之前，生产商应当提供证据来证明海上风电机组已经被恰当的安装并且已经尽可能多的进行了测试以确保操作安全。如果没有这些证据，在海上风电机组投入运行的时候应当进行适当的测试。试运行应当在 GL 的监督下执行。

这个监督包括在实际试运行过程中由检察员对大约 10％海上风电机组的观察。其他风电机组会在试运行后接受检查，相关的记录也会被仔细检查。在试运行过程中，海上风电机组自身的运行和安全功能模式的所有功能都将被测试。这个过程包括的测试和操作有紧急按钮的机能、运行中各种可能的操作条件下刹车的启动、偏航系统的机能、荷载遗失下的状态、超速下的状态、自动操作的机能、整个海上风电机组的可视检查、控制系统指示器的逻辑性检查。

除了测试，也应在试运行监督中检查的项目有大体的外观、防腐蚀保护、损伤。

主要部件与通过认证的设计，可溯性和编号的一致性。

6. 定期监控

为了维持证书的有效性，海上风电场的维护应该按照经核准的维护手册的要求执行，海上风电机组的状况应当由 GL 定期监控，维护应当由授权人执行并记录备案。定期监控的时间间隔将在检查计划中说明并要得到 GL 的同意，时间间隔可能会因海上风电机组状况而各不相同。

严重的损坏和维修应当向 GL 报告。为了维持证书的有效性，任何的变动都应该得到 GL 的批准。变动工作被监控的范围应与 GL 达成一致。

GL 将仔细阅读维护记录。GL 的定期监控的内容包括地基和防冲击保护（如果适当，只需详细阅读相关的检查记录）、基础、塔架、机舱罩、动力传动的所有部件、转子叶片、液压/气压系统、安全控制系统和电气安装等。

7. 项目认证的 A 和 B 等级

项目认证书将在以上所描述的各步骤都成功完成之后颁发。关于制造，运输，安装，试运行的监督和定期监控，项目认证证书可以分为以下等级：

（1）A 级项目认证证书。对 100％的海上风电机组进行监督工作，也就是说海上风电场中的所有风电机组都将被监控。监督内容覆盖支撑结构以及机械、叶片和电气系统中的重要部分。

（2）B 级项目认证证书。将以随机取样的方式对海上风电场 25％的风电机组进行监督，也就是说至少 1/4 的风电机组将被监控。监督将包括支撑结构以及机械、叶片和电气系统的重要部分。一旦监督中发现较大错误，监控的风电机组数量将会加倍。

5.8 台风次生地质灾害与防护策略

台风的破坏力主要由强风、暴雨和风暴潮三个因素产生。台风还可能诱发山洪，引起河堤决口、泥石流、地质塌方、水库崩溃等次生灾害。东南沿海地区有许多山地风电场、滩涂风电场和近海风电场，当台风登陆时在一定区域范围内，狂风暴雨和相应的山体滑坡、泥石流，以及巨浪和风暴潮等，成为破坏风电场的间接过程。

5.8.1 泥石流

我国台风暴雨洪水常见于广东、福建、台湾、浙江、江西、江苏、山东和辽宁等地，有时也见于湖北、湖南和陕西南部等地。暴雨洪水的特点主要由暴雨特点决定，也受流域下垫面条件的约束。影响暴雨洪水特点的，除暴雨的成因类型外，还有暴雨中心落点、暴雨中心移动与否、移动路径、暴雨的面分布和时程分配特点。因此，即使是同一成因类型的暴雨，在同一流域上可能造成的洪水各不相同，因为在同一流域上，暴雨洪水常常是年际变化大、常年出现的洪水与偶尔出现的特大暴雨洪水在量级上相差悬殊，洪水过程特性也不完全一致。

泥石流是暴雨、洪水将含有沙石且松软的土质山体经饱和稀释后形成的洪流，它的面积、体积和流量都较大，而滑坡是经稀释土质山体小面积顺坡向下滑动，典型的泥石流由悬浮着粗大固体碎屑物并富含粉砂及黏土的黏稠泥浆组成。在适当的地形条件下，大量的水体浸透流水山坡或沟床中的固体堆积物质，使其稳定性降低，饱含水分的固体堆积物质在自身重力作用下发生运动，就形成了泥石流。泥石流是一种灾害性的地质现象。通常泥石流爆发突然、来势凶猛，可携带巨大的石块。因其高速前进，具有强大的能量，因而破坏性极大。

泥石流的活动强度主要与地形地貌、地质环境和水文气象条件三个方面的因素有关。比如：崩塌、滑坡、岩堆群落地区，岩石破碎、风化程度深，则易成为泥石流固体物质的补给源；沟谷的长度较大、汇水面积大、纵向坡度较陡等因素为泥石流的流通提供了条件；水文气象因素直接提供水动力条件。大强度、短时间出现暴雨更容易形成泥石流，其强度显然与暴雨的强度密切相关。

泥石流流动的全过程一般只有数分钟到数小时，是一种广泛分布于世界各国一些具有特殊地形、地貌状况地区的自然灾害。这是山区沟谷或山地坡面上，由暴雨、冰雪融化等水源激发的、含有大量泥沙石块的介于挟沙水流和滑坡之间的土、水、气混合流。泥石流大多伴随山区洪水而发生。它与一般洪水的区别是洪流中含有足够数量的泥沙石等固体碎屑物，其体积含量最少为15％，最高可达80％左右，因此比洪水更具有破坏力。

5.8.1.1 形成条件

泥石流的形成条件是：地形陡峭；松散堆积物丰富；突发性、持续性大暴雨或大量冰融水的流出。

（1）山高沟深、地形陡峻、沟床纵度降大的地形便于水流汇集，易于发生泥石流。在空间位置上，泥石流一般可分为形成区、流通区和堆积区三部分。上游形成区的地形多为三面环山，一面出口为瓢状或漏斗状，地形比较开阔、周围山高坡陡、山体破碎、植被生长不良，这样的地形有利于水和碎屑物质的集中；中游流通区的地形多为狭窄陡深的峡谷，谷床纵坡降大，使泥石流能迅猛直泻；下游堆积区的地形为开阔平坦的山前平原或河谷阶地，使堆积物有堆积场所。

（2）泥石流常发生于地质构造复杂、断裂褶皱发育，新构造活动强烈，地震烈度较高的地区。地表岩石破碎，崩塌、错落、滑坡等不良地质现象发育，为泥石流的形成提供了丰富的固体物质来源；另外，岩层结构松散、软弱、易于风化、节理发育或软硬相间成层的地区，因易受破坏，也能为泥石流提供丰富的碎屑物来源；一些人类工程活动，如滥伐森林、开山采矿、采石弃渣水等，往往也为泥石流提供大量的物质来源。

（3）水既是泥石流的重要组成部分，又是泥石流的激发条件和搬运介质（动力来源），泥石流的水源，有暴雨、冰雪融水和水库溃决水体等形式。我国泥石流的水源主要是暴雨、长时间的连续降雨等。

5.8.1.2　诱发因素

由于工农业生产的发展，人类对自然资源的开发程度和规模也在不断发展。当人类经济活动违反自然规律时，必然引起大自然的报复，有些泥石流的发生，就是由于人类不合理的开发而造成的。工业化以来，因为人为因素诱发的泥石流数量正在不断增加。

1. 自然原因

岩石的风化是自然状态下既有的，在这个风化过程中，既有氧气、二氧化碳等物质对岩石的分解，也有因为降水中吸收了空气中的酸性物质而产生的对岩石的分解，也有地表植被分泌的物质对土壤下的岩石层的分解，还有就是霜冻对土壤形成的冻结和溶解造成的土壤的松动。这些原因都能造成土壤层的增厚和土壤层的松动。

2. 人为原因

（1）不合理开挖。修建铁路、公路、水渠以及其他工程建筑的不合理开挖。有些泥石流就是在修建公路、水渠、铁路以及其他建筑活动，破坏了山坡表面而形成的。如云南省东川至昆明公路的老干沟，因修公路及水渠，使山体破坏，加之 1966 年犀牛山地震又形成崩塌、滑坡，致使泥石流更加严重。又如香港多年来修建了许多大型工程和地面建筑，几乎每个工程都要劈山填海或填方，才能获得合适的建筑场地。1972 年一次暴雨，使正在施工的挖掘工程现场 120 人死于滑坡造成的泥石流。

（2）弃土弃渣采石。这种行为形成的泥石流的事例很多。如四川省冕宁县泸沽铁矿汉罗沟，因不合理堆放弃土、矿渣，1972 年一场大雨暴发了矿山泥石流，冲出松散固体物质约 10 万 m^3，淤埋成昆铁路 300m 和喜（德）—西（昌）公路 250m，中断行车，给交通运输带来严重损失。又如甘川公路西水附近，1973 年冬在沿公路的沟内开采石料，1974 年 7 月 18 日发生泥石流，使 15 座桥涵淤塞。

（3）滥伐乱垦。滥伐乱垦会使植被消失，山坡失去保护、土体疏松、冲沟发育，大大加重水土流失，进而山坡的稳定性被破坏，崩塌、滑坡等不良地质现象发育，结果就很容易产生泥石流，例如甘肃省白龙江中游是我国著名的泥石流多发区。而在一千多年前，那里竹树茂密、山清水秀，后因伐木烧炭，烧山开荒，森林被破坏，才造成泥石流泛滥。又如甘川公路石坳子沟山上大耳头，原是森林区，因毁林开荒，1976 年发生泥石流毁坏了下游村庄、公路，造成人民生命财产的严重损失。当地群众说："山上开亩荒，山下冲个光"。

5.8.2　山体滑坡

滑坡是指斜坡上的土体或者岩体，受河流冲刷、地下水活动、地震及人工切坡等因素影响，在重力作用下，沿着一定的软弱面或者软弱带，整体地或者分散地顺坡向下滑动的自然现象，山体滑坡阻断道路的实况，如图 5-7 所示。俗称"走山""垮山""地滑""土溜"等。滑坡一般发生在岩体比较破碎、地势起伏大、植被覆盖较差的地区。山地丘陵和工程建设频繁的地区，都是滑坡多发地区。

山体滑坡等地质灾害对输配变电设施的主要影响有：①变电站挡墙被冲垮、站内外排（截）水沟被堵塞；②线路杆塔基础、边坡、排水沟损坏；③严重情况下输配变电设施、构架、杆塔、控制室被冲垮，导致输变电设施损坏、线路停电、全站停电。地质灾害对电力设施造成损坏，可能引起电网大面积停电事故，对电网造成连锁影响。

图 5-7 山体滑坡阻断道路

1. 形成条件

（1）岩土类型。岩土体是产生滑坡的物质基础。一般说，各类岩、土都有可能构成滑坡体，其中结构松散，抗剪强度和抗风化能力较低，在水的作用下其性质能发生变化的岩、土，如松散覆盖层、黄土、红黏土、页岩、泥岩、煤系地层、凝灰岩、片岩、板岩、千枚岩等及软硬相间的岩层所构成的斜坡易发生滑坡。

（2）地质构造条件。组成斜坡的岩、土体只有被各种构造面切割分离成不连续状态时，才有可能向下滑动。同时，构造面又为降雨等水流进入斜坡提供了通道。故各种节理、裂隙、层面、断层发育的斜坡，特别是当平行和垂直斜坡的陡倾角构造面及顺坡缓倾的构造面发育时，最易发生滑坡。

（3）地形地貌条件。只有处于一定的地貌部位，具备一定坡度的斜坡，才可能发生滑坡。一般江、河、湖（水库）、海、沟的斜坡，前缘开阔的山坡、铁路、公路和工程建筑物的边坡等都是易发生滑坡的地貌部位。坡度大于 10°，小于 45°，下陡中缓上陡、上部成环状的坡形是产生滑坡的有利地形。

（4）水文地质条件。地下水活动，在滑坡形成中起着主要作用。它的作用主要表现在软化岩、土，降低岩、土体的强度，产生动水压力和孔隙水压力，潜蚀岩、土，增大岩、土容重，对透水岩层产生浮托力等，尤其是对滑面（带）的软化作用和降低强度的作用最突出。

2. 诱发因素

就内外应力和人为作用的影响而言，在现今地壳运动的地区和人类工程活动的频繁地区是滑坡多发区，外界因素和作用，可以使产生滑坡的基本条件发生变化，从而诱发滑坡。

主要的诱发因素有：①地震、降雨和融雪、地表水的冲刷、浸泡、河流等地表水体对斜坡坡脚的不断冲刷；②不合理的人类工程活动，如开挖坡脚、坡体上部堆载、爆破、水库蓄（泄）水、矿山开采等都可诱发滑坡；③海啸、风暴潮、冻融等作用也可诱发滑坡。

违反自然规律、破坏斜坡稳定条件的人类活动都会诱发滑坡，具体有以下破坏行为：

（1）开挖坡脚。修建铁路、公路、依山建房、建厂等工程，常常因使坡体下部失去支撑而发生下滑。例如我国西南、西北的一些铁路、公路、因修建时大力爆破、强行开挖，事后陆陆续续地在边坡上发生了滑坡，给道路施工、运营带来危害。

（2）蓄水、排水。水渠和水池的漫溢和渗漏，工业生产用水和废水的排放、农业灌溉等，均易使水流渗入坡体，加大孔隙水压力，软化岩、土体，增大坡体容重，从而促使或诱发滑坡的发生。水库的水位上下急剧变动，加大了坡体的动水压力，也可使斜坡和岸坡诱发滑坡发生。支撑不了过大的重量，失去平衡而沿软弱面下滑。尤其是厂矿废渣的不合理堆弃，常常触发滑坡的发生。

此外、劈山开矿的爆破作用，可使斜坡的岩、土体受震动而破碎产生滑坡；在山坡上乱砍滥伐，使坡体失去保护，便有利于雨水等水体的入渗从而诱发滑坡等。如果上述的人类作用与不利的自然作用互相结合，则就更容易促进滑坡的发生。

随着经济的发展，人类越来越多的工程活动破坏了自然坡体，因而滑坡的发生越来越频繁，并有愈演愈烈的趋势。应加以重视。

5.8.3　防护对策

对于泥石流和滑坡等次生地质灾害的防护对策有：①及早发现，预防为主；②查明情况，综合治理；③力求根治，不留后患；④环境保护，水土保持。结合边坡失稳的因素和滑坡形成的内外部条件，治理滑坡可以从消减水害、改善边坡两大方面着手。

1. "及早发现，预防为主"的防护对策

在风电场道路施工中，不能盲目快干，追求风电机组的吊装速度。特别是在复杂地形条件下，道路建设成本较大周期较长，期间不可避免会遭遇暴雨天气，如果对已经存在隐患的部位不加以防护，再遇暴雨则可能对半成品道路产生更加严重破坏。对于道路路基土石方开挖、土方回填、天然砂砾石垫层、泥结碎石路面施工（测量放样→布置料堆→摊铺碎石→稳压→浇灌泥浆→碾压→铺封层），每一个环节和施工步骤都应做到提早发现隐患、做好防护预案并即时投用有关防护措施。道路或者边坡被暴雨洪水毁坏，如某风电场在建过程中道路边坡因降雨而出现滑坡的现场如图5-8所示。

施工期间其他挖土与回填土工程，如土地平整、风电机组基础工程、箱式变电站工程、电缆沟工程等，也将破坏地表形态和土层结构，导致地表裸露，损坏植被，损害土壤肥力，导致水土流失发生。工程在设计中通过合理选址，采用少占地、占劣地等措施，避免不可逆的环境影响。

施工期开挖填方要尽量避免在雨水充沛期进行，而且应将表层种植土单独存放，底层土可用于工程填方。在升压站基础开挖前剥离的表土应集中堆放于升压站内的一角，待升压站施工结束后覆土进行场区的绿化。表土堆放区的周围及临时弃土的周围用编织袋装土筑坎进行临时拦挡，为防止大风扬尘，需用苫布遮盖。全部工程挖填平衡后的弃土可用于道路加固建设，生活垃圾应集中起来，送往附近城镇垃圾处理中心。施工期间如果遇到大风天气应该做洒水处理，减少扬尘污染。

图 5-8 某风电场在建过程中道路边坡出现滑塌

2."查明情况，综合治理"的防护对策

（1）消减水害。在施工过程中，要注重消除和减轻水对边坡的危害，其目的是：降低孔隙水压力和动水压力；防止岩土体的软化及溶蚀分解；消除或减小水的冲刷和浪击作用。具体做法有：防止外围地表水进入滑坡区，可在滑坡边界修截水沟；在滑坡区内，可在坡面修筑排水沟。在覆盖层上可用浆砌片石或人造植被铺盖，防止地表水下渗。对于岩质边坡还可用喷混凝土护面或挂钢筋网喷混凝土。排除地下水的措施很多，应根据边坡的地质结构特征和水文地质条件加以选择。

消减水害的常用的方法有：①水平钻孔疏干；②垂直孔排水；③竖井抽水；④隧洞疏干；⑤支撑盲沟。

（2）改善边坡。通过一定的工程技术措施，改善边坡岩土体的力学强度，提高其抗滑力，减小滑动力。常用的改善边坡的措施有以下方面：

1）削坡减载。用降低坡高或放缓坡角来改善边坡的稳定性。削坡设计应尽量削减不稳定岩土体的高度，而阻滑部分岩土体不应削减。此法并不总是最经济、最有效的措施，要在施工前作经济技术比较。

2）边坡人工加固。常用的方法有：①修筑挡土墙、护墙等支挡不稳定岩体；②钢筋混凝土抗滑桩或钢筋桩作为阻滑支撑工程；③预应力锚杆或锚索，适用于加固有裂隙或软弱结构面的岩质边坡；④固结灌浆或电化学加固法加强边坡岩体或土体的强度；⑤边坡柔性防护技术等；⑥镶补勾缝。对坡体中的裂隙、缝、空洞，可用片石填补空洞，水泥砂浆勾缝等以防止裂隙、缝、洞的进一步发展。

3."力求根治，不留后患"的防护对策

施工结束后，仍有部分土壤不可恢复而被永久占用，主要为风电机组基础等，一般为水泥硬覆盖，不会发生水土流失。没有水泥硬覆盖的地面，对场地进行覆土平整，采取异地植草进行生态补偿，降低工程对当地生态环境的不利影响。草坪周围种植绿篱，绿篱外设截流沟，将水引入通往风电机组道路的排水沟中。这样布设措施既可以满足风电机组区

(a) 未做好环境修复的某风电场

(b) 项目开发与环境保护相协调的某风电场

图 5-9　风电场内道路与环境修复对比图

防治水土流失的要求，又考虑到景观需要，营造一个错落有致的人造景观。道路两侧可布设防护林，防护林外侧设排水沟。在植被恢复初期，植物措施没有发挥功能，对这些区域进行覆盖，以减少风力对地表的侵蚀，同时提高植物的成活率。

4. "环境保护，水土保持"的防护对策

在项目起步阶段，进行严格的环境评估，对项目可能给环境造成的影响进行大量分析。在风电场前期过程中，严格遵守国家管理规定，开展环境影响评价和水土保持方案等。提出保护措施和方案，并做好环境管理及监测计划，编制好环境保护投资概算，实现风资源开发利用与生态环境保护的双赢。

在工程建设期注重环保、水保"三同时"，即水土保持设施与主体工程同时设计、同时施工、同时投产。将风电场的建设与周围环境结合起来，融入外部自然环境中，创建"环境友好型、生态和谐型，效益优先型"的绿色风电工程。

风电场施工场地分别由升压站、集电线路、道路区等部分组成，水保方案需要结合当地的地貌及气候等特点，针对不同的区域提出不同的防治措施，针对工程建设对地表的影响，对施工场地清理平整、覆土绿化、设置渣场并对渣场进行绿化和防水土流失设计等，尽量恢复被扰动的地表等。

为了最大限度保持生态原貌，必须制定细致的环保、水保方案，一般包括：在修建风电机组基础平台时，在基础平台边坡下方向设置挡土墙，防止渣土下滑，以减少对植被的破坏；对道路沿线设计内侧排水措施，尽量减少道路硬化面积，减少水土流失，后期对道路上的碎石进行清扫和整治保护场区生态环境，恢复工程建设中被损的自然生态系统及其生态功能；控制水土流失，保护检修道路边坡，绿化美化检修道路沿线环境，提高环境质量等；根据占地情况及施工情况，道路工程施工结束后对道路两侧区域进行了覆土绿化，在路基边坡、排水沟坡埂、弃土场山坡采取种草护坡，并采用播撒草种及种树的措施，进行人工植被恢复。

有关部门也应该加强监督，并制定相应的政策法规，对该类行为进行严格约束和惩戒。如图 5-9 所示，某些风电场由于开发较早，未能严格进行环境评价和保护，其现场不合理施工已经给当地生态环境带来破坏，引起有关政府部门的高度关注，对后续项目的开发也带来不利影响。

5.9 台风海洋灾害与防护策略

5.9.1 台风浪

波浪的成因比较多，风力是波浪的主要成因，由风力直接作用产生的波浪又称为风浪，风浪离开风区向远处转播便形成涌浪。风浪到浅水区，受海水深度变化的影响比较大，出现折射，波面不再完整，出现了破碎和倒卷，此时称为近岸波，习惯上把风浪、涌浪和近岸波，合称为海浪。

灾害性海浪是在海上引起灾害的海浪，即波高达 6m 以上、作用力可达 300～400kN 的海浪能掀翻船只，摧毁海洋工程和海岸工程，给航海、海上施工、海上军事活动、渔业捕捞带来灾难。台风巨浪可能以峰谷间垂直高达 12～15m 的圆形涌浪形态在开阔大洋上传播数千公里，如图 5-10 所示。迄今观测到的最长的涌浪波长（相邻波峰之间的水平距离）为 1130m，波高 21m，这是 1961 年在"贝齐"号飓风期间一架自动波浪记录仪于西大西洋中观测到的。

图 5-10　台风引起的巨浪

当波浪传播到浅水时，其波峰变陡，卷曲然后破碎（这时称为碎波），使得大量的碎波形成上爬浪整体地冲上海滩，然后水沿海滩斜坡流回。一方面，水对着海岸聚积起来；另一方面又有称为底流的下层流予以抵消，下层流在海底附近从滨岸流回，或者在这里局部成为裂流。

波浪被风推向滨岸，其高度以及由此获得的能量取决于风的强度、风在开阔水域吹过的距离（风区）和时间（风时）。因此，在海岸线的演变中，最重要的是相对于风向、开阔海面的海岸线的位置和方位，特别是相对于最长风区的方向和最大的波浪即优势波浪（能起最大作用的波浪）方向的海岸线位置和方位。

当波浪涌上岸边时，由于海水深度愈来愈浅，下层水的上下运动受到了阻碍，受物体惯性的作用，海水的波浪一浪叠一浪，越涌越多，一浪高过一浪。与此同时，随着水深的变浅，下层水的运动，所受阻力越来越大，以至于到最后，它的运动速度慢于上层的运动速度，由于惯性，波浪最高处向前倾倒，摔到海滩上，成为飞溅的浪花。

台风在洋面上行进，为暴风浪的形成创造了风区大和风时长的有利条件。暴风浪在短时内对海岸线的破坏可能比普通波浪在数周内的作用更加显著，大多数都造成破坏性的后果。频率约为 12～14 次/min 的巨浪行进至近岸浅水区发生破碎，波浪破碎产生的离岸流比上爬浪强有力得多。因此，这些破坏性波浪倾向于"梳"下海滩，并将物质向海移动。起伏约 6～8 次/min 的较和缓的波浪，其上爬浪的前冲力较强，由于摩擦阻碍作用，回流力量较弱；因此，它们倾向于将粗砾搬上海滩。这些波浪是建设性波浪，可"崩顶"或"激散"碎波。

当波浪接近滨岸并且水变浅时，其速度便减小。如果海岸由交替的岬湾构成，那么，水在岬角前变浅要比在海湾深水处快。因此，波浪从海湾处向岬角侧部弯曲或折射，并在这里加强侵蚀过程。如果波浪以斜交的方向推进，那么折射也可能在平直海岸上发生，最终将在几乎与海岸平行的方向上破碎。

5.9.2 风暴潮

风暴潮（Storm Tide）是一种灾害性的自然现象。风暴潮指由强烈大气扰动，如热带气旋（台风、飓风）、温带气旋（寒潮）等引起的海面异常升降现象，如图5-11所示。沿海验潮站或河口水位站所记录的海面升降，通常为天文潮、风暴潮、（地震）海啸及其他长波振动引起海面变化的综合特征。一般验潮装置已经滤掉了数秒级的短周期海浪引起的海面波动。如果风暴潮恰好与天文高潮相叠（尤其是与天文大潮期间的高潮相叠），加之风暴潮往往夹狂风恶浪而至，溯江河洪水而上，则常常使其影响所及的滨海区域潮水暴涨，甚者海潮冲毁海堤海塘，吞噬码头、工厂、城镇和村庄，使物资不得转移，人畜不得逃生，从而酿成巨大灾难。

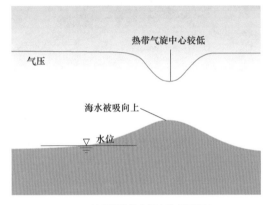

(a) 开阔大洋水位上升主要机制　　(b) 近岸风暴潮增水的主要机制

图5-11　台风引起风暴潮的机理示意图

台风风暴潮，多见于夏秋季节。其特点是：来势猛、速度快、强度大、破坏力强。凡是有台风影响的海洋国家、沿海地区均有台风风暴潮发生。

有人称风暴潮为"风暴海啸"或"气象海啸"，在历史文献中又多称为"海溢""海侵""海啸"及"大海潮"等，把风暴潮灾害称为"潮灾"。风暴潮的空间范围一般由几十公里至上千公里，时间尺度或周期约为1~100h，介于地震海啸和低频天文潮波之间。但有时风暴潮影响区域随大气扰动因子的移动而移动，因而有时一次风暴潮过程可影响一两千公里的海岸区域，影响时间多达数天之久。

风暴潮能否成灾，在很大程度上取决于其最大风暴潮位是否与天文潮高潮相叠，尤其是与天文大潮期的高潮相叠。风暴潮和天文潮高潮叠加时，会引起沿海水位暴涨、海水倒灌、狂涛恶浪、泛滥成灾。其中，2014年1416号台风"海鸥"恰逢高潮，导致海堤冲垮的情况，如图5-12所示。当然，也决定于受灾地区的地理位置、海岸形状、岸上及海底地形，尤其是滨海地区的社会及经济（承灾体）情况。如果最大风暴潮位恰与天文大潮的高潮相叠，则会导致发生特大潮灾，如8923号和9216号台风风暴潮。1992年8月28日至9月1日，受第16号强热带风暴和天文大潮的共同影响，我国东部沿海发生了1949年以来影响范围最广、损失非常严重的一次风暴潮灾害。潮灾先后波及福建、浙江、上海、江苏、山东、天津、河北和辽宁等省（直辖市）。风暴潮、巨浪、大风、大雨的综合影响，使南自福建东山岛，北到辽宁省沿海的近万公里的海岸线，遭受到不同程度的袭击。受灾人口达 2000 多万人，死亡 194 人，毁坏海堤 1170km，受灾农田 193.3 万 hm^2，成灾 33.3 万 hm^2，直接经济损失 90 多亿元。

图 5-12　台风浪和风暴潮引起的潮滩和海堤破坏情况

如果风暴潮位非常高，虽然未遇天文大潮或高潮，也会造成严重潮灾。1980 年 7 月 22 日，8007 号台风登陆广东徐闻，登陆时中心气压 961hPa，风力超过 12 级，广东省西部沿海出现极罕见的严重风暴潮。虽然正逢天文潮平潮，但由于出现了 5.94m 的特高风暴潮增水，仍造成了严重风暴潮灾害。

5.9.3　灾害防护

1. 对风电机组基础防护

对风电机组基础，设计时在考虑 50 年一遇风、浪、流作用的基础上还需考虑最不利工况下塔基防冲刷，以及这种冲刷引起整个支撑结构自振频率的变化等。特别是对临近大潮高潮线的陆上风电场、潮间带和潮下带滩涂风电场以及水深较浅近海风电场，必须更加严格防护。风电机组基础的建立改变了此区域原来的水动力条件，在桩柱前方形成二次流并在其周围形成漩涡，马蹄形涡旋的产生和流线的压缩是桩基周边局部冲刷的主要动力因素。当水流绕过桩柱时，流速增大而压力随之减小，与初始流向成 90°交角的柱壁上的流速可达原始流速的 2 倍。流速增大后桩周泥沙被搬运出冲刷坑，当水流不能将泥沙搬出冲刷坑或冲刷坑内搬出的泥沙量等于补充的泥沙量时达最大冲刷深度。某风电场台风过后的潮滩上风电机组塔基冲刷现场情况，如图 5-13 所示。

图 5-13　某风电场台风过后塔基冲刷现场

因此，在极端天气条件下，应考虑天文大潮高潮位情况下50年一遇潮流流速、极端高潮位情况下50年一遇波浪水质点速度以及破碎波情况下的综合流速冲刷结果。

2. 其他设施防护策略

台风浪和风暴潮灾害在遭遇天文潮高潮时破坏更为显著，尤其是天文大潮高潮位时，因为它们的力量作用于较高的海滩或悬崖面上。台风浪和风暴潮灾害的防护工作应以宣传、预警、修堤、协作、生态修复为主，针对引起已发生灾害的破坏性根源进行防治。台风引起风暴潮与天文大潮相遇，导致某滨海风电场所埋设地缆裸露，如图5-14所示。

（1）加大对风暴潮灾害的宣传力度。大多数生活在台风多发区的人们并没有强台风正面吹袭的体验，因此在沿海台风多发区，通过现场参观、举办专题研讨会和针对不同群众举办各类培训班、散发科普读物等形式对民众进行防灾减灾知识的教育，提高意识和重视程度，增强自我保护能力。实践证明，这样的措施可以大大减轻人员、财产损失。

（2）建设完善海洋灾害的预警系统和综合防治系统。风暴潮预报工作的开展晚于天气、洪水预报工作，而主要手段是数值预报。数值预报的精度又受制于研究方法和水文、气象资料。我国各个海岸地段的地理特征、潮灾的影响程度不同。因此，可以通过完善海洋卫星和定点测量体系，合理分布潮位观测站来提高和完善风暴潮灾害的预测和预报系统，以期根据不同海域的各自特征制定相

图5-14 某海滨风电场台风过后海缆外露

应的预报方案，达到防灾减灾的目的。建立海洋灾害综合防治系统，大力进行风暴潮预报和预报技术的研究工作。运用法律、行政、经济、科研、教育和工程技术手段，大力提高防灾、减灾和灾后恢复和重建能力。

（3）依据海洋灾害预测，在易受灾地区修建防灾工程，提高海堤建设标准。沿海地区经济发达、人口众多，一旦发生潮灾，损失巨大。因此，要在重点地区提高防护标准，使工程设计参数更加合理；加快海堤、病险水库等设施的加固处理；在渔业发达地区建立避风港；提高防洪防台工程建设质量和标准，提高工程科技含量。

（4）健全沿海的防潮体系，加强管理，提高防御水平。风暴潮的防护，涉及气象、水利、海洋、港口、水产养殖等多个部门，因此要加强各个部门的横向联系，做到资源共享。加强防灾工作的领导，建立专职防潮机构，制定沿海区域规划和防灾规划，特别做好人员的疏散、撤离计划。

（5）加强海岸生态的保护。珊瑚礁、红树林、防护林带等都是保护海岸不受大潮巨浪侵蚀的天然屏障，尤其是红树林可以极大的削减台风和浪潮对海岸的冲击。因此，必须停止采伐并加强保护。

（6）严格控制沿海地区地下水开采，控制地面沉降。近年来，随着人口数量的急剧增加、沿海地区经济的快速发展，淡水成为日益紧缺的资源。由于地表水匮乏，不少地区对地下水过量开采，造成地下淡水埋深急剧下降，地下漏斗不断扩大，由此引起的地面沉降严重影响了海岸防护工程的正常发挥作用，同时使得地面被淹没概率加大。因此，建议严格控制地下水开采，科学利用部分洪水资源回灌，稳定地面下沉速率。

（7）充分利用灾害保险机制，减轻损失。目前，国外在自然灾害保险方面做过不少有益的尝试。参照国外的高防御水平，内陆洪水管理模式，建立风暴潮保险、风险和灾害分散机制，是减轻风暴潮灾害影响的一个重要措施。

第6章　风电场施工防台风策略

通常，风电场建设周期至少会跨一个台风季，海上风电场施工周期更长，在台风过境时如果尚未调试并网发电，即尚无受到控制系统的保护，则遭受台风破坏的概率更高。如粤东某风电场在 1319 号强台风"天兔"过境时尚未完成调试运行，虽然其处于 10 级大风半径外围，但仍有数台风电机组受损。因此，施工期间的风电场工程项目能否安全顺利度过台风，一方面取决于设备抗台风能力，另一方面取决于施工质量和安全措施。

风电场施工范围主要包括风电机组基础施工、风电设备和塔架的运输和吊装、场内外道路、升压站、集电线路和送出工程、堆料场和仓储基地等，海上风电场因海洋作业环境特点，施工范围还包括码头装卸基地、海上升压站、海缆敷设施工等。不同的施工工艺对应不同的危险源，台风侵袭风电场之前需针对各环节进行防御。风电场施工防台需从防台基本要求、组织机构、危险源辨识、预警、应急设备、应急救援和灾后复工等角度进行设计。

6.1　安全管理基本要求

工程实施期间，严格执行《中华人民共和国安全生产法》和《建设工程安全生产管理条例》等安全生产的法律、法规要求，认真落实各项安全生产的规章制度和对安全生产的要求，其中：①建立严格的安全生产责任制是实施安全管理目标的中心环节；②运用安全系统工程的思想，坚持以人为本、教育为先、预防为主、管理从严的原则，做好安全事故的超前防范工作，是实现安全管理目标的基础；③机构健全、措施得力、落实到位、奖罚分明，是实现安全管理目标的关键。

针对台风等灾害天气，风电场施工安全管理一般需要满足以下要求：

（1）强化安全生产意识。坚持不懈的对职工进行安全教育，强化每一位职工的安全意识，树立"预防为主，安全第一"的思想，实现在工程施工期间无死亡事故，事故伤残率控制在规范允许范围内的安全目标。

（2）设立工程项目安全管理委员会，明确项目安全各级责任人及职责范围。

（3）项目开始时，工程项目安全管理委员会即刻组织各参建单位，对项目所在地的灾害性天气进行识别，统一制定项目灾害性天气的应急响应机制和应急预案，明确各参建单位职责，提前储备应急物资，并根据现场实际情况提前进行演练。

（4）工程项目安全管理委员会组织各参建单位，根据各参建单位施工内容和过程的不同特点，对现场发生频率高、危害大的灾害性天气制定针对性预案，并进行演练。

（5）各参建单位要对灾害性天气的应急预案进行安全技术交底，并对交底内容进行考核，监理单位要对交底过程进行见证和监督。各参建单位的灾害性天气的应急预案要报经工程项目安全管理委员会审批，方案不合格的参加单位不准开工。

（6）台风季到来之前，各参建单位要按照拟订的灾害性天气应急预案的要求提前储备所需的应急物资、设备，并对避险场所进行检查和落实。

（7）工程项目安全管理委员会在台风季到来之前要对各参建单位的灾害性天气的应急预案交底情况、储备的应急物资、设备和避险场所进行检查。对于存在交底不到位、物资设备储备不足、避险场所不坚固的情况，要求参建单位在 7 日内完成整改，对于 15 日内未完成整改的单位强制离场。

（8）安全委员会设置专人和当地气象部门保持联系，及时掌握当地天气变化情况，通知各参建单位启动灾害性天气的应急预案。各参建单位也要及时掌握当地天气变化情况，针对具体施工内容和天气变化情况，适当安排施工的工序，保证施工的安全和质量。

6.2　组织机构及职责

6.2.1　安全管理组织机构

依照安全生产法律、法规的规定和单位安全生产管理规定，各级安全管理人员对所分管的工作部位、工作职责的安全生产管理工作具体负责，安全监察员必须履行对安全生产的监督责任。一般工程项目由项目经理、负责安全的项目副经理、总工程师、专职安全工程师、施工队队长、专职安全员以及施工的作业队、班组、作业工人组成安全保证系统。

1. 项目经理

项目经理是整个项目安全生产的第一责任人，坚持"安全生产，预防为主"的方针，将"安全第一，以人为本"的思想贯穿于生产经营管理全过程，负责全面管理本标段范围内的施工安全、交通安全、防火防灾等工作。

负责建立健全以安全生产责任为核心的各项安全生产规章制度和安全管理体系。逐级签订安全生产责任书，确保过程有检查，年终有考核，做到奖惩分明。严格执行"计划、布置、检查、总结、评比生产工作的同时，同时计划、布置、检查、总结、评比安全工作"的"五同时"制度。

施工过程中，认真贯彻执行"安全第一，预防为主"的方针。主持项目经理部的重大安全会议，安全生产委员会会议，听取安全环卫部门对安全工作的汇报，及时掌握项目经理部各单位基本情况，及时组织解决安全生产中的重大问题。确保安全投入的有效实施，按规定配发和使用各种劳动保护用品和用具，保证施工人员的健康和安全。

2. 负责安全的项目副经理

协助项目经理主持日常安全管理工作，对项目经理部的安全生产及各级、各部门安全生产责任制的建立健全与贯彻落实，负全面领导责任。每月主持一次全面安全检查，对检查中发现的安全问题，按照"四不放过"原则立即制定整改措施，定人限期进行整改，保证"管生产必须管安全"原则的落实。

充分发挥安全环卫部门的监督、检查、管理职能，支持安全员工作。在事故性质的认定上，支持安全环卫部门在职权范围内的正常工作。主持召开工程项目安全事故分析会，及时向业主及监理单位通报事故情况。及时掌握工程安全情况，对安全工作做得较好的班组、作业队要及时表扬推广。重点加强高处坠物、车辆伤害、触电、物体打击、坍塌、机械伤害、起重伤害、火灾等安全事故的管理，特别要加强易燃易爆材料、火工器材和吊装作业的管理。

3. 总工程师

协助项目经理分管安全技术方面的工作，承担安全生产技术管理、技术监督方面的安全职责；组织编制、审批施工组织设计中有关安全技术的要求及特殊施工项目的安全技术措施；负责审定、编制项目经理部各工种的安全手册、各机电设备的安全技术操作规程，审查并解决有关重大隐患的技术措施、方案，组织安全技术专题研究和攻关；组织编制年度预防重大事故的技术措施计划和安全技术劳动保护措施计划，督促项目、时间、措施、费用落实；组织编制并审批现场施工规程和规定，并根据情况变化及时组织修改、补充、完善，负责解决施工生产中的疑难或重大安全技术问题；负责安全科研工作，推广科研成果，参加或主持安全技术研讨会，审定安全技术项目和成果报告，解决安全技术问题。

4. 专职安全工程师

专职安全工程师代表项目经理履行安全监察与执法职能；贯彻执行国家有关安全生产的法规、法令，执行地方政府、建设单位、监理单位对安全生产发出的有关规定和指令，并在施工过程中严格检查落实情况，严防安全事故的发生；负责制定项目经理部的年度安全规划及安全生产规章制度，负责监督项目经理部各级安全责任制的落实，开展安全目标管理，分解下达安全生产指标，协助项目经理与各二级单位第一责任人签订安全生产责任书；定期或不定期组织安全生产综合检查，根据检查情况，及时下达隐患限期整改通知，督促各责任单位限期整改；加强作业过程中的安全监督，落实防范措施，配备必要的安全生产设施和劳动保护用具并对防护用品的质量和使用进行监督、检查；经常组织作业人员进行安全学习，尤其对新进场的职工与民工要坚持先进行安全生产基本常识的教育并考试合格后才允许上岗的制度；会同有关部门组织落实安全技术培训工作，坚持安监人员和特种作业人员持证上岗，对特殊工种持证上岗建册管理；负责各单位的日常安全考核工作，归口管理工伤事故、统计报告工作，做到及时、准确、完整。

5. 施工队队长

认真执行有关劳动保护的规章制度，执行项目经理部的指示、决定。合理组织生产，以身作则抓好安全生产和劳动保护工作。在计划、布置、检查、总结、评比生产的各项活动中，都必须包括安全工作。

组织成立施工队安全工作小组，明确小组成员职责，并上报项目经理部安全质量部备案。

深入施工现场，经常检查施工现场的设备、工具、工作场所和工人的个人防护，制止违纪、违章、违制，对事故隐患及时进行处理，并填写相关的安全检查记录等。

开展安全标准化工地建设，保证作业环境、生产设备符合安全卫生规程要求，及时发放劳保用品并监督正确使用，不断改善职工作业条件。

经常向职工进行安全知识、安全技术、规章制度和劳动纪律教育，认真抓好安全教育月（周）活动的开展，检查"三级"教育和技术培训情况，对不合格者，不准上岗操作。

定期或不定期主持召开安全生产专题会议，组织班组对"安全活动月"开展情况的检查评比，树立典型，带动一般，督促后进。

组织有关人员对新、难重点项目、特殊项目、不良气候条件及危险性较大的工程项目，制定专门的、有针对性的安全技术措施，并报项目经理部审批后，付诸实施。

若发生安全事故时，及时组织抢救，并按规定及时登记、上报，参加安全事故的调查与分析，督促有关人员写出事故报告，并负责提出预防改进措施。

支持安监（检）人员的工作，让他们有职有权履行职责，为他们顺利开展工作创造条件。

审定安全生产短期规划，并组织贯彻执行，完成项目经理部临时交办的任务。

6. 专职安全员

在施工队长的直接领导下，认真贯彻执行安全生产的方针、政策、法令、规定、规程、条例等，以及项目经理部的指示、决定、决议。

根据施工队年度工程任务、施工状况、工艺流程、施工方法、所用机械性能及自然环境特征，组织编制安全生产、劳动保护措施计划。

协助队长做好全队安全工作，督促工程技术人员、工班长实施各项安全生产和劳动保护的措施和规定。

做好"三级"安全教育，抓好日常安全教育。

指导班组兼职安全员的业务工作。

跟班作业，监督检查施工现场，发现问题及时纠正，努力创建"文明工地"。

定期或不定期检查施工现场的安全台账，以督促安监人员做好台账记录。

6.2.2　制度和职责

1. 突发事件应急救援培训制度

（1）组织所有人员学习并掌握以下救援方法：

1）在突发事件下的自救方法，以减少伤亡。

2）简易条件下救护伤员的急救措施。

3）在火灾、爆炸等突发事件下人员疏散、灭火设备使用等急救措施。

（2）工人在上岗前，进行突发事件救援教育，针对工程的特点，定期进行培训和演练，培养自救及救援必备的基本知识和技能。有计划地对生产知识、安全操作规程、施工纪律、救护方法等技术和知识进行培训和考核。

2. 日常检查和演习

为了确保应急救助的快速反应能力和效果，还必须研究和制定安全排险救助的技术措施，做到统一指挥、分工明确、各尽其责、搞好协作和配合。同时对整个系统的各个环节进行经常性的检查并实战演习，当突如其来的险情发生时，能够指挥得当，应对自如，真正发挥其抢险救助的作用，达到减轻或避免损失的目的。

施工现场配备必要的医疗急救设备，随时提供救助服务，与现场附近医院及时联系，以确保突发疾病和受伤人员能够得到及时救治。

聘请专业救护人员，对职工进行自救和急救知识的教育，添置必要的急救药品和器材。

施工现场配备受过急救培训、掌握急救、抢救和具备工程抢险技能的专、兼职人员。

发生火灾时拨打"119"火警电话，并组织现场人员进行抢救。

项目部从各工班中抽调精干人员组成抢险小组，由一名副经理任组长，做好教育培训和演练工作，做好日常检查工作并负责突发的抢险工作。

必要时调动社会援助力量投入抢险救助，将事故损失降到最低。

6.3　危险源识别与风险

在风电场建设过程中，受作业环境的影响，危险源主要包括高处坠落、物体打击、机械伤害、火灾与爆炸、触电、噪声、电磁辐射和交通事故等。

1. 高处坠落

按照 GB/T 3608—2008 规定标准，凡高度在离基准面 2m（含 2m）以上的高处进行作业，称为高处作业，高处作业时发生的坠落事故为高处坠落事故。

风电场施工中有许多设备、设施及操作平台的安装位置都在 2m 以上，风力机和发电机安装高度更高。在风电机组安装过程中安装人员均需要进行登高作业。其主要危险源为：登高装置自身结构方面的设计缺陷，支撑基础或支撑物松动和毁坏、不恰当地选择了作业方法，悬挂系统结构失效，负载爬高，攀登方式不对或脚上穿着物不合适、不清洁造成跌落；未经批准使用或更改作业设备等，均可导致高处坠落事故。

在风电机组吊装过程中，如果不按作业指导书和操作规程操作、或没正确佩戴安全带、安全绳等个体防护用品，保护安全绳挂接位置不正确或人行梯子安装不稳、防护护栏高度不够或失效等，都会发生高处坠落事故。在叶片吊装作业中，安装人员需要高空出舱进行吊带的解脱工作，如果在高空行走时身体失衡而安全设施失效、挂接安全绳操作不当或违章操作等，都会导致高处坠落事故发生。

在升压站内设备安装和场内集电线路安装过程中，电力安装人员需要攀爬电力配电设备、输电线路杆塔等高空作业，如果不按操作规程操作、或没正确佩戴安全带、安全绳等个体防护用品，保护安全绳挂接位置不正确或人行梯子安装不稳、防护护栏高度不够或失效等，都会发生高处坠落事故。

2. 物体打击

各类施工作业活动中都可能存在物体打击的危险。如操作人员受到坠落物的打击、运动着的重型设备的打击、吊件或其他吊物的打击、在设备安装过程中，违章抛掷工具、随身携带的工具，绑装不牢，造成坠落，都可酿成物体打击伤害。

3. 机械伤害

风电机组设备安装、输变电设备安装过程中，由于生产的特殊情况和作业的特殊性，往往迫使安装人员采取一些非常规的做法，易发生机械伤害。例如：进入机舱轮毂内进行螺柱力矩紧固；塔筒法兰连接使用电动工具；液压工具操作不当；在电气安装过程中使用砂轮机、电钻等工具；在机舱内狭小、封闭的空间进行作业时，附近存在机械转动设备；发电机高速轴安全防护罩（护栏）被拆除等。

4. 火灾与爆炸

在风电机组及输变电设备调试过程中，发生火灾和爆炸的部位主要有高压开关柜、电力电缆、油浸变压器、高压电缆头、润滑油箱、蓄电池组和临时用电线路等。

（1）油浸变压器在安装后试运行过程中如果存在内部故障，将有产生大量的热量，使电气设施内部绝缘损坏，当保护监测装置失效时，将会造成喷油、火灾和爆炸等事故。

（2）电气线路的敷设质量差，如相序任意交叉、线路接头处处理不规范、电缆连接处耐压强度达不到要求等，造成线路的接触电阻过大而发热，对地或相间击穿均可引发电器火灾事故。

（3）电气火花、电弧引发火灾。各种高低电气开关在断开、闭合线路时，熔断器在熔断时都要产生电弧，若电弧防护措施不当或失掉防护作用，这种电弧就可能成为点火源，或相间弧光短路引起柜内可燃物发生火灾。

（4）避雷装置未按规定测定、不经常检查，致使避雷装置失效，雷雨季节的雷击引发火灾并发生爆炸事故。

（5）高压电缆头爆炸和火灾：因现场安装、制作环境不好，制作人员技术失误、相间绝缘层内部含有气隙或杂质，在通电试运行时会发生趴电或涡流磁场，造成电缆头发热或绝缘破坏，从而导致火灾或相间短路爆炸事故。

5. 触电

触电事故分为电击和电伤，是电气伤害的一种主要形式。触电是电流通过人体内部，人体受到局部电能作用，使人体内细胞的正常工作遭到不同程度的破坏，产生生物学效应、热效应、化学效应和机械效应，会引起压迫感、打击感、痉挛、疼痛、呼吸困难、血压异常、昏迷、心律不齐等，严重时会引起窒息，心室颤动而死亡。

大量统计资料证明，在电气设备的接线端、电线接头、电缆头、灯头、插座、接触器、熔断器分支线、临时用电线路等处，最容易发生短路、接地、闪络和漏电，因此也最容易发生电击和电伤事故。

6. 噪声

发电机组调试运行时机舱内噪声，塔架控制盘、变频器发出电磁噪声、使用大型电动扳手进行螺柱紧固时的噪声等。长期处于噪声环境内，能引起职业性耳聋或引起神经衰弱、心血管疾病及消化系统等疾病的发生，会使操作人员的失误率上升，严重情况下会导致事故发生。

7. 电磁辐射

升压站通电试运行过程中、输电线路和风电机组运行时会产生一定能量的电磁辐射，电磁辐射会使人的健康状况受到危害。会对无线电及各种接收信号产生影响。

8. 交通事故

风电机组安装时，需要驾车到达每台风电机组旁，而且风电场内道路均是乡村公路或山间土路，故此，如果驾车不慎或驾车技术不佳就有可能发生交通事故，车内人员将会受到伤害。

6.4 台风预防和预警

加强台风的监测和预报，是减轻台风灾害的重要措施。在台风多发季节，施工单位更应及时了解气象台发布的气象信息、台风预报，台风警报或紧急警报，以便在第一时间采取有效的措施，减轻或避免台风带来的损失。

根据台风影响范围和程度，台风预警等级分为四级，即Ⅰ级（特别严重）、Ⅱ级（严重）、Ⅲ级（较重）和Ⅳ级（一般）。台风预警信号分五种，分别以白色、蓝色、黄色、橙色和红色表示。

1. 白色预警信号

台风的白色预警信号说明，在48h内可能受热带气旋影响。

防御指引：①警惕热带气旋对当地的影响；②注意收听、收看有关媒体的报道或通过气象咨询电话等气象信息传播渠道了解热带气旋的最新情况，以决定或修改施工计划。

2. 蓝色预警信号

台风蓝色预警信号表示24h内可能或者已经受热带气旋影响，沿海或者陆地平均风力达6级以上，或者阵风8级以上并可能持续。

防御指引：①政府及相关部门按照职责做好防台风准备工作；②停止露天集体活动和高空等户外危险作业；③对相关水域的水上作业和过往船舶采取积极的应对措施，如回港避风或者绕道航行等；④加固门窗、围板、棚架、广告牌等易被风吹动的搭建物，切断危险的室外电源。

3. 黄色预警信号

台风黄色预警信号表示24h内可能或者已经受热带气旋影响，沿海或者陆地平均风力达8级以上，或者阵风10级以上并可能持续。

防御指引：①政府及相关部门按照职责做好防台风应急准备工作；②停止室内外大型集会和高空等户外危险作业，中小学生及幼儿园托儿所停课；③相关水域水上作业和过往船舶采取积极的应对措施，加固港口设施，防止船舶走锚、搁浅和碰撞；④加固或者拆除易被风吹动的搭建物，人员切勿随意外出，确保老人小孩留在家中最安全的地方，危房人员及时转移。

4. 橙色预警信号

台风橙色预警信号表示12h内可能或者已经受热带气旋影响，沿海或者陆地平均风力达10级以上，或者阵风12级以上并可能持续。

防御指引：①政府及相关部门按照职责做好防台风抢险应急工作；②停止室内外大型集会、停课、停业（除特殊行业外）；③相关水域水上作业和过往船舶应当回港避风，加固港口设施，防止船舶走锚、搁浅和碰撞；④加固或者拆除易被风吹动的搭建物，人员应当尽可能待在防风安全的地方；⑤相关地区应当注意防范强降水可能引发的山洪、地质灾害。

5. 红色预警信号

台风红色预警信号表示 6h 内可能或者已经受热带气旋影响，沿海或者陆地平均风力达 12 级以上，或者阵风达 14 级以上并可能持续。

防御指引：①政府及相关部门按照职责做好防台风应急和抢险工作；②停止集会、停课、停业（除特殊行业外）；③回港避风的船舶要视情况采取积极措施，妥善安排船员留守或者转移到安全地带；④加固或者拆除易被风吹动的搭建物，应当特别注意台风眼经过时风力会暂时减小或者静止一段时间，随后又突然加强的特点；⑤相关地区应当注意防范强降水可能引发的山洪、地质灾害。相关人员应当待在防风安全处直到台风结束。

6.5　应急设备与设施

6.5.1　材料及设备的配置

根据风电场施工环境以及所应用器具设备等，应急救援可考虑配备以下物资：

（1）储备一定数量的钢筋、水泥、钢管、沙、草袋、编织袋、方木、钢支撑等材料及潜水泵、注浆泵等设备。

（2）配备担架、绷带等急救医疗设备。

（3）起重机、吊车及类似设备均应装有超载报警装置。

（4）现场在办公区、生活区、仓库等地放置足够数量的灭火器材，并经消防部门的检查认可，同时经常抽查，保证性能完好。

（5）现场配备抽水机和发电设备以备抢险应急时用水用电的需要。

（6）提供足够的空气压缩机，以保证在压缩空气条件下的施工及抢险作业顺利开展。

6.5.2　材料及设备的安全管理

保持设备状态良好可一定程度上减轻台风灾害影响，因此应对风电场施工设备和材料建立物资安全管理制度并贯彻执行。

（1）所有机械设备进场前必须验收，并记录在案，保证其安全使用。

（2）对进场的起重设备进行验收，操作人员必须持证上岗。

（3）安全、质量、环境和工业卫生部门每月对设备进行安全检查，并保存记录，发现故障时要即时排除。

6.6　台风期间防护工作

根据 FIDIC 第 19 条款"在不可抗力发生影响时""每一方都应尽力减小由于不可抗力而导致的任何延误"。所以，在台风来临前，全体人员应根据相关标准的要求，积极做好各种预防工作。只有在确实做了大量预防工作，并且在证明材料上能体现出来时，索赔因台风灾害所受的损失才有可能成功。

6.6.1　台风防护工作分类

1. 对工程产品的防护

不同的工程产品，应该分析台风对其影响的差异而采取不同的预防措施。对正在施工中的风电场，需仔细分析基础、吊装完后的风电机组、升压站各种设施、道路等在台风过程中会受到什么影响和破坏，并有针对性地做出防护措施。

2. 对临时设施的防护

施工期间的台风防护工作主要是对临时设施的防护。现场的临时设施主要包括工棚、仓库、移动厕所和集装箱等，台风对其的危害主要是由于风力大而引起的移位和破坏。所以，预防的关键就是对临时设施进行加固、防护，具体如下：

（1）所有集装箱用钢丝绳与地锚进行灌浆锚固，并在钢丝绳上涂刷色标，以防有人撞伤。

（2）所有工棚的棚顶钢瓦用脚手架钢管压住，并用地锚与钢丝绳进行固定。

（3）所有竖直放置的物品均应放倒，不能放倒的如临时配电柜、移动厕所等也要用角钢与钢丝绳临时锚固。

（4）用木板封闭所有玻璃窗以及露天的表盘，以防飞沙将其砸坏。

3. 对材料的防护

在台风到来之前，对不同的材料应采取不同的保护措施。对于已经松散放置的材料，要收集到一起并用扁钢或钢丝绳捆绑；对于怕水的材料，要同时采用抬高位置与覆盖两种办法。

4. 对人的防护

在明确了台风到来时间之后，现场人员应该全部退场，包括现场守卫与保安人员。

6.6.2　施工现场防风措施和应对策略

（1）落实塔吊、吊篮、电器等设施的防台风措施。塔吊、吊篮、脚手架、工地围墙等受风面积大的设施要按相关技术要求进行防大风处理，多加侧面支撑，防止倒塌和脱落；作业吊篮要落地；用电设施和线路要逐一检查，防止漏电和短路，对松散电线进行绑扎加固。

（2）台风到来前严格按规定停止作业。台风橙色预警信号发布后，要停止施工和高空作业。作业人员要减少户外停留时间，特别注意不可在工地围墙下躲风避雨。

（3）突然来大风或台风来临时特殊情况下在高空作业的措施。施工人员不能即时躲避的必须充分利用好安全带，把安全带可靠地系挂在坚固的结构体上，同时确保安全帽的紧固性；必要时双手紧抱钢构件或躲在设备挡风侧并系挂好安全带；切忌慌乱，保持镇定，就近寻找避风点。

（4）台风来临时必须切断现场施工总电源，即时清理现场临时用电箱或对难以搬离的采取钢丝绳斜拉筋固定。

（5）台风来临时应尽量将现场吊车开出厂区到安全的避风场所内。当风速大于10.8m/s时必须收起吊臂，不得进行吊装作业。

（6）加强工地排水，确保管网畅通。各建设工地要对周围的排水管道进行清理，确保排水畅通，减少台风期间工地积水；深基坑工程要特别加强监测，防止发生意外事故。

（7）施工现场班房、办公室及时采用钢丝斜拉筋固定。台风来临前确保所有人员撤离施工现场。

（8）应争取在台风季到来前，土建施工部分完成大基础和主要构筑物的施工。

（9）台风来时，严禁进行设备吊装，结构安装、混凝土浇筑、管道焊接、安装等工作。

（10）钢结构安装时应及时形成稳定单元，并对就位的钢结构进行找正，紧固地脚螺栓，单片的钢结构必须在两侧用防风绳固定。

（11）大型设备吊装前，必须听取气象预报部门的意见，确保吊装安全；设备就位后及时进行找正，紧固地脚螺栓。

（12）必须进行混凝土浇筑时，应用两倍的草袋进行防护，并确保压牢。

（13）施工现场的机具设备棚库应重新固定，棚库上面和周围的瓦楞板要绑扎牢固，放在安全的地方。

（14）现场的铁皮、木板、石棉瓦等易被大风吹起的东西应清理干净，材料设备摆好固定牢，预制场地照明、动力电缆应敷设好，固定牢固，预防被台风吹断发生漏电触电事故。

（15）材料库房和露天库应提前检查，若有缺陷即时修整，露天库的材料要摆放整齐，易损物件应放入库房保管，较轻的物品用重物压好，或用铁丝捆牢。

6.6.3　暴雨洪水防范措施

（1）与当地气象、水文部门取得联系，随时掌握气象预报及汛情，以便更合理地安排和指导施工。组建以项目经理为组长的防汛抢险领导小组，制定防洪防汛制度，设专人值班，全面组织灾情预防和抗洪抢险工作。

（2）工程开工前，应根据现场具体情况，编制防洪抢险计划，并提交甲方、监理工程师审查批准。

（3）在抗洪抢险领导小组统一领导下，各施工队选择技术状态良好的机械设备、车辆承担抗洪抢险任务。

（4）选择思想进步，技术全面、身体健康的人员驾驶抗洪抢险的机械设备、车辆。

（5）各施工队有计划地维护、保养机械设备和车辆，使其处于良好的技术状态，能够随时投入抗洪抢险工作。

（6）各施工队要正确处理好生产与抗洪抢险的关系，在正常情况下积极完成生产任务；在紧急情况下，必须听从调动，奔赴抢险，完成抢险任务。

（7）雨季时内部各单位间及外部联络工具要保持畅通，同时配置必要的抢险物资和人员，做好事故预案工作。

（8）做好施工防范及各种临时设施的防排水工作，要保持排水沟渠的畅通。

（9）详细调查并掌握洪水资料，检查易于发生水害地段的施工状况，做好施工中的临时防护措施。对影响施工的运输道路进行必要的改善、整修和加固；备足常用的主要材料、工具，并增建必要的防雨防洪设施；对施工人员配备必要的劳动保护用品；避免材料库、活动房屋及机械设备等位于洪水位以下。

（10）避免在中雨或大雨、暴雨天气进行混凝土或浆砌施工。当不可避免时，应用防雨布（棚）覆盖，防止雨水冲淋混凝土造成离淅。

（11）具有自发电能力，确保汛期突然停电情况下的排水和照明需要。施工机械及用电设备应设置防护棚。

6.6.4　海上风电场施工作业防台措施

海上风电场施工涉及基础打桩、平台、法兰、塔架、机舱、叶轮等吊装，需要运输驳船、起重船、打桩船、交通船等配合作业，具有船舶数量多、类型多、协同作业特点突出、海上运输时间长、受潮水和风浪影响明显等特性。相比陆上风电场施工，海上风电场施工对天气变化的响应要求更为苛刻，因此防御台风要求更加严格。

（1）必须树立"安全第一，预防为主"的思想，始终坚持"以防为主、防抗结合、适时早避，留有余地"的方针，做到"宁可防而不来，决不可来而无备"。

（2）正确处理安全与生产的关系，在确保安全的前提下，合理组织生产，最大限度地降低运输生产损失。

（3）进场施工之前，业主、设计单位、施工单位应充分认识台风防御的重要性，与当地海洋部门、气象部门密切合作，了解工程海域台风基本规律，制定防台风警戒系统，对不同距离、等级的台风划分警戒范围，针对各种警戒范围作出相应预案。

（4）建立信息平台，保持通信指挥系统畅通。构筑快速有效的信息平台是防抗台风工作顺利开展的基础，为连续地跟踪和分析台风的生成、发展趋势、移动路径变化，判断对安全生产造成的影响，及时快速启动防台风预案有着重要的作用。

（5）施工船舶撤离时必须遵循的原则：①距台风中心近的船舶先撤，非自航船舶先撤，拖带困难的船舶先撤，对避风地海底有特定要求的船舶先撤；②应尽可能安排能一次拖带完成的船舶先撤离台风威胁区，确需二次拖带的则应尽量减少二次拖带船舶数量和航次，并周密计划，预留足够的航行时间；③必须选择两个以上避风锚地以应付各种变化，确保船舶和人员的安全。

（6）开工前对防台风应急预案进行实战演练。

（7）抗风浪能力差的船舶主要采取系泊防台方式，包括锚泊、系浮筒和靠码头等三种方法。

6.7　防灾应急救援处理措施

1. 突发事故应急处理的队伍

建立突发事故应急工作领导小组，由项目经理任组长，负责处理一切突发事件。

根据不同突发事故，组建应急救援队。队员从各工程施工队中选取，正常情况下随施工队施工，对突发事故的应急措施进行演练，在突发事故时快速组建。应急救援队的工作包括实施抢险预案、抢救人员、抢救财物、维护秩序等，应急救援队的人员有明确分工。

组建应急医疗队，主要任务是医疗救护，由工地医疗卫生所的医生和有关人员组成，配备医疗器械和药品。

　　2. 突发事故应急处理的物资

　　（1）应急处理的工具和器材。在工作车间、施工工区、生活营区备足与突发事故救援相适应的各种应急工具和器材，经常对工具与器材进行保养与更新，保证完好与使用。

　　在突发事故时，保证通信设备的完好与畅通。

　　（2）应急处理的设备和物资管理。必须提前足量储备应急事故的救援物资并且单独储存保管，不得挪作他用。应急救援物资在进场前必须有出厂合格证或材料品质证明，其性能与材质须经试验室检验合格，满足工程需要。验收不合格、不能满足工程需要或不能满足设计要求的材料不能进场。

　　应急救援的设备和机械提前落实，实行"定人定岗定设备"责任制度，经常对机械设备进行维护与保养，始终处于完好无故障状态。救援指挥车辆、救援工程车辆、医疗卫生车与司机，保持良好状态。确保应急救援工作需要。

　　3. 突发事故应急处理的协调

　　一旦发生不可抗拒的特殊事故，由应急工作领导小组统一指挥，协调行动，快速组建突发事故应急救援队，各有关部门和人员通力合作，相互配合，协同作战，各尽其责，按突发事故的紧急预案措施，尽快控制事故态势的发展，缩小事故的扩散范围，最终消除事故。把突发事故的危害降低到最小限度，努力减少突发事件带来的损失。与此同时，立即向建设单位、监理单位、地方政府有关部门报告。

　　发生突发事故后，要密切注意现场周围的动态，非救援和无关人员禁止进入或随意出入现场，尽力保持通往现场与外界道路的畅通。

　　突发事故应急处理的原则是把人身安全放在第一位，应急医疗队利用现场医疗卫生条件对伤员进行急救处理，减少其痛苦，尽快送往附近医院进行检查和治疗。

6.8　复工准备工作

　　（1）台风过后，在进行现场清理之前，要确定被损坏的现场已经被项目合同管理人员进行了取证，并获得业主或项目管理承包商的认可。

　　（2）即时将清理及恢复现场（设施）过程中发生的人工、机具等的消耗反映在向业主或项目管理承包商递交的施工日报里，保存好作为索赔的有力证据。

　　（3）对开挖的基坑和路基等土建工程进行检查，防止路基、基坑被雨水浸泡，对需加固处理的及时加固。

　　（4）对电气设备进行检查，以防各种防护设施被风和雨损坏。

　　（5）清理抢险物资，完善物资使用台账，补充后备。

　　（6）收集整理现场图片、文字记录，进行工程索赔相关工作。

　　（7）针对暴露的问题，及时总结经验教训，研究落实整改措施，并结合实际修订和完善应急预案。

　　总之，尽管台风的发生是客观的，不可抗拒，但只要现场管理人员充分发挥好自己的主观能动性，就能够最大限度地降低台风带来的损失。

第 **7** 章 风电场防台风运维管理

为防止由于台风造成重大、特大事故，或产生其他对社会有严重影响的事故，减少事故损失的程度和范围，确保风电场安全运行，保证国家经济安全、社会稳定和职工生命财产安全，应在参照气象部门的台风预警规定基础上，根据风电场选用的风力发电机组的运行特点，制定与台风险情相适应的抗台规定。

风电场抗台风应坚持"以人为本、安全第一"的理念，遵循"预防为主、预防与应急相结合、常备不懈"的方针，贯彻"统一指挥，分级响应，属地为主，协同作战"的原则。防台风预案要科学、可操作。合理调度，提高防台风的应急响应速度。执行工作责任制，落实风电场场长为第一责任人的安全生产责任制，统一领导，统筹协调。发生台风及次生灾害时，风电场所有人员要迅速响应、各司其职、分工协作、联合行动，及时、高效地开展预防和应急处置相关工作。

7.1 积极推进风电场智能化

云计算、大数据等工业互联网新技术已经应用到风电领域。风电场正在通过完善的检测和监测系统采集整个风电场内各设备、部件的各类信息，通过统计和人工智能等技术手段，在海量数据中提取信息以提升产能、降低故障发生、保障安全生产。

除提高产能和上网电量预测可靠性外，工业互联网为风电设备带来更为高效的故障诊断、预警和运营维护，提升了设备运行稳定度和发电效率。风电设备传感器数据都可以通过工业互联网汇集到远程监控中心。每个传感器都能采集风电设备不同零部件的运行状况，帮助运行人员进行诊断、维护。根据传感器的实时数据，风电设备之间可共享运行参数，避免或减少由于个别部件偶然失效带来的发电损失。风电场之间可以相互通信，协调功率输出，稳定局部电网电压。

由于风电场运行管理地域宽、运行人员少、工作环境恶劣，长年运行在无人值守的情况下，为了能实时了解风电设备的运行状况并根据电网需求控制风电场发电量，智能风电场需要具备遥控、遥测、遥信、遥视等功能。

对海上风电场而言，因装机容量大、海洋环境恶劣、周边影响因素多等，使得对风电场的风电机组监控、状态监控、海上升压站和箱式变压器的监控以及海缆监控等更为关键和复杂。一个完善的海上风电场智能化综合管理系统，一方面对日常生产和设备常态维护起到积极促进作用，能及早发现和解决、消除设备潜在故障隐患；另一方面对风电场台风防护也十分重要。海上风电场有效可达性（指能够以常规方式进场并能够进行检查和维修的能力）在台风前后均不理想，因此在日常做好监测和维护以防护台风侵袭更为关键。

大型海上风电场监控系统不仅包括对海上风电场的监视和控制，而且还包括风电企业统一监控和调度，实现风电机组、风电场、风电场群和电网之间协调发展。主要功能包括以下方面：

（1）大型海上风电场监控系统一体化技术。实现不同类型海上风电机组、升压站、视频安防、海缆等多系统通信协议开放、共享后台监控设备和通信网络，作为一个整体协调运行。

（2）海上风电场监控系统有功、无功协调控制技术。实现在线动态调节全场运行的风力发电机组的有功、无功功率和场内无功补偿装置的投入容量，将有功、无功控制指令在最优的运行和经济条件下分配到风电机组和相关设备。

（3）基于风电功率预测系统的海上风电场监控技术。保证风电功率预测系统顺利运行和实现海上风电场（群）有功、无功协调控制。

（4）海上风电场群的中央集群监控技术。实现海上风电场的风电机组、风电场、风电场群和电网的分级分散协同控制；实现发电公司统一运营调度管理，实现电网公司"统一调度、分级管理"，确保大规模海上风电场群安全可靠并网、持续健康发展。

（5）海上升压站及海底电缆监控技术。对大型海上风电场中央集群监控和异地远程实时监控技术及风电场级的调节控制技术。

7.2　防风灾组织机构和职责

7.2.1　组织机构

组建专业高效的灾害防御和应急救援队伍是降低台风期间灾害影响的重要因素之一。其中：风电场场长担任总指挥；安全员担任安全保障人员；维护工程师担任维护保障人员；物资管理员担任物资保障人员；维护工程师担任后勤保障人员；由当日值班人员担任信息保障人员；风电场司机担任车辆保障人员。

7.2.2　职责

1. 总指挥

总指挥负责协调组织防台风预案的实施，把握事态全局，监督各主要负责人的工作并严格把关完成的质量，协调各方对台风突发事件的配合，安排夜晚值班表，保障负责人员服从指挥。

2. 安全保障人员

安全保障人员主要任务是配合总指挥完成防台风预案的实施，在台风到来前对房屋的安全做出评估并有针对性地做好预防处理措施：组织协调风电场人员紧固现场屋顶挡雨板到地面的钢丝绳，并将沙土袋或石块等用粗绳捆绑在房前房后对屋顶做再次紧固；及时督促相关人员对重要用电设施（如电脑、空调等）断电，对房屋门窗及时关闭。

3. 维护保障人员

维护保障人员要根据台风实时消息合理安排维护服务工作，严格执行台风到来前 24h

严禁登机作业的规定，对停机超过 24h 的风电机组要立刻写反馈单并上报上级部门，台风过后根据现场道路实际情况合理、及时地安排日常维护工作。

4. 物资保障人员

物资保障人员根据台风等级评估出需转移物资，必要时及时安排转移。

5. 后勤保障人员

后勤保障人员根据台风实时消息，及时储备并安排好风电场的伙食及日常用品，在台风到来前 48h 做好相应后勤准备工作，保障台风到来时风电场人员的基本生活。

6. 信息保障人员

信息保障人员由当日值班人员担任，主要任务是：及时发布台风实时消息，做到快速、准确地预测台风路径、等级等；实时监控全场风电机组信息，对台风期间风电机组所报故障进行统计汇总；台风过后跟进处理。

7. 车辆保障人员

在台风到来前 24h，确保风电场的车辆及时停放到安全场所。

7.3　台风季前准备工作

全面分析风电场各风电机组所处地形，并结合台风特点，筛选出台风时受影响最大、风险度最高的风电机组，并进行重点监测防护。重点监测的风电机组名单应报安全生产部备案，安全生产部应组织对重点监测风电机组的防台情况进行专项检查。各风电场应在每年台风季节之前完成例行的检查工作。

全面检查风电场变电站内各设备间门窗的严密性，防止并消除台风期间出现进水、漏水导致设备停电的可能。

完成对全场集电线路走廊的清理、检查、清理沿线走廊附近的漂浮物，检查线路各处电缆屏蔽线的绑扎工作，消除台风期间可能引发各种集电线路跳闸的隐患。

全面检查各风电机组箱式变压器、环网柜外壳，确保无进水、漏水的可能。

全面检查各风电机组机舱、轮毂，确保无进水、漏水的可能。

完成全部风电机组塔筒螺栓力矩的定期抽检，需重点监测的风电机组螺栓力矩应做全面检查。

对采用电动变桨的风电机组应在台风季节前完成变桨刹车间隙的调整和变桨刹车力矩的抽检工作，需重点监测的风电机组必须全部检查，变桨刹车力矩必须达到设计要求，对已磨损至不合要求的刹车片必须及时更换。对液压变桨的风电机组必须根据日常点检分析情况对需重点监测的风电机组的液压站及传动机构进行检查。在台风来临前应将有故障不能变桨或偏航的风电机组叶轮锁住，防止出现风电机组失控现象。

在台风季节前必须完成更换电动变桨距系统中性能下降或已经故障的蓄电池、UPS 电池，确保变桨距系统工作正常。

必须完成风电机组的超速保护、振动保护以及紧急制动回路的工作检测，各类风电机组的刹车制动系统工作正常，无部件损坏，刹车片厚度符合要求，刹车间隙调整适当。要及时更换不符合技术标准的刹车盘、刹车块。

全面检查风电机组叶片，确保无裂纹、裂缝等。

保证在台风影响前风电机组变桨距系统、液压站系统无频发性缺陷和大的缺陷，保证台风期间风电机组变桨系统和液压站系统工作正常。

重点监测的风电机组应在台风季节前完成年度定检工作，确保重点监测的风电机组各系统无故障、无缺陷、无隐患运行。

确保风电机组监控系统光纤连接正常，台风季节前风电机组监控系统光纤应能双环路联通，通信用 UPS 蓄电池满足设计要求，库存备品数量满足事故备品定额标准的底限要求。

检查并保障备用电源处于良好工作状态（地埋电缆集电线路配备柴油发电机，或单机备用电池）。

7.4　台风到来前准备工作

7.4.1　48h 预警

（1）后勤保障人员购买生活食品及相应防台抗洪物资，保证生产现场所需。

（2）维护保障人员应重点检查：中控楼有关办公设备及物品必须充足完好；中控楼各室各门窗及重点部位照明情况正常；对消防水泵进行一次试验，确保生产场所或设备基础浸水后能及时进行抽水工作。

（3）后勤保障人员应检查、确保：生活水系统完好，生活用水池水量充足，保证防汛抗台期间的正常用水；食品等各种生活设施充足等。与车辆保障人员统一采购所需防灾物资以及这段时间所需的生活物资。

（4）车辆保障人员应全面检查车辆情况。

（5）安全保障人员对风电场中控楼变电设备、风电机组及箱式变压器以及各风电场场地、道路、公路排水沟等进行台风洪水来临前的巡视巡查工作。

（6）当风电场启动防台预案后，及时通知风电场相关人员赶赴生产现场进行防台风工作。

7.4.2　24h 预警

总指挥发布防台风预案启动命令，通知相关负责人就位并协调相关方面立刻安排值班表，值日人员要负责反复核查、确保所有门窗紧闭。

安全保障人员根据台风等级评估房屋抗风能力、密封效果并做好密封，必要时使用胶带把窗框不严处密封。

维护保障人员根据项目现场实际情况和台风实时地理位置等级安排维护工作，严格执行台风到来前 24h 严禁登机作业的规定。

信息保障人员立刻到开关站中控室值班，监控风电机组运行情况，并报告台风实时动向、等级、风速等信息，记录台风期间风电机组所报故障信息。

物资保障人员根据台风等级以及事态可能的最严重后果，对风电场的防范物资做出评估，对必要时能及时转移的设备、器材等，列出详细物资清单，做到防患于未然。

7.5　台风到来时应对策略

台风到来时架空线路往往容易发生断线、接地跳闸等故障，造成大面积的风电机组失电，使其处于各系统失灵和刹车制动的紧急停机状态，风电机组不能实现自由偏航对风，叶轮不能处于空转状态，最终导致各设备承载超过设计荷载的极限，导致叶轮损坏、倒塔等事件。因此，台风到来时的应急准备工作有以下方面：

（1）加强远程监测，根据风速变化情况及时、有效地采取主动停机策略，避免风电机组因风速突变而误报外部转速不同步（叶轮转速与发电机转速）及变频器故障，导致紧急停机而使主轴刹车抱死，从而对风电机组在强风时无法良好应对，造成风电机组不同程度损坏。复杂地形条件下的风电场，由于风电机组所在地形的风加速效应的差别，应参考不同临界风速对不同位置的风电机组采取主动停机策略，相关临界风速可通过日常生产数据积累来确定。

（2）确保风电机组进入"暂停状态"：机械刹车松开；液压泵保持工作压力；偏航系统能够根据风向自由偏航；变桨距系统调整桨距角向91°位置；风电机组空转。为防止意外断电，可为偏航系统提供备用电源。

（3）大部分风电机组抗台风策略。随着风速增加，当风速达到25m/s时，风电机组自动启动"台风模式"，即风电机组桨叶紧急顺桨至91°位置，风电机组处于停机状态，同时风电机组机头偏航正对台风风向，以桨叶最小面受力，叶片处于空气制动状态，通过程序控制释放主轴刹车（高速制动器）和系统压力，同时保证偏航刹车的压力，这样将大大减少叶片、机舱以及塔筒的受力。

（4）避免"紧急停机状态"［机械刹车与气动刹车同时动作；紧急电路（安全链）开启，所有接触器断开；计算机输出信号被旁路，无法激活任何机构］。在台风来临时，在保证发电机脱网叶片顺桨的同时，应避免使用机械刹车，即使叶轮处于自由转动状态以改善叶轮受力状况，避免锁定的叶轮在台风湍流中承受巨大的扭谐振。

（5）台风正面袭击或台风在附近地区登陆，天气条件恶劣的时期，对风电场一切抗台抢险救灾工作要分清轻重缓急，应从"保人身、保设备"角度出发，根据实际情况量力而行，切忌冒险行事。

（6）台风期间，应由当班班长统筹安排好人员在中控值班室24h不间断值班，监视设备运行情况及天气变化情况，根据实际情况应及时向现场指挥领导及当班班长汇报情况。

（7）台风期间，除中控楼留守值班员进行值班监视工作之外，其余都应在职工宿舍内修整并随时待命。当有特殊许可或条件许可时方可派人至现场进行复位、巡视、抢修等工作。对发生接地故障的10kV线路进行停电巡线处理，并进行抢修；处理各类突发事件。

7.6　灾后检查和恢复生产

台风过后，风电场应立即组织对全场区风电设备、箱式变压器、杆塔、集电线路等进行全面检查，判断是否发生灾害事故、灾害的严重程度、外观完好的风电机组是否存在潜在损伤、能否正常运行、量化损失范围等，需要进行适当的检测和风险评估。设备受损情况统计后将相关信息按程序报送上级单位及政府有关部门。在建项目由工程建设部组织施工单位、风电设备厂家对风电场设备进行检查。当相关设备无异常，满足启动条件后才能将风电机组逐步启机并网。

7.6.1　叶片检查

（1）高空外部检查。对叶片外表面实施高空吊篮近距离目视检查，并辅以敲击，检查叶片外表面有无损伤、裂纹、鼓包等情况。

（2）叶片内部检查。通过叶片观察孔，利用视频探头检查并记录叶片内部情况。检查大梁及粘合面是否开裂、透光，限位开关和避雷引线是否完好。

（3）螺栓紧固力矩检查。全面检查叶片与轮毂间螺栓的紧固力矩。

7.6.2　基础及塔筒检查

（1）对基础环、第一节和第二节塔筒的变径位置全面进行高强度螺栓超声波探伤及紧固力矩检查。

（2）实施基础沉降观测，检查基础受台风的影响程度。

7.6.3　传动系统检查

（1）主轴无损探伤。按照100％的比例对主轴实施无损探伤。

（2）振动测试与故障诊断。台风会对风电机组传动系统造成损伤，需对传动系统的运行情况进行检验和评估，测试时需保证发电机组的发电功率达到满发的20％以上，具体的测试方案见表7-1。

表7-1　传动系统振动测试的位置及传感器布置表

序号	部件名称	测点位置	传感器方向
1	主轴轴承	主轴承截面	水平、垂直、轴向
2	齿轮箱	输入端截面	水平、垂直
3	齿轮箱	内齿圈截面	水平
4	齿轮箱	低速轴截面	水平、垂直
5	齿轮箱	中间轴截面	水平、垂直
6	齿轮箱	高速轴截面	水平、垂直、轴向
7	齿轮箱	弹性支撑	水平、垂直、轴向
8	发电机	驱动端截面	水平、垂直、轴向
9	发电机	非驱动端截面	水平、垂直、轴向
10	机舱	适合位置	水平、垂直、轴向

（3）内窥镜检查。结合振动测试结果，在需要时对齿轮箱实施内窥镜检查，以提高故障诊断的准确性。

（4）对中情况校验。过高的荷载和振动会影响发电机与齿轮箱间的对中情况，利用激光对中仪进行校验和修正。

7.6.4 变桨距与偏航系统检查

实施手动偏航与变桨距试验，检查偏航和变桨距过程是否正常，有无异响。在需要时对相关的减速器和电机实施振动测试，以判断损伤情况。

7.6.5 定损理赔和恢复生产

发生台风灾害后，除按照国家安全生产监督管理部门和电监会要求配合进行事故调查外，风电公司应组成事故调查组进行事故调查。

（1）灾后评估工作结束后，风电公司协助投保的保险公司对损失进行定性及量化评估，并将评估结果存档，同时，委派专人负责跟踪保险公司核赔理赔工作，督促保险公司理赔资金迅速到位。

（2）尽快恢复生产，将损失降低到最小。

7.7 海上风电场防台风策略

海上风电场与陆上风电场所处环境的差异，使得两者在日常维护和防台风应对策略方面都存在很大区别。海上风电场除类似于陆上风电场日常加强定期维护保养、台风期间加强监控、及时判断和处理故障等措施之外，还需注意并排除海上作业环境带来的安全隐患，具体的应对措施有以下方面：

（1）对风电机组的检修和维护需要水上交通方式。工作船航行风险以及对外围通航环境的影响不容存在一丝纰漏。建议在风电场外围风电机组上加装船舶自动识别系统、警示灯浮、风电场设计声光警示系统、闭路电视监视系统等，对附近通航船只进行提醒和引导。

（2）制定和完善相关应急预案，如恶劣天气条件下防止船舶误入风电场水域预案、防止船舶碰撞风电机组预案等，提高应急应变能力。

（3）风电场内所有运营有关人员必须随时掌握台风发展动态，了解台风引起波浪传播方向和发展趋势，及时撤出所有作业人员。

（4）在台风到来前对升压站（包括海上升压站）和集控中心进行检查，重点检查各设备运行状态，各构建筑物防风、防洪、防浪、防潮的安全隐患等。

（5）及时掌握海洋部门预警信息，对可能发生的风暴增水、巨浪影响程度进行预判。提早检查风电场运维码头，做好相关设施防海水浸泡措施。

（6）基于对周边水域浪流特征、防台风锚地等基础资料的分析，选择风电场运维船舶的系泊防台泊位、系泊方式进行防御。且需准备两套方案。

（7）台风过境、警报解除后，及时安排出海巡检和消缺，逐台登机检查。重点检查船只靠泊系统、基础环与基础的结合部位、叶片、风电机组外观等是否有裂纹、损坏，塔筒螺栓是否发生转动等，即时消除故障并做好润滑脂和冷却液的补充。

（8）注意收集台风过境前后或者其他强风过程中风电机组所报故障、控制操作排除故障情况、破坏类型和程度等资料，将资料汇入风电场智能管理系统、大数据系统或者专家系统等，分析相关故障或者破坏的原因，为风电场后续抗台风提供参考依据。

第8章 日本宫古岛风电场"鸣蝉"台风灾害实例分析

8.1 超强台风"鸣蝉"发展历程

西北太平洋地区高强度、大破坏力、登陆比率高的超级台风多发生在9月,易对中国、日本、朝鲜半岛等地造成严重灾害。

2003年的9月初,西太平洋副热带高压和往年一样位于日本及其以南洋面—东海一带。9月6日15:00,加罗林群岛附近的远洋海面上对流云团逐步发展成为一个低气压,继而发展成为热带风暴"鸣蝉",联合台风警报中心(JTWC)编号为15W,日本编号为"鸣蝉",其在副热带高压的引导下,向西北方向移动。2天后升级为台风,风眼逐渐清晰。就在台风"鸣蝉"西行的同时,西北太平洋副热带高压正在不断地东退。

台风"鸣蝉"朝西北方向移到琉球群岛东南方向的24°N、125°E以东附近洋面时,强度开始爆发,中心气压下降至920hPa。并继续沿着副高移动,10日发展成为超强台风,10min平均风速达54.2m/s,日本气象厅预报中心监测的气压下降到910hPa,联合台风警报中心(JTWC)给出885hPa,成为当年最强的一个台风,如图8-1所示。

2003年9月10日,台风"鸣蝉"袭击琉球群岛。10日21:00,在宫古岛东南海面测得中心附近最大风速为110km/h以上(约55m/s左右)、中心气压910hPa。随后台风"鸣蝉"以10km/h的速度向西北方向前进,11日5:00前后穿越宫古岛,之后进入了东海。然后台风"鸣蝉"沿125°E附近,在副热带高压和高空槽的引导下移动北上,来自热带辐合带的深厚

图8-1 9月10日21:00袭击宫古岛
前的台风"鸣蝉"云图

水汽输送通道为台风"鸣蝉"强度的维持提供了丰沛的水汽和能量,加上 200hPa 高空槽前西南急流为台风"鸣蝉"提供强流出流场、涡度场的对称分布,使水汽和能量向台风"鸣蝉"中心旋转、低层辐合加强,涡度动能得以维持,有利台风"鸣蝉"强度的加强。加上微弱的水平风速垂直切变和暖洋面的加热作用所以在这期间强度减弱非常缓慢。宫古岛气象站测得"鸣蝉"最大风速、极大风速和气压过程变化如图 8-2 所示。

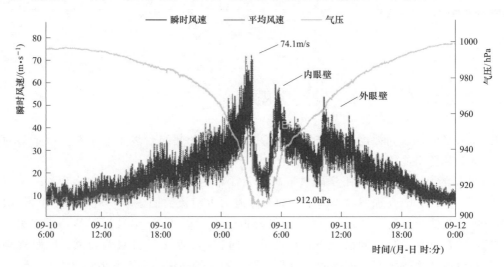

图 8-2　宫古岛气象站测得"鸣蝉"最大风速、极大风速和气压过程变化图

台风"鸣蝉"的强度巅峰时刻出现在转向之前。随着环境逐渐变差,台风"鸣蝉"强度逐渐缩水,穿过东海黄海,以 4 级台风强度登陆韩国,实测风速刷新 1959 年台风"莎拉"创造的纪录。之后扫过日本海进入西太平洋,在冷空气团的侵袭和斜压位能的参与下,逐渐变性为温带气旋,其残余甚至扫过美国阿拉斯加海岸。

8.2 宫古岛风电场简况

宫古岛位于 24°N～25°N,125°E～126°E 之间,地处琉球群岛西南部,先岛诸岛东部,是宫古列岛的主岛。宫古岛属于珊瑚礁石灰岩地形,岛上地势较为平坦,如图 8-3 所示,横山山地的最高海拔 114.60m。宫古岛本岛面积 158.65km²,加上其附属的伊良部岛、下地岛、来间岛、池间岛、大神岛等 5 个岛屿,则总面积约 203.74km²。其中,宫古岛本岛有一半面积为耕地。

图 8-3　宫古岛地形地貌概况

宫古岛年平均气温 23℃,平均湿度 80%,每年 5 月中旬至 6 月中旬为梅雨季节,出梅后至 9 月前,始终保持 30℃以上高温潮湿天气,属于亚热带海洋性气候,但

冬季气温较低，1—2月中的最低气温为 10～15℃。该岛是琉球群岛中台风的重要经过地，每年都有风速达 40～50m/s 的台风多次经过，1966 年还出现过 85.3m/s 的风速极值。

宫古岛风电场由 Nanamata 风电场（又称七又风电场）和 Karimata 风电场（又称狩俣风电场）两部分组成，如图 8-4（a）所示。Nanamata 风场由 1 台德国 Enercon 500kW 变桨距风电机组和 1 台丹麦 Vestas 600kW 变桨距风电机组组成，风电机组南侧建设一个 750kW 的光伏发电系统，为风光互补发电系统，如图 8-4（b）所示；Karimata 风场由 3 台丹麦 Micon 400kW 定桨距风电机组，和 1 台德国 Enercon 500kW 变桨距风电机组组成，如图 8-4（c）所示。

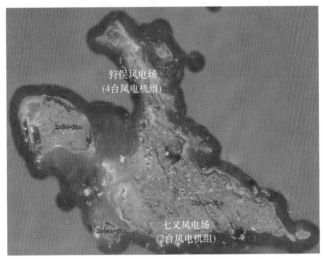

(a) 宫古岛风电场位置示意图

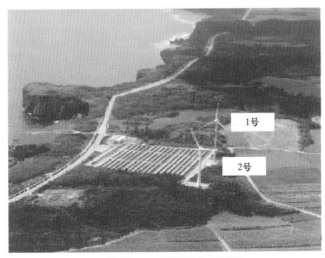

(b) Nanamata 风光互补电站示意图

图 8-4（一）　宫古岛风电场地理位置和布置示意图

(c) Karimata 电站 4 台风电机组示意图

图 8 - 4（二）　宫古岛风电场地理位置和布置示意图

8.3　风电场破坏情况

2003 年 9 月 10 日 21：00，台风"鸣蝉"风速增加到 55m/s，自 10 日 17：00 至 11 日 17：00，宫古岛气象站测得风速均超过 25m/s，11 日 3：00 测得最大风速 38.4m/s（北风），3：12 测得极大阵风风速为 74.1m/s（日本历史上第七极值），测得中心气压为 912hPa（日本历史上第四低压），岛上山丘（高约 100m）日本自卫队在宫古岛基地测得最大阵风风速 86.6m/s，风向为北风。

宫古岛上由冲绳岛电力公司运行的 6 台风电机组严重受损：3 台倒塔、另外 3 台叶片和机舱严重受损，详细数据见表 8 - 1。

大于切出风速时，Micon 风电机组（3 号、4 号和 5 号风电机组）采用偏航系统锁死的保护策略。然而 5 号风电机组在风速切出时，机舱方向顺时针由 94°转向 156°，台风期间承受了巨大的风荷载，超过了设计风载，如图 8 - 5 所示。

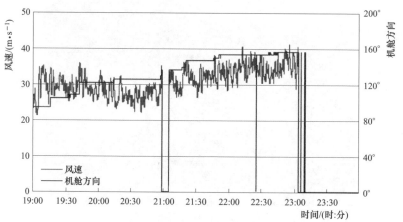

图 8 - 5　Karimata 风电场 5 号风电机组偏航方向和风速系列

（2003 年 9 月 10 日）

表8-1 宫古岛风电场 "鸣蝉" 台风破坏统计表

风电场名称	Karimata				Nanamata	
风电机组编号	3号	4号	5号	6号	1号	2号
制造商/生产国	Micon/丹麦	Micon/丹麦	Micon/丹麦	Enercon/德国	Enercon/德国	Vestas/丹麦
使用日期/(年.月.日)	1995.12.5	1995.12.5	1995.12.5	2003.3.31	1998.8.28	1998.8.28
额定功率/kW	400	400	400	600	500	600
额定/切入/切出风速	15/3/25	15/3/25	15/3/25	13.5/2/25	14/2.5/25	14/4.5/25
控制系统方式	定桨距	定桨距	定桨距	变桨距	变桨距	变桨距
叶片数/枚	3	3	3	3	3	3
直径/m	31	31	31	44	40.3	42
转子转速/(r·min^{-1})	36	36	36	18~34	18~38	30
轮毂高度/m	36	36	36	46	44	35
设备破坏情况 叶片	倒塔时冲击地面发生损坏，碎片散落周边	外观无明显破坏	倒塔时冲击地面发生损坏，碎片散落周边	2个叶片从根部折断，1个叶片尖部折损，落至西南向90m处	倒塔时，破坏了周边太阳能发电设备，碎片散落周边，3个轮毂尚完整	3个叶片表面玻璃钢全部剥离，2个叶片折断，1个叶片外部包装损散落周边
设备破坏情况 机舱	发电机脱落，变速箱破损	鼻锥罩损坏，机舱罩完全打开，机舱变形	发电机脱落，变速箱破损	机舱罩大量裂纹，航空警示灯落至正南方向	倒塔时从塔架顶端脱落，机舱玻璃钢盖子损坏，发电机裸露在外	机舱罩大量裂纹，风速风向标损坏

续表

风电场名称	Karimata				Nanamata	
	倒塔	未发生倒塔	倒塔	未发生倒塔	倒塔	未发生倒塔
设备破坏情况　塔架	10 日 23 时至 11 日 4 时期间，塔筒门上部、倒塔至西南向道路	外观上无异常，塔架内部南侧出现线状花纹	10 日 23 时至 11 日 4 时期间，塔筒门上部、倒塔至西南向道路	东北侧有叶片划痕，其他无明显异常	10 日 21 时至 11 日 4 时期间，地脚螺栓拉断，向南倒塔破坏太阳能设备	塔架外部有叶片划痕、内部爬梯折损
基础	基础顶部混凝土有微小裂缝、基础周边无明显裂痕	基础顶部混凝土有微小裂缝、基础周边无明显裂痕	基础顶部混凝土有微小裂缝、基础周边无明显裂痕	混凝土基础外观无异常，周边地面无裂缝	基础上部钢筋混凝土破坏。南侧钢筋在倒塔时遭受冲击而弯曲、北侧钢筋倒塔时发生曲折。	基础外观无异常。周边砂石由东南至西北逆时针方向形成宽 70～170cm、深 10～20cm 的回陷
现场照片						

8.4 风速估计

电网失电前，风速尚未达到最大，因此无法利用现场实测风速估计最大风荷载。尽管宫古岛气象站记录到了最大风速和风向，但其位于城区，因此观测结果严重受到周边建筑物的影响。

2003 年，Yamaguchi 等采用风洞试验和数值模拟这两种方法推算台风经过时风电场各风电机组的最大风速和极大风速。其中：①风洞试验可以精确估计周边建筑物对气象站观测风速的影响，但是难以推算海洋表面的粗糙度；②数值模拟（CFD）可以得到相对准确的海洋粗糙度和地形影响分析，但缺点是需要利用大量非结构网格来刻画建筑物，计算量很大。

为克服这两种方法的不足，开发了综合风洞试验和数值模拟的混合计算方法估计现场最大风速和湍流强度。首先，创建一个城市模型，放入风洞试验来评估城区粗糙度影响，获取平坦地形上的风速系列；然后，建立实际地形条件下的数值模型，利用上述风洞试验得到的平坦地形下的风速来推算现场风速。

8.4.1 风洞试验

气象站风速受地形影响显著。利用东京大学风工程实验室创建的 1/1000 的城镇模型进行风洞试验，研究城镇粗糙度和评估不受城镇建筑物影响的平坦地形条件下的风速，如图 8-6 所示。

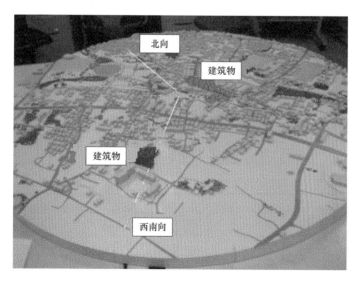

图 8-6 东京大学风工程实验室气象站周边的 1/1000 城镇模型

气象站现场实测风速与推算的平坦地形条件下的风速系列对比，如图 8-7 所示。其中，北风时因受周边建筑物影响气象站实测风速比不受建筑物影响平台地形条件下风速显著减小，约为原始状态下 0.77，因此推算平台地形条件下台风期间最大风速约为 49.6m/s

（实测为 38.4m/s）。

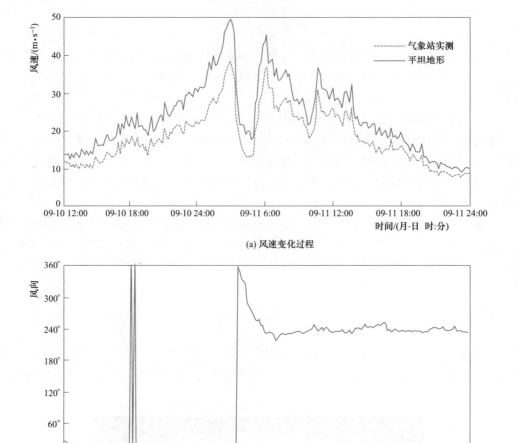

(a) 风速变化过程

(b) 风向变化过程

图 8-7 风洞试验计算得到的平坦地形条件下的
风速和风向变化过程

9 月 11 日 3：00，台风眼经过宫古岛，风向发生快速变化，在 3h 内发生了 120°的转向（3：00—6：00，由 360°变化为 240°）。

8.4.2 数值模拟

应用 CFD 数值模拟手段，考虑局部地形影响，以风洞试验中获取的平坦地形条件下的风速为参考，推算现场风速，如图 8-8 所示。利用冲绳电力公司宫古岛分支机构测得风速对模型结果进行验证，如图 8-9 所示，该验证点位于气象站北侧。CFD 数值模拟推算得到的风速和风向与实测结果具有较高一致性。

推算得到的各风电机组点位最大风速和极大阵风风速见表 8-2，最大风速接近 60m/s，阵风极大风速接近 90m/s。

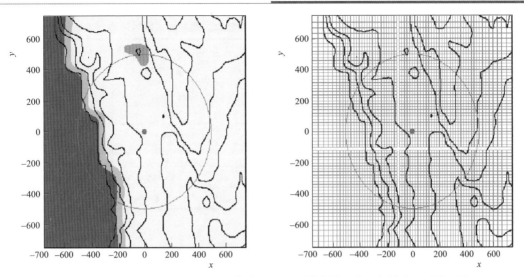

图 8-8 冲绳电力局宫古岛分支机构附近的地形等值线、表面粗糙度、计算网格

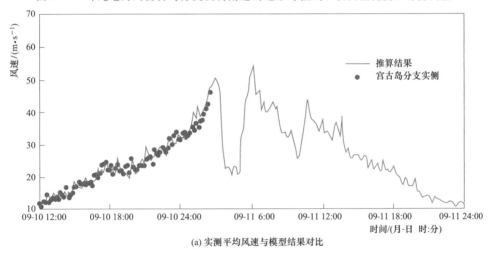

(a) 实测平均风速与模型结果对比

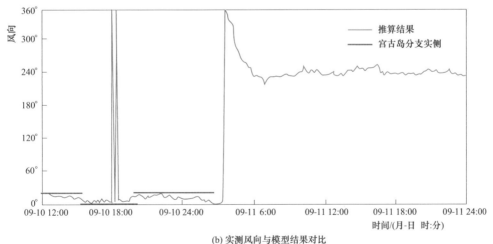

(b) 实测风向与模型结果对比

图 8-9 CFD 数值模拟推算风速风向与实测对比示意图

表8-2 推算得到风电机组点位的最大风速和极大阵风风速

风电场	风电机组编号	轮毂高度/m	推算值/(m·s⁻¹)	
			最大风速	极大阵风风速
Karimata	3	36	59.7	87.9
	4	36	59.2	87.3
	5	36	59.4	87.6
	6	46	61.5	90.3
Nanamata	1	44	59.8	90.7
	2	35	56.8	87.4

8.5 破坏机理分析

为分析宫古岛风电场"鸣蝉"台风灾后风电机组受损情况和破坏机理，进行了大量的调查和分析，如图8-10所示。首先，现场调查包括倒塔方向、塔筒门方向、机舱和叶轮系统的位置等测量；然后，现场提取塔架或者基础混凝土样本进行原料测试；同时，利用数值模拟和风洞试验等技术手段来推测现场最大风速和极大风速；最后，利用有限元分析等方法进行风响应分析和强度破坏分析。

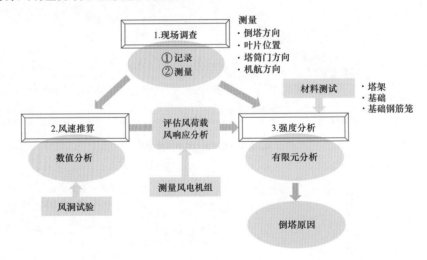

图8-10 宫古岛风电场"鸣蝉"台风灾后调查分析流程图

8.5.1 基础破坏分析

1. 有限元分析

利用材料试验的数据成果，对各结构部件进行有限元分析，从破坏的基础上提取样本。基础模型中对地脚螺栓、锚环、和钢筋笼等进行概化建模，如图8-11所示。

塔顶位移与基础弯矩之间关系有限元分析表明，基础发生破坏的临界弯矩为23864kN·m。当塔顶位移达到1m时弯矩骤降，表明基础韧性不够导致破坏，如图8-

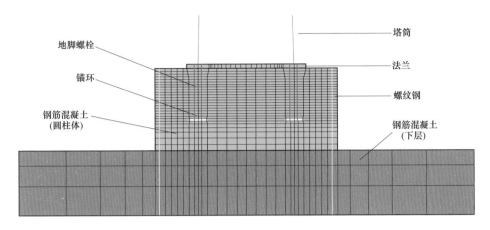

图 8-11 基础模型

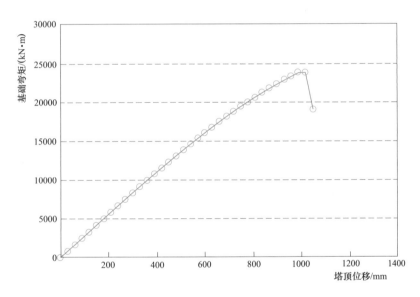

图 8-12 塔顶位移与基础弯矩之间的关系

12 和图 8-13 所示。

2. 风响应分析

分析 1 号风电机组基础破坏原因，应用包含梁单元的有限元模型对其进行全动力模拟，推算台风期间最大弯矩。现场实测来确定叶片的桨距角，其中一支叶片发生羽化。台风期间最大弯矩超过最终可承受弯矩，见表 8-3。

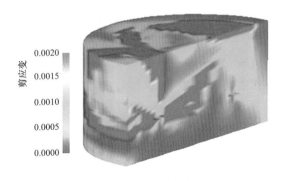

图 8-13 主剪应变等值线透视图

表 8-3 1号风电机组基础破坏弯矩计算结果对比表

设计弯矩 A /(kN·m)	最终可承受临界弯矩 B /(kN·m)	台风过程最大弯矩 C /(kN·m)	结论
8273	23868	24740	B<C

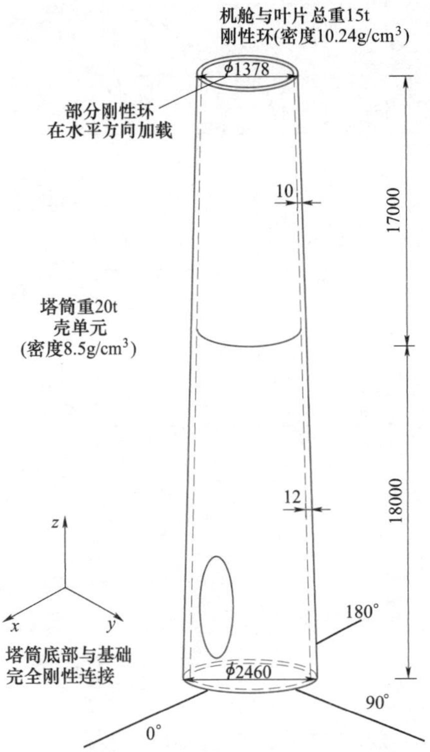

8.5.2 屈曲倒塔分析

1. 有限元分析

从破坏塔筒上提取样本，通过材料测试获取其参数，对塔筒单元进行有限元分析。通过在塔顶增加水平荷载来评估最终可承受弯矩（塔筒屈曲性破坏的临界弯矩）随风向变化。其中，塔筒上部厚度10cm，下部厚12cm。塔筒门方向设在0°。3～5号风电机组模型，如图8-14所示。

塔筒顶部位移与风荷载之间的关系，如图8-15所示。其中，当风荷载与塔筒门方向相反时，塔筒位移达0.6m，水平荷载骤降，发生屈曲型破坏的临界弯矩为12540kN·m。

风荷载方向变化情况下最终荷载的变化情况，如图8-16所示。其中，风向与塔筒门方向夹角在0°～40°时，塔筒易发生屈曲型破坏。

2. 风响应分析

为什么3号、5号风电机组倒塔而4号风电机组幸存，通过塔筒单元的有限元

图 8-14 塔筒模型的尺寸示意图
（单位：mm）

模型来评估台风期间每台风电机组的最大弯矩。通过全动力模拟来分析叶片、机舱和塔架的响应。通过采用风洞试验和数值模拟试验的风速和湍流垂向剖面，应用 Iwatani 方法来生成一个三维湍流场。通过现场调查获取用于模拟的叶片形状和位置，机舱方向等参数，见表 8-4。

风向与机舱方向夹角较小时，风荷载较大，如果此时风向与塔筒门方向夹角较小时，塔筒易发生屈曲型破坏。

弯矩计算表明（表 8-5）：4号风电机组的最大弯矩小于3号风电机组和5号风电机组的，因为各风电机组的机舱方向不同。这3台风电机组具有相同的结构，然而3号和5号风电机组的最大弯矩超过了最终可以承受的临界弯矩，4号风电机组的最大弯矩小于最终弯矩，因此3号和5号风电机组发生屈服破坏和倒塔，而4号风电机组安全度过台风。

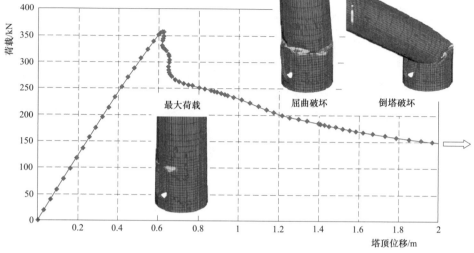

最大荷载　　屈曲破坏　　倒塔破坏

图 8-15　荷载随塔顶位移的变化

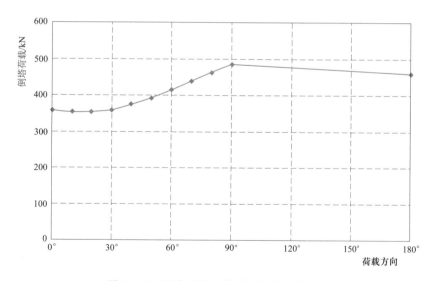

图 8-16　屈曲型破坏强度随荷载方向变化

表 8 - 4　风向、机舱方向、塔筒门方向以及倒塔方向之间的关系对比表

参数	风 电 机 组 编 号		
	3 号	4 号	5 号
机舱方向	风向 0° 46° 270° 90° 180°	风向 0° 55.84° 270° 90° 180°	风向 0° 270° 90° 180° 209°
塔筒门方向	0° 270° 90° 227.46° 180°	0° 270° 90° 258.01° 180°	0° 270° 90° 233.71° 180°
倒塔方向	0° 270° 90° 226.16° 180°	0° 270° 90° 180°	0° 270° 90° 209.05° 180°

表 8 - 5　3～5 号风电机组弯矩计算

风电机组编号	设计弯矩 A /(kN·m)	最终可承受临界弯矩 B /(kN·m)	台风过程最大弯矩 C /(kN·m)	结论
3	12177	12808	14369	$B<C$
4	12177	13878	12973	$B>C$
5	12177	14392	15398	$B<C$

8.6　日本风电机组设计导则

　　0314 号超强台风"鸣蝉"致使宫古岛风电场严重损毁的事故之后，日本各界开展了大量的调查和研究，以寻求能够经济安全有效度过台风的风电机组。如三菱发展了智能偏航技术，风电机组停止运行，将转子置于下风侧，和风向标有同样的效果，利用风力，使风电机组总是处于下风侧，停电时也能准确地对风电机组进行风向控制。当台风接近时能

有效降低风荷载，避免主动偏航策略对电源的依赖。

除企业外，日本气象厅、风电协会、结构风工程研究所等机构也进行了大量的现场观测、数据采集、风洞试验、数值模拟等分析研究，通过"日本风电机组设计导则（指南）"国家项目等形式，来推动适合日本气候特征的风力发电设备的设计规范。

8.6.1 "日本风电机组设计导则"国家计划

台风"鸣蝉"导致的宫古岛风电场严重破坏，致使日本政府启动了"日本风电机组设计导则"修订的国家项目（简称导则项目）。日本多台风影响，因此该项目主要目标是研究台风天气条件下的风电机组选型、风电机组安全运行、安装和运行的风险评估、风险的对策分析等四个方面。因此，导则项目获得日本新能源和产业技术综合开发机构的资助，东洋 Sekkei 有限公司、日本气象协会、电力行业中央研究所联合在 2005—2007 年间启动了该研究项目。项目研究内容：①评估场地细节条件（包括台风等强风、强湍流、闪电雷暴）；②适合场地条件风电机组选型的标准；③风电机组设计导则。

导则项目开展了台风和湍流针对性观测系统，以获取实际台风风况参数和加载在风电机组上荷载。选择 7 个台风频发、强湍流频现的风场进行观测。在每一个观测风场内，在距离风电机组转子直径 1～2 倍高处，安装测风塔，设置 3 层风速风向观测设备，位置在轮毂高度（最高点）、叶尖扫略面（最低点）和中间一层。投入使用的设备包括风杯/风向标、螺旋桨、超声风速仪，温度和气压传感器。

风电机组荷载测量主要通过在关键位置加装传感器测量应变的方式来进行。测量要素包括拍向和沿边缘的叶根弯矩、两个相互垂直方向的塔顶和塔顶的弯矩。通过记录产能、桨距角、转子速度、机舱偏航位置等来评价机组运行状态。

通过测量的风况参数和风电机组荷载参数的综合分析、研究，包括：①实测风况与 IEC 风况分类进行对比，理解各类风况的特性；②测量得到的构件疲劳、最终荷载，设计荷载、利用实测风况和气动弹性力学方法得到的模拟荷载进行对比；③建立风况与风电机组荷载关系式；④评估观测数据，应用 CFD、气动弹性模拟、风洞试验等技术手段来进行风力发电设备分析、动力学荷载计算，用来作为日本的风电机组设计导则。

8.6.2 日本风力发电设备设计规范

日本的自然环境和地形条件产生的强风，会导致风电机组塔架发生屈曲、基础破坏等重大事故。为了解决这些问题，2004 年 9 月日本土木学会构造工学委员会设立"风力发电设备耐风设计小委员会"，基于日本特有的自然环境条件和风电机组的自身特性，提出了合理易用的设计方法，于 2007 年发布《风力发电设备支持物构造设计指南及解说》。该规范是日本国内唯一的风电机组支持结构设计的规范，为提高风电机组支持结构的安全性做出了贡献。并于 2010 年进行了升版。

随着日本社会对风电机组抗风、抗震安全性认识的加深，日本也开发了适合于日本特有自然环境条件的风电机组。2007 年 6 月 20 日，日本修订颁布了《建筑基准法》，变更了风电机组支持结构的确认申请手续，要求高度超过 60m 的风电机组在评估结构安全性时，必须由指定的性能评价机构进行评价，并经大臣认定。

8.6.2.1 修订说明

2008 年 1 月日本土木学会构造工学委员会设立"风力发电设备动力学分析和结构设计小委员会",东京大学土木工程系石原孟教授任委员长,委员约 40 名,分别来自电力公司、风电业、建筑公司、风电机组制造商、大学以及研究机构。委员会进行了风力发电设备动力学分析和结构设计,特别是极端罕见地震下的抗震设计,研究成果反映在《风力发电设备支持物构造设计指南及解说》(2010 版)中。与 2007 版相比,主要的修订内容有以下方面:

(1) 按日本《建筑基准法》的要求,说明了高度超过 60m 的风电机组塔架的性能、荷载水平、使用材料和设计方法。

(2) 评价设计风速时,增加了基于台风模拟的地形诱导风加速因子的计算方法,考虑了台风的风向特性,从而合理评价设计风速。此外,增加了发电时最大风荷载的计算公式和由风导致的疲劳荷载的评价方法。为符合《建筑基准法》的要求,新制定了基于时程分析的地震作用计算方法。对港湾内的风电机组,波浪荷载为主要和次要荷载的情况,规定了波浪力的计算方法。

(3) 对塔架、锚固部位和基础的结构计算,要求能够抵抗极端罕见地震,采用基于极限状态设计法的性能评价方法。对结构构件、结构稳定性采用容许应力法进行评价。

(4) 基于新的荷载评价公式和结构计算公式,对高度超过 60m 的风电机组塔架,给出了结构设计实例,并采用时程分析方法计算地震作用,说明了计算过程、分析结果和注意事项。

(5) 更新了相关规范及风电机组数据。

8.6.2.2 规范的主要内容

1. 设计总则(包括两章)

第 1 章限定了规范的适用范围,并介绍了风电机组的基础知识。该规范适用于三叶片水平轴风电机组的塔架、锚固部位及基础的设计,计算长期和短期荷载,以及极端罕见地震作用。高度超过 60m 的风电机组采用 2010 版的《风力发电设备支持物构造设计指南及解说》设计,高度低于 60m 的采用 2007 版的。第 1 章同时简要说明了风电机组叶片、齿轮箱、发电机、电力系统连接、运行控制和特性及术语和坐标系的定义。

第 2 章介绍设计流程,阐述了设计的基本方针、荷载种类及组合、塔架、锚固部位和基础的结构设计。该章指出风电机组塔架、锚固部位和基础的设计使用年限为 20 年。荷载种类分为风荷载、地震作用、固定荷载、堆积荷载、雪荷载及波浪荷载。对长期荷载和罕见荷载,一般采用容许应力法;对极端罕见荷载,一般采用极限状态设计法。

2. 荷载评价方法

荷载分为风荷载、地震作用以及其他荷载。规范首先规定了设计风速,对暴风工况,采用 50 年重现期风速及紊流强度;对疲劳工况,给出了平均风速出现频率的分布公式及紊流强度计算公式。暴风荷载计算时,假定风电机组处于停机状态,采用等效静力方法计算。而发电时的最大风荷载,则基于不同风速算出的风荷载,取最大值。疲劳荷载的计算也是按 20 年设计使用年限,采用时程分析方法,然后用雨流法求得累计损伤,最终得到疲劳寿命。地震荷载及其他荷载(如固定荷载、堆积荷载、雪荷载等)计算方法略。

对波浪荷载，规范针对港湾内和海岸附近的风电机组，主要采用等效静力方法，也可采用时程分析方法。关于等效静力方法，首先确定设计潮位、设计波高，然后评价波浪的运动，最后算出波浪力。计算采用海底竖直圆柱的冲击碎波荷载计算公式和防波堤上设置的圆柱的波压计算公式。

3. 结构细部计算

结构细部计算包括塔架、锚固部位和基础。

规范适用于钢制圆筒塔架，不适用于桁架式塔架和拉索式塔架。规范设计方法采用容许应力法，考虑长期荷载和积雪时、发电时、暴风时和罕见地震时的短期荷载工况；采用极限状态设计法考虑极端罕见地震时的荷载工况。规定了塔架使用钢材的材质规格、基准强度，并对筒身进行轴压、受弯、受剪强度计算。对筒身开口部位，进行屈曲强度计算。对筒身与基础的连接部位，进行锚板和连接螺栓强度计算。对筒身的连接，规定了高强螺栓的型号，并对螺栓和法兰连接进行强度计算。此外，对筒身焊接部位和螺栓连接部位，规定了疲劳计算方法。

锚固部位指塔架筒身与混凝土基础的连接部分，规范给出了锚筋和混凝土的弹性模量、泊松比、线膨胀系数、基准强度和锚栓、锚板、混凝土的强度计算公式。

基础包括两种型式，即直接基础和桩基础。同时，规范给出了相应的钢筋、混凝土的强度指标。其中：①直接基础可采用圆形、正方形、正多边形等多种形状，给出了地基承载力、抗倾覆、抗滑动的计算公式；②桩基础的承台可采用圆形、正方形、正多边形等多种形状，规范规定了单桩和群桩的承载力计算公式。此外，也提出了直接基础和桩基础的构造要求。

4. 设计、计算实例

按规范的设计流程，以某500kW变桨距风电机组为例，计算了风荷载、级别1和级别2地震作用、塔架筒身的屈曲、连接部分和开口部分的强度、锚固部位和基础的强度，并考虑了多种荷载组合。采用计算流体力学方法确定设计风速，时程分析方法计算风荷载和地震作用，有限元方法计算塔架、锚固部位的应力分布。

5. 其他相关规范和参考资料的说明等

包括日本的电气法规、建筑基准法、国际上使用的 IEC 61400—1 和 GL IV—Part1、GL IV—Part2 以及日本其他的相关标准。

日本是台风、地震多发国家，风电机组遭受风灾、震害的情况时有发生。因此，日本对风电机组的结构安全问题研究较多，该规范是日本对风电机组结构设计研究成果的集中总结，提出了设计原则，制定了设计流程，规定了荷载（风荷载、地震作用、其他荷载）评价方法和结构细部计算方法，并提供了设计实例及相关规范、参考资料，是一本全面阐述风电机组结构设计的规范。

我国的风电事业发展迅猛，总装机容量已居世界第一，同样也面临风电机组抗风、抗震等结构安全性问题，但目前研究工作还不够系统，当未形成专门的风电机组结构设计规范。日本相关机构修订的 2010 版《风力发电设备支持物构造设计指南及解说》，对我国的风电机组结构设计具有重要的参考价值。

附　录

附表 1　热带气旋灾害影响等级参考标准对照表

名称	强度符号	强度参数					影响程度	陆上影响	海上影响	浪级和浪高/m		风暴潮/m		相关图片资料
		风力等级	风压/kN	风速 km·h⁻¹	风速 m·s⁻¹	气压/hPa				一般	最高	一般	最高	
热带低压	TD	6~7	22~33	39~61	10.8~17.1	1005~999	轻微影响	风大、举伞困难、树枝摇动，电线呼呼有声	渔船摇摆剧烈，航行困难	大浪 3.0~4.0	大浪 4.0~5.5	—	—	
热带风暴	TS	8~9	34~47	62~88	17.2~24.4	998~989	中度影响	人向前行感觉阻力大；小的枯枝被吹落；茅草棚、简易房屋和夹板房受破坏、部分倒塌；不牢固的广告牌被吹落	渔船、客货轮渡摇摆剧烈，航行危险	巨浪-猛浪 5.5~7.0	巨浪-猛浪 7.5~10.0	<0.7	0.7~1.0	
强热带风暴	STS	10~11	48~63	89~117	24.5~32.6	988~976	严重影响	大的枯枝或小的树干被吹落；轻质材料房屋会受到轻微破坏；茅草棚、简易房屋和夹板房屋严重破坏；没有被拉线固定好的木质广告牌被吹倒	汽船航行危险、部分入海避险；渔排网箱被摧毁；部分小型船只翻沉	猛浪-狂涛 9.0~11.5	猛浪-狂涛 12.5~16.0	0.7~1.2	1.2~1.8	

续表

名称	强度符号	强度参数				影响程度	陆上影响	海上影响	浪级和浪高/m		风暴潮/m		相关图片资料
		风力等级	风压/kN	风速 km·h⁻¹ / m·s⁻¹	气压/hPa				一般	最高	一般	最高	
台风	TY	12~13	64~80	118~149 / 32.7~41.4	975~961	严重破坏	大量树木被吹倒；小建筑物如农房、简易厂房等普遍被摧毁；大量大型户外广告牌或霓虹灯受损或被摧毁；部分电线杆受损	大量海上渔排网箱被摧毁；大量小型船只和部分中型船只翻沉	狂涛 >14	狂涛 >16	1.2~1.5	1.5~2.1	
强台风	STY	14~15	81~99	150~183 / 41.5~50.9	960~940	灾难性破坏	树木普遍被吹倒、甚至被连根拔起；房屋瓦片普遍受损，非框架混凝土结构（无圈梁）房屋普遍被摧毁；铝合金排窗、卷帘门、玻璃门普遍受损；大型户外广告牌或霓虹灯普遍受损或被摧毁；电力设施、通信铁塔倒塌；部分大型加固的大型港口吊机受损	海上渔排网箱被摧毁；大量中型船只和部分大型船只翻沉	狂涛 >14	狂涛 >16	1.8~2.1 / 2.7	2.1~3.3	

235

续表

名称	强度符号	强度参数					影响程度	陆上影响	海上影响	浪级和浪高/m		风暴潮/m		相关图片资料
		风力等级	风压/kN	风速 km·h⁻¹	m·s⁻¹	气压/hPa				一般	最高	一般	最高	
超强台风	Super TY	≥16	≥100	≥184	≥51.0	≤939	毁灭性破坏	树木普遍被吹倒，大部被连根拔起或拦腰切断；非框架砖混结构（无圈梁）房屋普遍被摧毁；部分框架结构房屋受损或被摧毁；大型电力设施、通信铁塔普遍被摧毁；大量加固的大型港口吊机受损或被摧毁	大量大型船只翻沉	狂涛 >14	狂涛 >16	2.7~ 7.6 及以上	3.3~ 9.2 及以上	

注：1. 热带气旋造成的强降水与热带气旋等级不具有对应关系，因此本表主要针对热带气旋造成的大风与风暴潮影响，但不同等级热带气旋登陆时均有可能造成强降水。因此，对不同等级的登陆热带气旋，相关地区必须注意防范强降水可能引发的山洪、滑坡、泥石流等地质灾害。

2. 热带气旋登陆点的地形以及由于经济发展等其他建筑物等因素的变化和质量的差异，热带气旋与灾害等级可能存在一定的差异。

3. 风暴潮受地形和潮汐等因素的影响会产生较大的差异，因此表中的风暴潮仅指热带气旋所带来的海水增水高度，在实际风暴潮作用下，实际风暴潮可能超过表中的数值。

4. 表中数据是在实地调研的基础上形成的，在制订过程中，同时参考了《The Saffir-Simpson Tropical Cyclone Scale for the Tropical Pacific》《The Saffir-Simpson Hurricane Scale Used for the Atlantic Basin》和《蒲福风力等级表》。

5. 在实施过程中，将根据实际情况进一步修订。

附表 2 蒲福风力等级表

风力	名称	海面状况 海浪 一般/m	海面状况 海浪 最高/m	海岸船只征象	陆地地面征象	相当于空旷平地上标准高度10m处的风速 kn	相当于空旷平地上标准高度10m处的风速 m·s⁻¹	相当于空旷平地上标准高度10m处的风速 km·h⁻¹
0	静风	—	—	静	静、烟直上	>1	0~0.2	>1
1	软风	0.1	0.1	平常渔船略觉摇动	烟能表示风向，但风向标不能动	1~3	0.3~1.5	1~5
2	轻风	0.2	0.3	渔船张帆时，可随风移行2~3km/h	人面感觉有风，树叶微响，风向标能转动	4~6	1.6~3.3	6~11
3	微风	0.6	1	渔船渐觉颠簸，可随风移行5~6km/h	树叶及微枝摇动不息，旌旗展开	7~10	3.4~5.4	12~19
4	和风	1	1.5	渔船满帆时，可使船身倾向一侧	能吹起地面灰尘和纸张，树的小枝摇动	11~16	5.5~7.9	20~28
5	清劲风	2	2.5	渔船缩帆（即收去帆之一部）	有叶的小树摇摆，内陆的水面有小波	17~21	8.0~10.7	29~38
6	强风	3	4	渔船加倍缩帆，捕鱼须注意风险	大树枝摇动，电线呼呼有声，举伞困难	22~27	10.8~13.8	39~49
7	疾风	4	5.5	渔船缩帆，在海者须下锚	全树摇动，迎风步行感觉不便	28~33	13.9~17.1	50~61
8	大风	5.5	7.5	进港的渔船皆停留不出	微枝折毁，人行向前感觉阻力甚大	34~40	17.2~20.7	62~74
9	烈风	7	10	汽船航行困难	建筑物有小损（烟囱顶部及平屋摇动）	41~47	20.8~24.4	75~88
10	狂风	9	12.5	汽船航行颇险	陆上少见，见时可使树木拔起或使建筑物损坏严重	48~55	24.5~28.4	89~102
11	暴风	11.5	16	汽船遇之极危险	陆上很少见，有则必有广泛损坏	56~63	28.5~32.6	103~117
12	飓风	14	—	海浪滔天	陆上绝少见，摧毁力极大	64~71	32.7~36.9	118~133
13		—	—	—	—	72~80	37.0~41.4	134~149
14		—	—	—	—	81~89	41.5~46.1	150~166
15		—	—	—	—	90~99	46.2~50.9	167~183
16		—	—	—	—	100~108	51.0~56.0	184~201
17		—	—	—	—	109~118	56.1~61.2	202~220

参 考 文 献

［1］ Akihiro Honda，Kai Karikomi，Yukio Suguro，etc. Overview of Japanese national project "Guideline for Wind Turbines in Japan" ［C］. Japan：Renewable Energy，2006：1 - 4.

［2］ Chou Jui - Sheng，Tu Wan - Ting. Failure analysis and risk management of a collapsed large wind turbine tower ［J］. Engineering Failure Analysis，2011，18（1）：295 - 313.

［3］ DNV - OS - J101 Design of offshore wind turbine structures ［S］. Norway：DNV - DET NORSKE VERITAS，2011.

［4］ GB/T 18451.1—2012/IEC 61400—1：2005 风力发电机组设计要求 ［S］. 北京：中国标准出版社，2012.

［5］ GB/T 31517—2015/IEC 61400—3：2009 海上风力发电机组设计要求 ［S］. 北京：中国标准出版社，2015.

［6］ GB/T 31519—2015 台风型风力发电机组 ［S］. 北京：中国标准出版社，2015.

［7］ GB/Z 25458—2010 风力发电机组合格认证规则及程序 ［S］. 北京：中国标准出版社，2010.

［8］ GB 50009—2012 建筑结构荷载规范 ［S］. 北京：中国建筑工业出版社，2012.

［9］ GL IV - Part 1 GL guideline for the certification of wind turbine ［S］. Germany：Germanischer Lloyd WindEnergie GmbH，2010.

［10］ GL IV - Part 2 GL guideline for the certification of offshore wind turbine ［S］. Germany：Germanischer Lloyd WindEnergie GmbH，2005.

［11］ IEC 61400—22 Wind turbines - Part 22：Conformity testing and certification ［S］. Switzerland：International Electro technical Commission（IEC），2010.

［12］ Kogaki T，Matsumiya H，Abe H，et al. Wind characteristics and wind models for wind turbine design in Japan ［J］. Journal of Environment and Engineering，2009，4（3）：467 - 478.

［13］ Peil U，Noelle H. Guyed mast under wind load ［J］. Journal of Wind Engineering and Industrial Aerodynamics，1992，44：2129 - 2140.

［14］ R. Toriumi，H. Katsuchi. A study on spatial correlation of natural wind ［J］. Journal of Wind Engineering and Industrial Aerodynamics，2000，87：203 - 216.

［15］ Shuyang Cao，Yukio Tamura，Naoshi Kikuchi，etc. A case study of gust factor of a strong typhoon ［J］. Journal of Wind Engineering and Industrial Aerodynamics，2015，138：52 - 60.

［16］ Shuyang Cao，Yukio Tamura，Naoshi Kikuchi，etc. Wind characteristics of a strong typhoon ［J］. Journal of Wind Engineering and Industrial Aerodynamics，2009，97：11 - 21.

［17］ Takeshi Ishihara，Atsushi Yamaguchi，Keiji Takahara，etc. An Analysis of Damaged Wind Turbines by Typhoon Maemi in 2003 ［C］. Korea：The Sixth Aisa - Pacific Conference on Wind Engineering（APCWE - VI），2005：1413 - 1428.

［18］ Tripod wind Energy Aps. 中国广东汕尾风电项目杜鹃热带气旋期间关于极大风速的技术援助报告初稿 ［R］. 广东集华风能公司，2003.

［19］ 埃米尔-希缪，罗伯特-斯坎伦. 风对结构的作用——风工程导论 ［M］. 上海：同济大学出版社，1992.

［20］ 宝乐尔其木格. 中国沿海风特性研究 ［D］. 青岛：中国海洋大学，2011.

［21］ 陈广华，田德，李琪. 风力发电机组叶片振动无线检测系统 ［J］. 电子技术应用，2012，38

(5)：80-83.

[22] 陈孔沫.一种计算台风风场的方法 [J].热带海洋，1994，13 (2)：41-48.

[23] 陈联寿，徐祥德，罗哲贤.热带气旋动力学引论 [M].北京：气象出版社，2002.

[24] 陈玫丽.考虑台风天气影响的风电可靠性建模研究 [D].南宁：广西大学，2014.

[25] 陈瑞闪.台风 [M].福州：福建科学技术出版社，2002.

[26] 陈雯超，宋丽莉，植石群，等.不同下垫面的热带气旋强风阵风系数研究 [J].中国科学技术
科学，2011，41 (11)：1449-1459.

[27] 陈宇奇，马辉，陈欣.风机叶片在台风中结构破坏的分析 [C].常州：全国风力发电技术协作
网，2008：134-141.

[28] 成红兵，袁炜，祁立，等.大型智能风电场关键应用探讨 [J].中国风电资讯，2012，5：16-24.

[29] 戴靠山，袁天骄，黄益超，等.风力发电塔架结构防灾研究综述 [J].中国科技论文在线，
2013：1-11.

[30] 单光坤.兆瓦级风电机组状态监测及故障诊断研究 [D].沈阳：沈阳工业大学，2010.

[31] 丁裕国.当代大气科学方法论及其展望述评 [J].沙漠与绿洲气象，2007，1 (4)：1-4.

[32] 董胜，刘德辅，孔令双.极值分布参数的非线性估计及其工程应用 [J].海洋工程，2000，1：
50-55.

[33] 杜尧东，宋丽莉，毛慧琴，等.琼州海峡跨海工程风速观测与设计风速计算 [J].中山大学学
报（自然科学版），2005，44 (2)：98-101.

[34] 付德义，薛扬，焦渤，等.湍流强度对风电机组疲劳等效载荷的影响 [J].华北电力大学学报
（自然科学版），2015，1：49-54.

[35] 葛耀君，赵林，项海帆.结构风工程中的台风数值模拟研究进展 [C].三亚：中国土木工程学
会桥梁与结构工程分会风工程委员会，2003：48-54.

[36] 宫靖远，贺德馨，孙如林，吴运东.风电场工程技术手册 [M].北京：机械工业出版
社，2004.

[37] 贺德馨，陈坤，张亮亮.风工程与工业空气动力学 [M].北京：国防工业出版社，2006.

[38] 贺广零.风力发电高塔系统风致随机动力响应分析与抗风可靠度研究 [D].上海：同济大
学，2009.

[39] 贺广零，李杰.风力发电高塔系统风致动力响应分析 [J].电力建设，2011，32 (10)：1-9.

[40] 贺广零，田景奎，常德生.海上风力发电机组抗台风概念设计 [J].电力建设，2013，34 (2)：
11-17.

[41] 呼津华，王相明.风电场不同高度的50年一遇最大和极大风速估算 [J].应用气象学报，
2009，20 (1)：108-113.

[42] 胡邦辉，谭言科，王举.热带气旋海面最大风速半径的计算 [J].应用气象学报，2004，15
(4)：427-435.

[43] 胡立伟.风机防台风设计技术及对策研究 [D].武汉：华中科技大学，2006.

[44] 胡燕平，戴巨川，刘德顺.大型风力机叶片研究现状与发展趋势 [J].机械工程学报，2013，
49 (20)：140-151.

[45] 黄韬颖，杨庆山.中美澳风荷载规范重要参数的比较 [J].工程建设与设计，2007，1：23-27.

[46] 黄小刚，费建芳，张根生，等.一种台风海面非对称风场的构造方法 [J].热带气象学报，
2004，20 (2)：129-136.

[47] 金新阳，杨伟，金海，等.数值风工程应用中湍流模型的比较研究 [J].建筑科学，2006，22
(5)：1-5.

[48] 金新阳，杨伟，金海，等.数值模拟引导下的建筑风洞试验研究 [J].建筑结构，2007，37
(8)：104-107.

［49］ 李春华．中美风荷载的换算［J］．中国水泥，2008，8：62-63．

［50］ 李静，陈健云．海上风力发电结构动力研究进展［J］．海洋工程，2009，2：124-129．

［51］ 李娟，刘江波，冯红岩．偏航角度对风力发电机组载荷的影响研究［J］．节能，2011，11：49-53．

［52］ 李秋胜，戴益民，李正农．强台风"黑格比"登陆过程中近地风场特性［J］．建筑结构学报，2010，4：58-65．

［53］ 李鑫．我国风暴潮灾害及防灾减灾对策初探［J］．水利科技与经济，2006，12（2）：112-113．

［54］ 李岩，杨支中，沙文钰，等．台风的海面气压场和风场模拟计算［J］．海洋预报，2003，20（1）：6-13．

［55］ 李早，李大均，陈利德，等．陆上风电场风机基础型式分析［J］．神华科技，2013，11（3）：61-64．

［56］ 李宗福．风力机塔架结构动力学问题探讨及分析程序的研制［D］．哈尔滨：哈尔滨工业大学，2007．

［57］ 林志远，吴远伟，黄世耿，等．风电机组防意外事故的策略探讨［C］．广州：广东省电机工程学会风力发电、广东省水力发电工程学会风电及新能源专委会，2014：1-30．

［58］ 刘德辅，王利萍，宋艳，等．复合极值分布理论及其工程应用［J］．中国海洋大学学报，2004，5：893-902．

［59］ 刘德辅，温书勤，王利萍．泊松-混合冈贝尔复合极值分布及其应用［J］．科学通报，2002，47（17）：1356-1360．

［60］ 刘东海，宋丽莉，李国平，等．强台风"黑格比"实测海上风电机组极端风况特征参数分析和讨论［J］．热带气象学报，2011，27（3）：317-326．

［61］ 刘海卿，于春艳，杜岩．考虑叶片与塔架耦合作用的风电塔架风振响应分析［J］．防灾减灾工程学报，2010，30：139-142．

［62］ 刘梦亭．热带气旋作用下复杂地形绕流数值计算研究［D］．北京：中国科学院研究生院（工程热物理研究所），2014．

［63］ 刘文艺．风电机组振动监测与故障诊断的研究［D］．重庆：重庆大学，2010．

［64］ 刘勇，孔祥威，白珂．大规模海上风电场建设的技术支撑体系研究［J］．资源科学，2009，31（11）：1862-1869．

［65］ 罗超．3MW海上风电机抗台风特性研究［D］．厦门：集美大学，2014．

［66］ 罗超，曹文胜．台风对我国海上风电开发的影响［J］．能源与环境，2013，3：2-3．

［67］ 马人乐，黄冬平．风力发电结构的事故分析及其规避［J］．特种结构，2010，27（3）：1-3．

［68］ 马人乐，刘恺，黄冬平．反向平衡法兰试验研究［J］．同济大学学报，2009，37（10）：1333-1339．

［69］ 毛绍荣，张东，梁健，等．广东近海台风路径异常的统计特征［J］．应用气象学报，2003，14（3）：348-355．

［70］ 米曦亮．脉动风风速谱及空间相关性研究［J］．山西建筑，2007，33（6）：299-300．

［71］ 欧阳华，巫发明，王靛，等．湍流强度对兆瓦级风电机组的影响［J］．大功率变流技术，2013，3：88-92．

［72］ 彭翔，段忠东，李茜．三种台风风场模型的对比研究［C］．西安：中国土木工程学会桥梁与结构工程分会风工程委员会，2005：179-184．

［73］ 朴海国．智能控制及其在大型风电机组偏航控制中的应用研究［D］．上海：上海交通大学，2010．

［74］ 气候资料服务组．热带气旋（1968—2014）［R］．香港天文台，2014．

［75］ 申新贺，叶杭冶，潘东浩，等．风力发电机组的台风适应性设计方法研究［J］．中国工程科学，2014，16（3）：70-75．

［76］ 盛立芳，吴增茂．一种新的台风海面风场的拟合方法［J］．热带气象学报，1993，9（3）：25－32.

［77］ 宋丽莉，陈雯超，黄浩辉．工程抗台风研究中风观测数据的可靠性和代表性判别［J］．气象科技进展，2011，1（1）：35－40.

［78］ 宋丽莉，毛慧琴，黄浩辉，等．登陆台风近地层湍流特性观测研究［J］．气象学报，2005，63（6）：915－921.

［79］ 宋丽莉，毛慧琴，钱光明，等．热带气旋对风力发电的影响分析［J］．太阳能学报，2006，27（9）：961－965.

［80］ 宋丽莉，毛慧琴，汤海燕，等．广东沿海近地层大风特性的观测分析［J］．热带气象学报，2004，20（6）：731－736.

［81］ 宋丽莉，庞加斌，蒋承霖，等．澳门友谊大桥"鹦鹉"台风的湍流特性实测和分析［J］．中国科学：技术科学，2010，12：1409－1419.

［82］ 苏志，张瑞波，周绍毅，等．北部湾沿海基本风压和阵风风压分析［J］．热带地理，2010，30（2）：141－144.

［83］ 孙绍述，张瑞献．我国东、南海诸海区台风最大风速的长期分布及基本风压的选取标准［J］．大连工学院学报，1985，24（1）：125－130.

［84］ 汤炜梁，袁奇，韩中合．风力机塔筒抗台风设计［J］．太阳能学报，2008，29（4）：422－427.

［85］ 陶立英，严济远，徐家良．Monte－Carlo模拟方法在风工程中的应用［J］．南京气象学院学报，2001，24（3）：411－414.

［86］ 王成，王志新，张华强．风电场远程监控系统及无线网络技术的应用［J］．自动化仪表，2008，29（11）：16－20.

［87］ 王承煦，张源．风力发电［M］．北京：中国电力出版社，2003.

［88］ 王景全，陈政清．试析海上风机在强台风下叶片受损风险与对策—考察红海湾风电场的启示［J］．中国工程科学，2010，12（11）：32－34.

［89］ 王力雨，许移庆．台风对风电场破坏及台风特性初探［J］．风能，2012，5：74－79.

［90］ 王民浩，陈观福．我国风力发电机组地基基础设计［J］．水力发电，2008，34（11）：88－91.

［91］ 王鹏．风力特性与风力发电机组动态特性耦合关系的分析［D］．兰州：兰州理工大学，2009.

［92］ 王同美，温之平，李彦，等．登陆广东热带气旋统计及个例的对比分析［J］．中山大学学报（自然科学版），2003，42（5）：97－100.

［93］ 王振宇，张彪，赵艳，等．台风作用下风力机塔架振动响应研究［J］．太阳能学报，2013，34（8）：1434－1442.

［94］ 王志春，植石群．登陆台风启德近地层强风特性观测研究［J］．气象科技，2014，4：142－145.

［95］ 王志春，植石群，丁凌云．强台风纳沙（1117）近地层风特性观测分析［J］．应用气象学报，2013，24（5）：595－605.

［96］ 魏浩．浅析海岛风电场应对台风措施［J］．电子制作，2013（17）：229－230.

［97］ 吴佳梁，李成锋．海上风力发电技术［M］．北京：化学工业出版社，2010.

［98］ 吴金城．"桑美"台风的影响和启示［J］．中国风能，2008，2（2）：11－18.

［99］ 吴金城，张容焱，张秀芝．海上风电机的抗台风设计［J］．中国工程科学，2010，12（11）：25－31.

［100］ 吴蔚．考虑极限条件的大厚度钝尾缘风电叶片结构设计与铺层优化研究［D］．北京：中国科学院研究生院（工程热物理研究所），2014.

［101］ 吴元元，任光勇，颜潇潇，等．欧洲与中国规范风荷载计算方法比较［J］．低温建筑技术，2010，6：63－65.

［102］ 项海帆．结构风工程研究的现状和展望［J］．振动工程学报，1997，10（3）：258－263.

［103］ 肖仪清，李利孝，吴志学，等．基于近地观测的台风脉动风速谱研究［C］．中国土木工程学会桥梁与结构工程分会风工程委员会，2007：19－25.

[104] 肖仪清，孙建超，李秋胜．台风湍流积分尺度与脉动风速谱—基于实测数据的分析 [J]．自然灾害学报，2006，15（5）：45－53．

[105] 徐安，傅继阳，赵若红，等．土木工程相关台风近地风场实测的研究 [J]．空气动力学学报，2010，28（1）：23－32．

[106] 徐家良，穆海振．台风影响下上海近海风场特性的数值模拟分析 [J]．热带气象学报，2009，25（3）：281－286．

[107] 徐建豪．船舶系泊防台风方法探讨 [J]．中国水运，2008，8（12）：54－55．

[108] 徐哲，余晓明，王敬利，等．台风天气下的海上风电场运行保障措施 [J]．风能，2014，11：80－83．

[109] 许艳．船舶防抗台风源头管理是关键 [J]．中国海事，2006，1：33－35．

[110] 严圣标．台风对风电场的危害及对策 [J]．能源与环境，2012，31（4）：43－44．

[111] 研究开发部，技术开发部．宫古岛风力发电设备事故调查报告 [R]．日本冲绳电力株式会社，2004．

[112] 杨明明，苏丽营，辛理夫，等．海上风力发电机组载荷控制方法研究 [J]．电器工业，2014，1：68－72．

[113] 杨伟．基于 RANS 的结构风荷载和响应的数值模拟研究 [D]．上海：同济大学，2004．

[114] 杨易，金新阳，杨立国．建筑结构风荷载与风环境模拟仿真研究与工程应用 [J]．土木建筑工程信息技术，2009，1（1）：29－34．

[115] 杨支中，沙文钰，朱首贤，等．一种新型的非对称台风海面气压场和风场模型 [J]．海洋通报，2005，24（1）：61－67．

[116] 姚兴佳，刘颖明，刘光德，等．大型风电机组振动分析和在线状态监测技术 [J]．沈阳工业大学学报，2007，29（6）：627－632．

[117] 于午铭．台风"杜鹃"的危害与思考 [C]．海南：中国电机工程学会，2004：896－900．

[118] 袁鑫．中美规范风压计算的差异与转换方法 [J]．建筑结构，2000，30（4）：33－35．

[119] 张彪．强风作用下大功率风力机的振动响应研究 [D]．杭州：浙江大学，2011．

[120] 张礼达，任腊春．恶劣气候条件对风电机组的影响分析 [J]．水力发电，2007，33（10）：67－69．

[121] 张玲，李运斌，吕楠．湛江周边区域台风风速的长期极值预测 [J]．热带海洋学报，2008，27（3）：19－22．

[122] 张明杰，丛智慧．风电场智能化远程监控管理系统研究与设计 [J]．内蒙古电力技术，2013，31（4）：71－75．

[123] 张容焱，张秀芝，杨校生，等．台风莫拉克（0908）影响期间近地层风特性 [J]．应用气象学报，2012，23（2）：184－194．

[124] 张相庭．风工程力学研究最新进展和21世纪展望：21世纪工程技术的发展对力学的挑战 [C]．上海：上海交通大学出版社，1999：331－352

[125] 张秀芝，宝乐尔其木格．热带气旋影响下的三维脉动风特征分析 [C]．厦门：中国气象学会，2011：110．

[126] 张秀芝，阎俊岳，杨校生，张容焱．台风对我国风电开发的影响与对策 [M]．北京：气象出版社，2010．

[127] 张秀芝，张容焱，高梓淇．台风型风电机组设计中 Vref 和湍流模型研究 [J]．今日科苑，2014，9：109－110．

[128] 章子华，刘国华，王振宇，等．抗强风的索塔形风机可行性研究 [J]．东南大学学报（自然科学版），2009，39（增刊Ⅱ）：179－185．

[129] 章子华，周易，诸葛萍．台风作用下大型风电结构破坏模式研究 [J]．振动与冲击，2014，33

（14）：143 - 148.

[130] 赵金赛. 自适应变频 TMD 减振技术及其在海上风电塔架减振中的应用研究 [D]. 青岛：中国海洋大学，2009.

[131] 周惠文，陈冰廉，苏兆达，等. 广西台风灾害性大风的气候特征 [J]. 灾害学，2007，22（1）：13 - 17.

[132] 周新刚，孔会. 某风机钢筋混凝土基础破坏实例及有限元分析 [J]. 中国电力，2014，47（2）：116 - 119.

[133] 朱首贤，沙文钰，丁平兴，等. 近岸非对称型台风风场模型 [J]. 华东师范大学学报（自然科学版），2002，9（3）：66 - 71.

[134] 祝磊，石原孟. 日本《风力发电设备支持物构造设计指南及解说》（2010）简介 [J]. 特种结构，2011，28（6）：17 - 20.

[135] 陈建兵，白学远，李杰，等. 基于 TLCD 的风力发电高塔振动控制系统 [P]. 中国专利：CN201843734U，2011 - 05 - 25.

[136] 李杰，白学远，陈建兵，等. 基于圆环形 TLD 的风力发电高塔振动控制系统动控制系统 [P]. 中国专利：CN201843734U，2011 - 05 - 25.

[137] 胡清阳，庞云亭，申亮，等. 一种风力发电机组变桨系统的应急顺桨冗余控制装置 [P]. 中国专利：CN203161440U，2013 - 08 - 28.

[138] 周文明，代海涛，刘丹. 一种大型风机的大厚度钝尾缘翼型叶片 [P]. 中国专利：CN103321857B，2015 - 05 - 06.

编委会办公室

主　任　胡昌支　陈东明

副主任　王春学　李　莉

成　员　殷海军　丁　琪　高丽霄　王　梅

邹　昱　张秀娟　汤何美子　王　惠

本书编辑出版人员名单

封面设计　芦　博　李　菲

版式设计　黄云燕

责任排版　吴建军　郭会东　孙　静　丁英玲　聂彦环

责任校对　张　莉　梁晓静　张伟娜　黄　梅　曹　敏

吴翠翠　杨文佳

责任印制　刘志明　崔志强　帅　丹　孙长福　王　凌